Paul Dambacher

Digitale Technik für den Fernsehrundfunk

Springer
Berlin
Heidelberg
New York
Barcelona
Budapest
Hongkong
London
Mailand
Paris
Santa Clara
Singapur
Tokio

Paul Dambacher

Digitale Technik
für den Fernsehrundfunk

Systemtechnik des DVB-T vom Studio bis zum Empfänger

Mit 130 Abbildungen

Springer

Paul Dambacher
Mozartstraße 24 c
84539 Ampfing

© Cover-Illustration by James Tetlow. Loughborough College of Art & Design

ISBN-13:978-3-642-64540-2

Die Deutsche Bibliothek - CIP-Einheitsaufnahme
Dambacher, Paul:
Digitale Technik für das Fernsehen : Systemtechnik des DVB-T vom Studio bis zum Empfänger / Paul Dambacher. -Berlin ; Heidelberg ; New York ; Barcelona ; Budapest ; Hongkong ; London ; Mailand ; Paris ; Santa Clara ; Singapur ; Tokio : Springer, 1997
  ISBN-13:978-3-642-64540-2   e-ISBN-13:978-3-642-60754-7
  DOI: 10.1007/978-3-642-60754-7

Einbandgestaltung: Struve & Partner, Berlin
Satz: Datenkonvertierung: MEDIO, Berlin

SPIN: 10571621   62/3021-5 4 3 2 1 0 – Gedruckt auf säurefreiem Papier.

Vorwort

Der klassische Fernsehrundfunk war in den vergangenen Jahrzehnten ein eigenständiger Bereich, weitestgehend unabhängig von der Welt der Telekommunikation und der Computer.

Die analogen Fernsehnormen PAL, SECAM und NTSC blieben, was die Bildinformation anbelangt, bis heute nahezu unangetastet. Die Fortentwicklung hatte im wesentlichen programmergänzenden Charakter. Die Grundlage dafür war eine gegebene Redundanz in der zeitlichen und frequenzmäßigen Darstellung des Signals. Zum Beispiel wurde Mitte der 70er Jahre das Videotextsystem europaweit eingeführt. Ein weiterer digitaler Zusatzdienst im Fernsehen – Anfang der 80er Jahre – war das VPS-System (Video-Programm-System) im Rahmen der Fernsehdatenzeile, das die programmsynchrone Aufzeichnung in Videorecordern auch bei Programmverschiebungen sicherstellt.

Die Zukunft gehört in bezug auf die Übertragung vom Studio zum Konsumenten unbestritten dem digitalen Fernsehen (Digital Video Broadcasting, DVB), das bei den technischen Medien Satellit, Kabel und dem terrestrischen Funkkanal vor der Implementierung steht. Das European DVB Project schloß bis Anfang 1996 die Spezifikation der Kanalkodierung und Modulation für die breitbandigen, digitalen Übertragungskanäle ab.

Bei DVB wird das digitale Basisbandsignal in komprimierter Form nach dem MPEG2-Standard (Moving Picture Experts Group) gesendet. Je nach Kompressionsfaktor ergeben sich unterschiedliche Qualitätsniveaus und Datenraten. Die Netto-Datenkapazität einer oder mehrerer Video- und/oder Audioquellen wird im Rahmen eines Transport-Multiplexes (Transport Stream, TS) gesendet. DVB folgt somit dem Containerprinzip mit transparenten Übertragungskanälen. Der Fehlerschutz für den Transportstrom wird über die Kanalcodierung an das physikalische Medium angepaßt. Als Modulation ist für die Terrestrik OFDM (Orthogonal Frequency Division and Multiplexing) definiert. Bei DVB-T folgen im terrestrischen Sender nach dem Modulator die Leistungsverstärker für das OFDM-Modulationssignal und die Sendeantenne.

Parallel zu der revolutionären Entwicklung bei den Rundfunkmedien wurde Mitte der 90er Jahre im Consumer-Bereich eine Union der Audio/Videowelt, der Telekommunikationswelt und der Computerwelt gestartet. Das Synonym für die Konvergenz der Anwendungen heißt „MULTIMEDIA". Dabei wird als wesentliches Merkmal die Zusammenfassung von Video- und Audiogeräten im Heimbereich zu einer Art Local Area Network (LAN) gesehen. Die Versorgung mit TV-, Ton- und Datensignalen kann über unterschiedliche technische Medien geschehen.

Die neue Welt „Multimedia" bedarf natürlich der Akzeptanz des Konsumenten. Dazu muß die Einführung in konkreten Einzelschritten erfolgen. Im ersten Schritt wird eine Quasi-Kompatibilität der bestehenden TV-Empfänger zur neuen digitalen Übertragungstechnik über die sogenannte Set Top Box beziehungsweise den IRD (Integrated Receiver Decoder) hergestellt. Die Set Top Box enthält computerähnliche Funktionen zur Verbindung des digitalen Rundfunk-Übertragungsmediums mit dem herkömmlichen (TV-) Empfänger, dem PC sowie dem Telekommunikationsnetz und stellt somit eine Multimedia- Zentrale dar.

Im Rahmen des künftigen digitalen Fernsehens behandelt das vorliegende Buch die Systemtechnik des Fernsehrundfunks von der Quelle bis zum Funkfeld des terrestrischen Senders. Dazu wird einleitend auf die Entwicklungsgeschichte der digitalen Übertragungstechnik mit Pilotprojekten in den USA und in Europa eingegangen. Die Darlegung des Status quo der terrestrischen – analogen – Versorgungstechnik schafft eine Plattform und zeigt jene Elemente auf, die in der digitalen Übertragungstechnik genutzt werden können. Die Grundlagen- und didaktischen Darlegungen der Übertragungstechnik mit der Video- und Audio-Quellencodierung, Kanalcodierung, Modulation und dem Gleichwellennetz dienen dem Verständnis der neuen Methode. Die Basisparameter der DVB-T-Spezifikation sowie die Unterschiedsmerkmale zum Stand der Versorgungstechnik leiten zur Systemdarstellung der digitalen Übertragung über. Sie beginnt mit Alternativen und pragmatischen Realisierungsansätzen für die Programmzuführung zum terrestrischen DVB-Sendernetz. Die Technik der DVB-Sender mit dem OFDM-Modulator und dem Leistungsverstärker in Röhren- beziehungsweise Transistortechnologie wird im Prinzip und in Realisierungsansätzen dargelegt. Zur Verifizierung des Übertragungsstandards sowie zur Unterstützung von Forschungs-, Feld- und Pilotversuchen werden Möglichkeiten der digitalen Betriebs- und Versorgungsmeßtechnik sowie der Überwachung von Sendernetzen behandelt. Ein spezifischer Vorteil der digitalen Terrestrik, nämlich die Gleichwellenfähigkeit, bedingt auch ein Problem: die Synchronisation der DVB-Sender im Gleichwellennetz. Hierzu werden die Problemdarstellung und Lösungsansätze gegeben.

Aus der Kompetenz einer 30jährigen Berufslaufbahn bei Rohde & Schwarz im Bereich „Hörfunk und Fernsehtechnik" will der Autor neben der technischen Information – im Sinne eines Plädoyers – auch Perspektiven für eine spezifische Fortentwicklung des terrestrischen Fernsehrundfunks aufzeigen. Dabei sprechen die Potentiale der digitalen Terrestrik sowohl den Konsumenten zuhause als auch den Programm- und Diensteanbieter sowie den Betreiber von Versorgungsnetzen an.

Demzufolge richtet sich das Buch an Techniker und Ingenieure mit dem Interesse für das digitale Fernsehen der Zukunft allgemein und für die Infrastruktur der terrestrischen Übertragungsstrecke im besonderen. Es dient ihnen zur

Information sowie zur Aus- und Fortbildung. Studenten der Nachrichtentechnik können das Buch zur Einarbeitung, als Nachschlagewerk und als Anregung für wissenschaftliche Arbeiten nutzen.

Die vorliegende Arbeit entstand auch aufgrund meiner Erfahrungen als Fachgebietsleiter „Hörfunk und Fernsehbetriebstechnik" in der Firma Rohde & Schwarz.

Ich danke allen Kollegen bei Rohde & Schwarz für anregende Diskussionen und gute Ratschläge, sowie jenen, die mich bei der Text- und Bildbearbeitung ausgezeichnet unterstützt haben.

Inhaltsverzeichnis

Einleitung XIII

1   Entwicklungsgeschichte der digitalen
     Übertragungstechnik im TV-Rundfunk   1
1.1 Wachsender Anteil digitaler Signalübertragung
     in der Fernsehtechnik   1
1.2 Anfänge von Digital-HDTV in den USA   3
1.3 Forschungsprojekte und Pilotentwicklungen in Europa   5
1.4 Spezifikation durch das European DVB Project   10

2   Stand der terrestrischen Fernsehversorgungstechnik   13
2.1 Programmzuführungen zu den Sendestationen   13
     a) Richtfunk und Kabel   13
     b) Rundfunksatelliten   15
2.2 Signalübertragungstechnik   16
     a) Übersicht   16
     b) Zweitonträger-Verfahren   19
     c) NICAM-Verfahren   20
     d) Datenzeilentechnik   21
2.3 Technik der Fernsehsender   24
     a) Übersicht   24
     b) 20-kW-UHF-TV-Sender mit Tetrode   25
     c) 10-kW-Solid-State-UHF-Sender   26
     d) Fortentwicklung in der TV-Verstärkertechnologie   27
2.4 Grundlegende Meß- und Überwachungsverfahren   30
     a) Automatische Vollbildmeßtechnik   30
     b) Prüfzeilenüberwachungstechnik   35
     c) Meßparameter beim Zweitonträger-Verfahren   37
     d) NICAM-Meßverfahren   40
2.5 Versorgungsplanung   41
     a) Antennentechnik   41
     b) Planungsrichtlinien   42

3   Grundlagen der digitalen Fernsehübertragungstechnik   47
3.1 Videocodierung   47

3.2   Audiocodierung 52
3.3   MPEG2-Transportmultiplex 57
3.4   Kanalcodierung und OFDM-Verfahren 59
3.5   Gleichwellennetz 65

4   **Basisparameter der Spezifikation für die digitale**
      terrestrische Übertragung 69
4.1   Kanalcodierung 70
4.2   Quadratur-Amplituden-Modulation 75
4.3   Grundlegende Veränderungen gegenüber dem Stand
      der Versorgungstechnik 79
      a) Prinzip des DVB-Senders und -Empfängers 79
      b) Veränderungen bei der digitalen terrestrischen Versorgung 80

5   **Programmzuführungen zu den digitalen**
      terrestrischen Sendestationen 85
5.1   MPEG2-Signalzuführung 85
      a) Satellitensendeseite 86
      b) Satellitenempfang an der terrestrischen Sendestation 88
      c) Programmübergabe mit der Basisbandcodierung 90
5.2   Alternativen der Programmzuführung 92
5.3   Pragmatische Realisierungsansätze 96
      a) Systemtechnische Basis des eingeführten DSR-Verfahrens 96
      b) Erhöhte Datenkapazität über Modulationsarten mit
         4 bit pro Symbol 97

6   **Technik terrestrischer DVB-Sender** 105
6.1   Entwurf zur Entwicklung des OFDM-Modulators 105
      a) 8K-/2K-IFFT und digitale I/Q-Modulation 105
      b) Modulator für optimierte Patterndiagramme 108
6.2   Dimensionierungsparameter für die hierarchische Übertragung ... 110
      a) Simulationsprogramm 110
      b) Auswertung der Meßergebnisse 117
6.3   Entzerrung von Röhren- und Transistor-Leistungs-
      verstärkern für OFDM-Signale 120
      a) Einflüsse nichtlinearer Verstärkerkennlinien 120
      b) Meßergebnisse an adaptierten Multiträger-Leistungsverstärkern   125
      c) Fortentwicklungen bei der Entzerrungs- und
         Wirkungsgradoptimierung 132
6.4   Kombinierte TV-Sender für DVB- und PAL-Signale 133

7   **Meßverfahren für den digitalen terrestrischen Fernsehsender** 137
7.1   Generierung von OFDM-Signalen 137
      a) Datenquelle und I/Q-Modulator 137

b) Personal Computer-Tool 144
7.2 Meßparameter zur Optimierung und Abnahme
von DVB-Sendern 146
a) Bitfehlerrate 146
b) Vektorsignaldiagramm 149
c) OFDM-Senderleistung 151
d) Echtzeitmessung der Verstärker-Betriebskennlinie 152
e) Meß- und Betriebsparameter zur DVB-Senderabnahme 155

8 Synchronisation der DVB-Sender im Gleichwellennetz 157
8.1 Global Positioning System GPS 157
8.2 Frequenzsynchronisation des Trägers 159
8.3 Zeitsynchronisation zur bitsynchronen Abstahlung 161

9 Versorgungsmeßtechnik für digitale terrestrische Fernsehnetze ... 167
9.1 Erfassung und Analyse der Feldstärke 168
a) Kanalmodell 168
b) Feldstärkemessung 169
c) I/Q-Demodulator 172
9.2 Messung der Kanalimpulsantwort und der Rohbitfehlerrate 175
a) Verfahren zur Berechnung der Kanalimpulsantwort 175
b) Kanalimpulsantwort-Messung im DVB-Netz 178
c) Ansatz zur Ermittlung des selektiven C/I-Wertes
und der Rohbitfehlerrate 182
d) Prozeßtechnischer Aufbau und Meß- und Überwachungs-
eigenschaften des Impulse Response Analyzers 184
e) Mobiles DVB-Meßempfangssystem 188

10 Ausblick 193
10.1 Entwicklung der technischen Medien Satellit und Kabel 193
10.2 Umsetzung der Potentiale des digitalen Fernsehrundfunks 199
10.3 Strukturwandel in den Kanalfrequenzen 206
10.4 Betriebsüberwachung von Sendernetzen 210
10.5 Ein Szenario für das digitale terristrische Fernsehen in
der langfristigen Zukunft 212

11 Zusammenfassung 215

12 Literatur- und Quellenverzeichnis 225

13 Abkürzungsverzeichnis und Formelzeichen 233

14 Sachwortverzeichnis 239

Einleitung

Zielsetzung dieser Arbeit ist es, einen Beitrag zur technischen Ausführung des Übertragungssystems für die digitale terrestrische Fernsehversorgung zu leisten. Dabei werden die Programmzuführungs- und Fernsehsendertechnik, sowie die Betriebs- und Versorgungsmeßtechnik einbezogen. Neben weiterführenden Entwicklungsprojekten werden Feld- und Pilotversuche zur Vorbereitung des Regelbetriebes mit Lösungsansätzen unterstützt.

Bei der digitalen terrestrischen Fernsehtechnik wird das Basisbandsignal in komprimierter Form gesendet. In einem Transportmultiplex können Bild- und Tondaten sowie Service-Informationen konfiguriert werden. Die Übertragung mit digitalen Fernsehsendern erfolgt über eine dem terrestrischen Funkfeld angepaßte Kanalcodierung und Modulation. Dabei wird das Multiträgerverfahren OFDM (Orthogonal Frequency Division and Multiplexing) eingesetzt. Das Einfügen von Schutzintervallen in die OFDM-Symbole ermöglicht die Realisierung von Gleichwellennetzen.

Somit stellen Datenkompression, Kanalcodierung und Modulationstechnik die Grundelemente des digitalen Fernsehrundfunks dar. Die Audio- und Video-Basisbandcodierung und der Transportmultiplex wurden Ende 1993 in der MPEG2-Spezifikation (Motion Pictures Experts Group) festgelegt und zeichnen sich als Weltstandard ab.

Die digitale Übertragung mit den technischen Medien Satellit und Kabel ist durch das European DVB Project (Digital Video Broadcasting) seit Anfang 1994 standardisiert. Die Spezifikation der terrestrischen Kanalcodierung und Modulation entwickelte sich aus Alternativen in bezug auf das Multiträgersignal, die Kanaladaption und Datensynchronisation. Diese Arbeit ist weitgehend unabhängig davon, berücksichtigt aber das 1996 definierte Ergebnis.

Zur technischen Realisierung digitaler Fernsehsender bedarf es neben der Entwicklung der Kanalcodierung und Modulation auch noch hochlinearer Leistungsverstärker für das Multiträgersignal. Dazu werden die aus der analogen Fernsehsendertechnik bekannten Technologien untersucht und auf die Belange der Multiträgertechnik hin neu optimiert.

Zur Realisierung von terrestrischen DVB-Netzen müssen neue Wege der Programmzuführung zu den Sendestationen, der Sendersynchronisation und der Versorgungsplanung beschritten werden. Entsprechend ergeben sich neue Verfahren in der Sender- und Versorgungsmeßtechnik.

Der zukünftige digitale Fernsehrundfunk hat zur Folge, daß an keinem Punkt der Übertragungskette die Signal-Kompatibilität in bezug auf Betriebs- und Meßtechnik zu heutigen analogen Verfahren gegeben ist.

In dieser Arbeit erfolgt die analytische Darstellung der analogen terrestrischen Übertragung aus folgenden Gründen:

– Die Status-quo-Beschreibung dient als Plattform für den revolutionären Schritt zur geschlossenen digitalen Übertragungstechnik. Möglichkeiten der Nutzung technischer und technologischer Elemente, die per Adaption und/oder Neuoptimierung für die digitale Übertragungstechnik einsetzbar sind, werden dargestellt.

– Quasi-Kompatibilität beim Fernsehteilnehmer ist notwendig und wird bei der DVB-Einführung über ein Vorsatzgerät (Set Top Box) zur Umwandlung in Analogsignale realisiert. Bei voller Abbildung müssen auch die Mehrwertdienste z.B. Videotext und Video-Programm-System, im Multiplex enthalten sein und transcodiert werden.

Darüber hinaus werden an die digitale terrestrische Übertragungstechnik hohe Anforderungen gestellt. Im Vergleich zur Analogtechnik und bezogen auf die Infrastruktur – d.h. die Zuführungsleitungen und das Sendernetz – sind dies im wesentlichen:

– Strukturierte Fernsehversorgung mit Sendernetzen für die landesweite, regionale und lokale Bedeckung
– Ökonomische Nutzung der Ressource Frequenz
– Reduzierte Investitions-, Energie- und Servicekosten für das Sendernetz
– Nutzungsflexibilität des Übertragungskanals nach dem Containerprinzip

Mit der Blickrichtung zum TV-Teilnehmer bestehen die folgenden wesentlichen Anforderungen:

– Frühzeitige Einführung kostengünstiger und nutzungsfreundlicher Fernsehempfänger als Einzelgeräte und im Zusammenhang mit den Vorstellungen unter dem Begriff „Multimedia".
– Hierarchische Struktur der Bildübertragug vom heutigen Qualitätsniveau bis hin zum hochauflösenden Fernsehen HDTV (High Definition TV).
– Konstante Empfangsqualität im Versorgungsbereich des Sendernetzes.
– Programmvielfalt, jedoch nicht im bei den technischen Medien Satellit und Kabel gegebenen Maße.
– Übertragung der über den klassischen Fernsehrundfunk hinausgehenden Mehrwert- und Servicedienste.
– Möglichkeiten des portablen Empfangs zur Versorgung von z.B. Zweit- und Drittgeräten in den Haushalten.

Der Schritt zur digitalen terrestrischen Fernsehversorgung stellt einen Innovationssprung dar, bei dem alle Bereiche der Betriebs- und Meßtechnik verändert werden. Es ist daher notwendig und Ziel dieser Arbeit, nach dem Spezifikationsprozeß zur Lösung der systemtechnischen Anforderungen bei der Übertragung vom Studio zum Empfänger beizutragen.

1 Entwicklungsgeschichte der digitalen Übertragungstechnik im TV-Rundfunk

Die Entwicklungsgeschichte im TV-Rundfunk ist seit der Einführung des Farbfernsehens 1967 durch den zunehmenden Anteil digitaler Signalübertragung gekennzeichnet. Es wurden Zusatz- und Mehrwertdienste eingeführt und dann digitale Tonverfahren spezifiziert und teilweise implementiert. Für die Digitalisierung des Fernsehbildes mußten mehrere treibende Kräfte zusammentreffen:
- die (ursprüngliche) Motivation zur Einführung von *hochauflösendem Fernsehen* (HDTV)
- die revolutionären Entwicklungsfortschritte in der *Integrationstechnik* der Mikroelektronik (DSP – Digital Signal Processing)
- die Forschungsergebnisse im Bereich der *Psychooptik* zur Nutzung bei der Datenkompression der Quellensignale.

Die ersten Ansätze für das digitale terrestrische Fernsehen erfolgten in den USA mit Monoträgerverfahren. In Europa entstanden ab 1991 mehrere Forschungs- und Pilotprojekte unabhängig voneinander. Es ist die Aufgabe des European DVB Projects, diese zu integrieren und zu innerhalb und außerhalb Europas akzeptierten Spezifikationen zu gelangen.

In diesem Kapitel wird der digitale terrestrische Fernsehrundfunk in historische und zukünftige Entwicklungen eingeordnet. Die wesentlichen Parameter der Pilotentwicklungen in den USA und in Europa werden aufgezeigt.

1.1
Wachsender Anteil digitaler Signalübertragung in der Fernsehtechnik

Die Entwicklungsgeschichte der digitalen Fernsehübertragung begann Mitte der 70er Jahre, als die europäischen analogen Verfahren PAL und SECAM durch das Videotextsystem (*Vtxt*) in verschiedenen landesbezogenen Versionen ergänzt wurden. Die digitale Fortentwicklung wird anhand von Abb. 1.1-1 dargelegt.

Die Fernsehprüfzeile (*PRZ*) in der vertikalen Austastlücke gewährleistete seit 1978 den hohen Qualitätsstandard der Fernsehdienste durch die Einführung der automatischen Meß- und Überwachungstechnik. Mit intelligenter Meßwertaufbereitung in Form von Statistiken können mit der Prüfzeilentechnik Qualitätsprognosen erstellt werden.

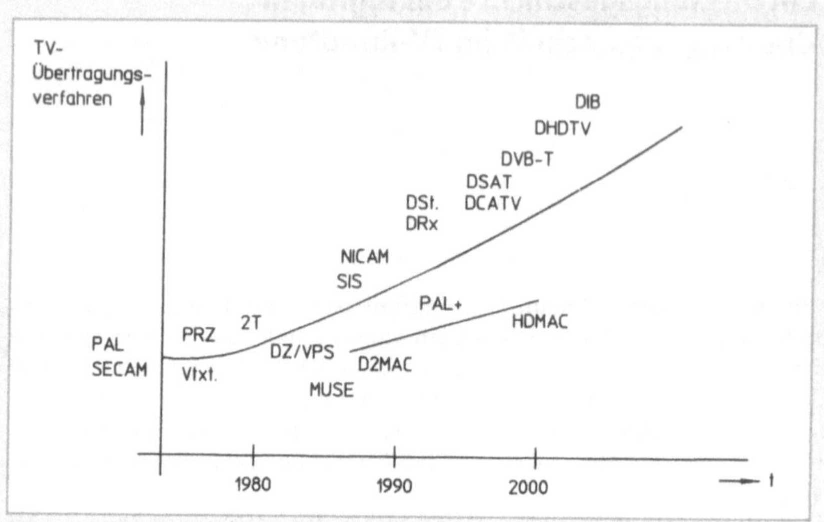

Abb. 1.1-1 Die Evolution der Fernsehübertragungsverfahren von der analogen zur digitalen Technik

Ein weiterer digitaler Zusatzdienst im Fernsehen, Anfang der 80er Jahre, war die Einführung des *VPS*-Systems (Video Programm System) im Rahmen der Fernsehdatenzeile (*DZ*), das die programmsynchrone Aufzeichnung in Videorecordern auch bei Programmverschiebungen sicherstellt.

Die Verbesserung und Veränderung der Tonübertragung begann 1980 mit der Einführung des Zweitonträgerverfahrens (*2T*) in Deutschland. Die Digitalisierung des Fernsehtons geschah erstmals mit dem Sound-in-Sync-Verfahren (*SIS*) auf Programmleitungen. Sie setzte sich mit dem *NICAM*-Verfahren (Near Instantaneous Companding and Multiplexing) fort, das in einer Lücke im Spektrum innerhalb des TV-Kanals ein Stereo- oder Zweitonzusatzsignal auf einem digital modulierten Tonträger neben dem Fernsehbild und dem Analogton überträgt.

Die Fortentwicklung der Bildübertragung begann Mitte der 80er Jahre mit dem japanischen *MUSE*-Verfahren und setzte sich in Europa mit der kompatiblen, sogenannten MAC-Linie fort. *D2MAC* ist eine Kombination aus getrennt übertragenen komprimierten Luminanz- und Chrominanz-Signalen und einem digitalen Ton- und Daten-Burst. *HD-MAC* stellt die kompatible Variante in High-Definition-Qualität dar.

1993 beendete jedoch die Brüsseler EG-Kommission die weitere Förderung für das europäische Hochzeilen-Fernsehen HD-MAC. Neben Gründen finanzieller Art wurden auch technische Argumente geltend gemacht: Eine bereits überholte Technologie kann nicht mehr gefördert werden. Das neue Ziel ist digitales Fernsehen, möglichst in Form eines Weltstandards. Dieses hatte natürlich negative Konsequenzen für das europäische D2-MAC-Format sowie das in Betrieb befindliche japanische MUSE-Verfahren. Damit war der auf das Bildsignal bezogene analoge Evolutionspfad beendet.

Eine Zwischenstufe zur geschlossenen digitalen Bildübertragung wird das analoge *PALplus*-Verfahren darstellen, das zu PAL kompatibel ist, aber für das neue Bildformat 16:9 spezifiziert wurde.

Die Zukunft gehört dem digitalen Fernsehen, das sich seit Ende 1993 offiziell auf europäischer Plattform in der Spezifikationsphase befindet. Die Vorreiterrolle beim digitalen terrestrischen Fernsehen hatten die USA. Europa begann ab 1991, sich des Themas „Digitales Fernsehen im terrestrischen 8/7-MHz-Kanal" in Gestalt von Forschungsprojekten anzunehmen.

Die Digitalisierung im Bildbereich hatte im Studio (*DSt.*) mit der Spezifikation der 4:2:2-Komponentennorm begonnen. Die Fernsehheimempfänger-Industrie folgte mit der Entwicklung des IC-Satzes DIGIT 2000 von ITT Intermetall (*DRx*: Digital Receiver). Die digitale Übertragung von Fernsehbildern über Satelliten (*DSAT*) und über Breitbandkabel (*DCATV*) ist heute bereits spezifiziert und technisch weitestgehend gelöst.

Noch im Standardisierungsprozeß befindet sich das kanalkompatible digitale terrestrische Fernsehen (*DVB-T*: Digital Video Broadcasting Terrestrial) mit dem Ziel, z.B. die Fernsehkanäle für jeweils mehrere Programme in gewohnter Qualität oder für Digital-HDTV (*DHDTV*) zu nutzen.

Nach dem revolutionären Schritt zur Digitaltechnik zielt die weitere Evolution auf einen integrierten Rundfunk (*DIB*: Digital Integrated Broadcasting), in dem über Terrestrik-*, Satelliten- und Kabelkommunikationsnetze mit offenen, transparenten Schnittstellen Video- und Tonsignale sowie Datendienste übertragen werden [1.1].

** Der Ausdruck „Terrestrik" wird in dieser Arbeit für den (Fernseh-)Rundfunk über terrestrische Sendernetze als begriffliches Äquivalent bei substantivischen Kombinationen in Verbindung mit den Ausdrücken „Satellit" und „Kabel" eingesetzt.*

1.2
Anfänge von Digital-HDTV in den USA

In den USA liegt eine spezifische Situation vor: Neben genutzten 6-MHz-TV-Kanälen sind sog. *Taboo-Channels* freigelassen, um Störungen in nicht nachbarkanaltauglichen Empfängern zu vermeiden. Wegen der Verträglichkeit von digital modulierten Trägern mit herkömmlich belegten TV-Kanälen, haben sich die USA entschlossen, für die gleichzeitige, terrestrische Simulcast-Ausstrahlung des Programms, sowohl in NTSC als auch in sogenannter ATV-Qualität (Advanced TV), die Tabu-Kanäle freizugeben. Zur Entwicklung des Übertragungssystems initiierte die FCC (Federal Communications Commission, US-amerikanische Fernmeldebehörde) das Beratungskomitee ACATS (Advisory Committee on Advanced Television Service). Die Rundfunkbetreiber stellten in Zusammenarbeit

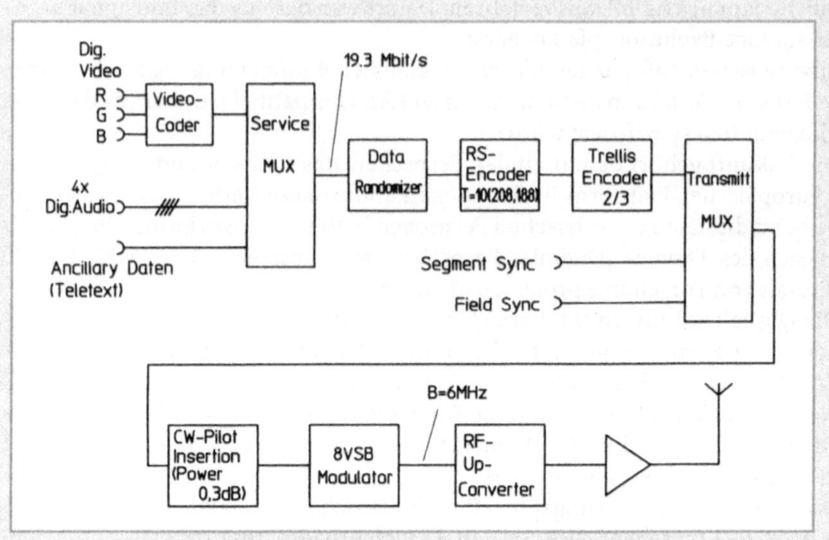

Abb. 1.2-1 Das Prinzipbild zur „Grand Alliance HDTV System"-Spezifikation in den USA

mit der Empfängerindustrie das Testzentrum ATTC (Advanced Television Test Center) auf.

Die fünf HDTV-Systeme, die nach einer Vorselektion bei ATTC geprüft wurden, sind:

– *Narrow MUSE* von der japanischen Rundfunkgesellschaft NHK
– *DigiCipher* von General Instrument Corporation (GI)
– Digital Spectrum Compatible HDTV (*DSC-HDTV*) von Fa. Zenith/AT&T
– Advanced Digital HDTV (*AD-HDTV*) von Advanced Television Research Consortium (ATRC)
– *Channel-Compatible DigiCipher HDTV* von Advanced Television Alliance (MIT/GI)

Die vorgeschlagenen Übertragungssysteme im Wettbewerb dieser Konsortien waren digitaler Natur, mit Ausnahme des japanischen Narrow MUSE, das Anfang 1993 zurückgezogen wurde. Anfang 1994 hatte die „Grand Alliance GA" Zenith's VSB-Technologie gegen GI's QAM gewählt. Ausschlaggebend waren die bessere Versorgungsfläche, die geringere Interferenz mit existierenden analogen TV-Signalen und die höhere Robustheit des Digitalsignals.

Die GA HDTV System Specification wurde als vorläufiges Dokument im Februar 1994 veröffentlicht und ACATS innerhalb der FCC vorgelegt. Das entsprechende Prototypensystem wurde ebenfalls definiert und ATTC zur Verifikation der Leistungsparameter unterbreitet (Abb. 1.2-1). Die abschließenden Tests laufen 1995/1996.

Das GA-HDTV-System ist nach folgenden Layern strukturiert [1.2]:
- Der *Bildlayer* sieht die spatialen Formate 1280 · 720 und 1920 · 1080 Pixels und mehrere temporale Raten in progressiver bzw. Halbzeilen-Abtastung vor.
- Der *Kompressionslayer* stützt sich auf MPEG2-Video- und Dolby AC-3-Audio-Codierung mit 18,4 Mbit/s und 384 kbit/s.
- Der *Transportlayer* weist ein Paketformat nach MPEG2 auf und gewährleistet die Flexibilität für TV-, Hörfunk- und Datendienste.
- Der *Übertragungslayer* enthält die Trellis-codierte 8-VSB-Modulation und liefert somit ca. 18,8-Mbit/s-Nettodatenrate (Brutto 3 · 10,76 Mbit/s) im terrestrischen 6-MHz-Simulcast-Kanal.

Eine CW-Pilotfrequenz erlaubt die kohärente Demodulation im Empfänger.

1.3
Forschungsprojekte und Pilotentwicklungen in Europa

Im folgenden werden europäische Forschungs- und Entwicklungsprojekte aufgezeigt, wie sie sich im Zeitraum 1991 bis 1994 darstellten. Ab September 1993 wurde im Rahmen des European DVB Projects (Abschn.1.4) eine Konzentration und Harmonisierung begonnen mit dem Ziel, europäische Standards für die technischen Fernsehmedien zu etablieren.

HD-Divine
Die Schwedische Telecom und die Schwedische Rundfunkorganisation kooperierten mit den Telecom-Gesellschaften von Dänemark und Norwegen bei der Entwicklung eines digitalen terrestrischen HDTV-Prototyp-Systems. Das Projekt heißt HD-Divine (Digital Video Narrow-band Emmission). Die Hauptaufgabe des Projektes war, im Laufe der 90er Jahre zur Erstellung eines Standards für ein digitales terrestrisches HDTV-System beizutragen. Hauptziel war es, die Übertragung von Digital-HDTV in einem 8-MHz-TV-Kanal zu demonstrieren. Dieses Ziel wurde auf der IBC 1992 in Amsterdam in Form der kompletten Hardware in einem ersten Ansatz erreicht [1.3, 1.4].

Ausgangspunkt war das HDTV-Studiosignal nach dem europäischen Studiostandard 1250 Zeilen/50 Hz/2:1. Das Videosignal wurde mittels einer bewegungskompensierten, hybriden Codierung auf 24 Mbit/s komprimiert. Der Codieralgorithmus basierte auf den Standards von CCITT (H261), ISO/MPEG und CCIR/ETSI. Die Erweiterungen im Rahmen des HD-Divine-Projektes schlossen die moderne Bewegungsdetektion/Kompression und die Kompression des Bewegungsvektorbereiches durch Verwendung von Intra/Inter-DCT-Codierung ein. Ab 1994 wurde bei HD-Divine MPEG2 als Quellcodierungs- und Multiplex-Standard übernommen.

Das Gesamtsystem bestand aus einem Video-Coder und einem -Decoder mit einem Interface zu dem OFDM-Modem für Übertragungen von 27 Mbit/s – einschließlich FEC – in terrestrischen 8-MHz-Kanälen (Abb. 1.3-1). Es wurden vier

Audiokanäle mit je 128 kbit/s mono übertragen, wobei die Audiocodierung nach ISO-Layer-II-Modell (MUSICAM) codiert wurde. Es war ein Datenkanal von 64 kbit/s vorgesehen. Zusammen mit dem 2-Mbit/s-FEC (RS 224, 208) ergab sich die Bruttodatenrate von 27 Mbit/s.

Sterne

Das Sterne-Projekt (Système de télévision en radiodiffusion numérique) wurde im wesentlichen vom französischen Forschungsinstitut CCETT getragen. Das Projektteam spezifizierte und entwickelte Prototypen-Geräte für digitalen terrestrischen TV-Rundfunk im wesentlichen auf der Basis einer leistungsfähigen Bildcodierung und der Adaption der OFDM auf den TV-Bereich. Das Hauptziel des CCETT-Sterne-Projektes war: Terrestrischer HDTV-Rundfunk für stationäre Empfänger. Die Kanalbandbreite beträgt 8 MHz. Der Qualitätsanspruch für Bild und Ton sollte dem von D2MAC/Packet entsprechen. Die Codierung einer Zugriffsberechtigung und die Übertragung von programmbegleitenden Daten sowie das Multiplexing mehrerer Programme auf einem Kanal waren weitere Ziele.

Der Bildcoder basierte auf einer hybriden DCT, dessen Algorithmus von der CCETT entwickelt wurde, und auf einem bereits realisierten Codec für Programmzuführungen mit 34 Mbit/s.

Der Sterne-Bildcoder codierte eine SECAM-Qualität mit 5 Mbit/s sowie eine 4:2:2-Studioqualität mit etwa 10 Mbit/s. HDTV-Qualität wurde mit 30 Mbit/s codiert.

Bei der Modulation hatte das Sterne-Projekt das OFDM-Verfahren von DAB adaptiert. Der Datenstrom wurde auf eine große Anzahl von Schmalbandträgern segmentiert. Eine Kanalcodierung mit dem Convolutional-Code in Verbindung mit einem Decodierungsschema nach Maximum Likelihood bewirkte eine fehlerfreie Decodierung, auch wenn mehrere Einzelträger des Vielträgerbandes verzerrt waren. Die statistische Unabhängigkeit der Signalelemente wurde durch eine Informationsverschachtelung in der Zeit- und Frequenzebene erzeugt. Damit

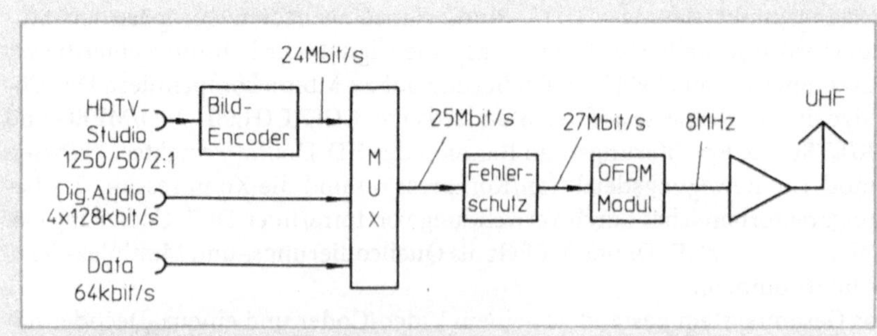

Abb. 1.3-1 HD-Divine-Prototyp-Sendesystem

wurde ebenso eine Unabhängigkeit vom sogenannten Raleigh-Channel-Fading bewirkt.

Das Sterne-Projekt schloß auch eine Zugriffskontrolle nach der Eurocrypt-Norm mit ein.

Das Projekt enthielt die Aufgabe, einen Rundfunkdienst mit hoher Datenrate zu stationären Empfängern zu demonstrieren, wobei HDTV und auch konventionelle TV-Qualität gezeigt werden sollte. Weiteres Ziel des Sterne-Projektes war es, die Bildqualität für portable Empfänger beim terrestrischen Rundfunk deutlich zu verbessern [1.5, 1.6]

dTTb

Das Projekt dTTb (Digital Terrestrial Television Broadcast) hatte zum Ziel, terrestrisches Fernsehen im UHF- und VHF-Band im Bildformat 16:9 zu untersuchen, und zwar sowohl für Festantennen als auch für portablen und mobilen Empfang. Dabei wurde unterstrichen, daß sich die europäische Rundfunksituation deutlich von jener in den USA unterscheidet und dies dazu führen kann, daß in Europa ein unterschiedlich spezifiziertes System nach anderen Anforderungen entsteht. Am dTTb-Projekt war eine Vielzahl von europäischen Forschungsinstituten, Rundfunkorganisationen, Firmen der Consumer-Industrie sowie Firmen für professionelle Betriebstechnik beteiligt.

Das Projekt hatte eine hierarchische Bildcodierung zum Ziel. Dabei wurde das zweidimensionale Bild über eine Filterbank in eine Anzahl von Sub-Bändern geteilt und jedes individuell codiert (Abb. 1.3-2).

Die Kanalcodierung und Modulation schloß sowohl Einzelträgersysteme in Verbindung mit einer adaptiven Entzerrung und auch Vielträgerverfahren nach dem OFDM-Modell ein. Bei der Trägermodulation wurden Verfahren nach QPSK, 8PSK, 16QAM sowie VSB-4PSK studiert [1.7].

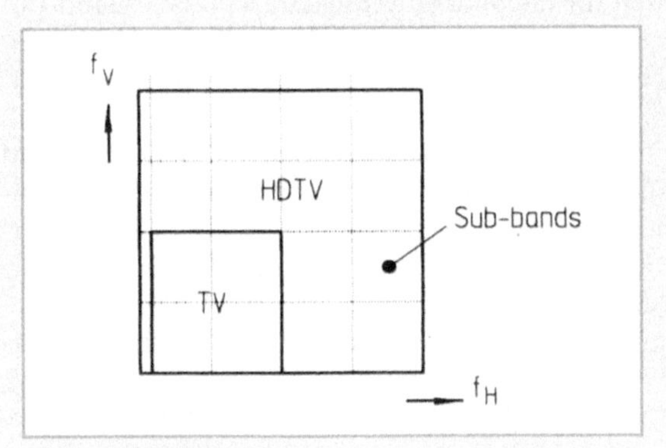

Abb. 1.3-2 Prinzip der „Sub-band"-hierarchischen Decodierung im Rahmen des dTTb-Projekts

HDTV-T

Auf Initiative des BMFT im Herbst 1990 entstand das HHI-Projekt (Heinrich-Hertz-Institut): „Digitale terrestrische HDTV-Übertragung – Definitionsphase", das ab Anfang 1991 lief. In dem deutschen Verbund-Projekt HDTV-T (Hierarchical Digital TV-Transmission) waren Vertreter der Consumer- und Investitionsgüterindustrie sowie der Forschungs- und Universitätsinstitute beteiligt.

In dem Projekt wurden die Grundlagen der HDTV-Codierung mit 20 – 30 Mbit/s, das Modulationsverfahren und die digitale terrestrische Übertragung sowie Aspekte des Netzbetriebes bearbeitet. Über eine Bildskalierung sollte die kompatible Übertragung von TV/HDTV mit verschiedenen Qualitätsstandards realisiert werden.

Der Quellencoder reduzierte das HDTV-Videosignal auf ca. 20 Mbit/s. Zusammen mit den digitalen Tonsignalen und den Synchronisationssignalen sowie dem FEC-Coder entstand am Ausgang des Multiplexers ein Datenstrom von ca. 30 Mbit/s. Der RF-Modulator übertrug den digitalen Bitstrom in einer Bandbreite von 7 – 8 MHz.

Das Gremium mußte zudem gemeinsame Schnittstellen zu den verschiedenen technischen Medien definieren. Die Zeitachse des nationalen Verbundprojektes HDTV-T sah bis 1994 die Hardwarerealisierungen vor und hatte zum Ziel, 1995 Feldversuche mit anschließender Systemoptimierung und Spezifikation durchzuführen [1.8, 1.9].

Vidinet

Das Projekt Vidinet (Video in digitalen Netzen) wurde von der DBP Telekom/FTZ Berlin geführt. Es hatte zum Ziel, bei der Internationalen Funkausstellung IFA 1993 in Berlin ein Gleichwellennetz mit fünf Sendern zu demonstrieren. Das System sah ursprünglich einen sogenannten Generic-Code für die Bildqualität vor (Abb. 1.3-3).

Beim Versuchsbetrieb wurden für die Bildcodierung ein NTL-Basisband-Coder und ein NTL-Multiplexer für vier Programme à 6 Mbit/s eingesetzt. Zusammen mit einem verketteten Reed-Solomon-Fehlerschutz ergab sich eine Gesamtdatenrate von 34,368 Mbit/s.

Bei der Modulation wurde eine 64QAM-OFDM eingesetzt. Die klassische 64QAM mit äquidistanten, uniformen Modulationspunkten sollte später in eine Non-Uniform 64QAM mit der Bezeichnung DAPSK (Differential Amplitude PSK) übergeführt werden, bei der die Modulationspunkte im Patterndiagramm für eine differentielle Codierung angeordnet sind.

Weitere Betriebs- und Systemparameter waren: Senderdistanz 28 km, Senderleistung 0,3–0,5 kW (ca. 4 kW ERP), Empfangsmindestfeldstärke 75 dB(μV/m), Sendefrequenzkanal 59 (alternativ 61), 1024 Träger (1 k FFT), Schutzintervall ca. 20 μs.

Bei der Kanalsimulation in dem Pilotprojekt wurden insbesondere wegen der 64QAM nichtlineare Verzerrungen im Modell berücksichtigt.

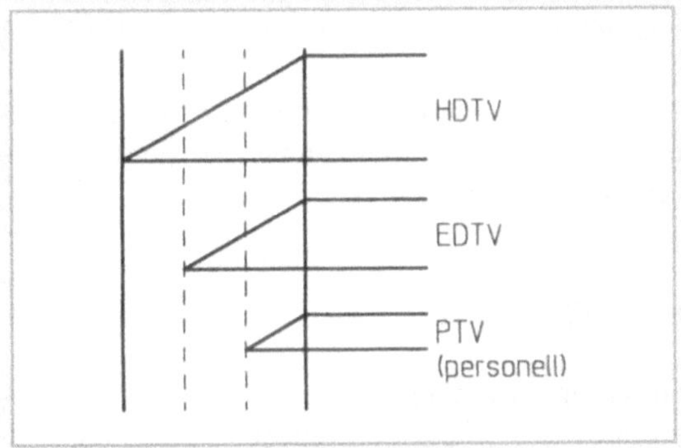

Abb. 1.3-3 Prinzip des generischen Codes nach DBP Telekom Projekt Vidinet

DIAMOND

Thomson-CSF/LER entwickelte ein Video-Codec für HDTV mit 34 Mbit/s in Kooperation mit der BBC (British Broadcasting Corporation) sowie für konventionelles TV mit 8 Mbit/s (ETSI-300174-Algorithmus). Im Rahmen des Internationalen Symposiums und der Messe in Montreux im Juni 1993 wurde, darauf aufbauend, ein Übertragungssystem im UHF-Kanal 43 demonstriert, bei dem in horizontaler und vertikaler Polarisation der Sendeantennen je 34 Mbit/s übertragen wurden. Dabei wurde jeweils eine OFDM mit 512 Trägern und eine 64-QAM-Konstellation eingesetzt. Bei der Demonstration wurde ein HDTV-Signal mit der Quelle D1-Tape-Recorder und vier TV-Programme gesendet.

Das DIAMOND-Projekt zielte auf eine Kanalcodierung in Multilayer-Technik in Verbindung mit einer hierarchischen Quellencodierung, einen flexiblen Signal-Multiplex, Conditional Access sowie die Verbindung zu Rundfunk-ATM-Netzen.

Spectre

Das Projekt Spectre (Special Purpose Extra Channels for Terrestrial Radiocommunication Enhancements) wurde bereits auf der IBC 1990 publiziert. Zur IBC 92 lief ein Feldversuch am Stockland Hill und Beacon Hill in Devon, UK [1.10].

Der eingesetzte Videocoder komprimierte von 216 Mbit/s auf 12 Mbit/s mittels einer prediktiven und interpolativen HDCT. Das Multiplex-Signal wurde über den Burst-Fehlerkorrekturcode RS (255, 239) geschützt, und damit wurden 13 Mbit/s an den OFDM-Modulator übergeben. Die QPSK- bzw. 8PSK-Modulation erfolgte auf ca. 400 Trägern. Das Multiträger-Signal wurde im Sendeteil in den UHF-Kanal umgesetzt und über zwei lineare 200-W-Röhrensender verstärkt. Die Abstrahlung erfolgte über eine logarithmisch-periodische Antenne in 110 m Masthöhe (Gewinn 8 dB, Zuführungsverlust 3 dB). Die Spectre-Übertragung geschah mit 250 W ERP und lag damit um 30 dB unter der PAL-Leistung des Stockland-Hill-Senders mit 250 kW ERP.

Die Parameter des Spectre-Systems waren in der Spezifikation und in den Prototypengeräten flexibel z. B. für 24-Mbit/s-Codierung oder 16PSK-/16QAM-Modulation.

Die Einführungsstrategie im UK sah vor, existierende Programme im Simulcast-Betrieb digital und mit kleiner Leistung in Tabu-Kanälen, sowie im PAL-I-Standard mit herkömmlicher Leistung zu senden.

1.4
Spezifikation durch das European DVB-Project

In der ursprünglichen DVB-Launching-Group, einer europäischen Koordinierungsgruppe, waren Industrie, öffentliche und private Rundfunkanstalten, Telekom-Gesellschaften, Verwaltungen, Forschungsinstitute sowie die EG-Kommission vertreten. Damit waren die Fraktionen integriert: Hersteller, Programmanbieter, Netzwerkbetreiber und Regulatoren.

Im September 1993 fand die Inauguration des European DVB Projects mit der Vorlage eines MoU (Memorandum of Understanding) statt, das bis Ende 1995 durch ca. 190 Signatare aus 25 Ländern Zustimmung fand.

Damit haben sich die Arbeiten der einzelnen europäischen Forschungs-, Entwicklungs- und Feldversuchsprojekte im DVB-Projekt konzentriert. Vorrangige Aufgabe des Projektes ist es, die technischen Grundlagen für den konkreten Normierungsvorgang im ETSI zu erarbeiten und schließlich die Einführung neuer Dienste zu unterstützen. Durch die Einbeziehung aller am digitalen Fernsehen interessierten Unternehmen in Europa sowie auch der Kommission der Europäischen Union hat das DVB-Projekt faktisch die Führungsrolle bei der Einführung des digitalen Fernsehens in Europa übernommen [1.11].

Im DVB-Projekt sind die Aktivitäten ab 1995 auf fünf Module verteilt:
- Technisches Modul (*TM*)
  (unter Vorsitz von Prof. Dr. Ulrich Reimers, TU Braunschweig)
- Modul für marktorientierte Fragen zur Einführung über Satellit und Kabel
  (*CSCM*)
  (Dr. John Forrest, NTL, Großbritannien)
- Modul für marktorientierte Fragen zur terrestrischen Ausstrahlung (*TCM*)
  (Philippe Levrier, TDF, Frankreich)
- Modul für marktorientierte Fragen zur Einführung interaktiver Dienste
  (*ISCM*)
  (G. Mills, BT, Großbritannien und M. Cubero, Beta Technik, Deutschland)
- Modul für „Communications and Promotion"
  (H. Stein, Nokia und Dr. Ziemer, ZDF)

Die Koordination der Module übernimmt das Steering Board unter Vorsitz von Peter Kahl, BMPT.

Das TM hat die zentralen Techniken für das digitale Fernsehen in sog. „Baseline"-Systemen für die Satelliten-, bzw. Kabelübertragung zusammengestellt und zur Normierung an ETSI weitergegeben. Dabei wurden Quellcodierung und Multiplex von ISO/MPEG übernommen. Als Modulationsparameter wurden QPSK für Satellit und 64QAM für Kabel definiert. Der erste Entwurf der Spezifikation für terrestrische Ausstrahlung mit 8K-FFT und QAM wurde Anfang 1995 vorgelegt [4.1]. Mitte 1995 wurde eine Alternative und Rückfallposition mit 2K-FFT und DAPSK-Modulation definiert [4.4]. Die aus den beiden Entwürfen entwickelte DVB-T-Spezifikation wurde im Dezember 1995 verabschiedet [4.7].

Die Arbeit der marktorientierten Module (commercial modules) konzentriert sich auf die Entwicklung realistischer Einführungsstrategien für die verschiedenen Übertragungswege.

Als großer Erfolg des European DVB Projects zeichnet sich ab, daß im Rahmen einer Integration der europäischen „Projekt-Inseln" schließlich eine über Europa hinausgehende Akzeptanz der Spezifikationen für die technischen Medien erreicht wird.

Der Spezifikationsprozeß für das digitale terrestrische Fernsehen ist Ende 1995 abgeschlossen. Die Spezifikation enthält Alternativen in bezug auf die Trägerzahl, Kanaladaption und Modulation (Kap. 4.). Diese Arbeit ist, wie oben bereits erwähnt, von den Alternativen unabhängig bzw. berücksichtigt die Grenzpositionen.

2 Stand der terrestrischen Fernsehversorgungstechnik

In diesem Kapitel wird der jeweilige Stand der Technik für
– die Programmzuführung zu den Sendestationen
– die gemischt analoge und digitale Signalübertragung und
– die terrestrischen Fernsehsender dargelegt.

Daneben werden die grundlegenden Meß- und Überwachungsverfahren und die
herkömmliche Versorgungsplanung aufgezeigt. Zusammen ergibt sich das Bild
der systemtechnischen Situation in der herkömmlichen Terrestrik. Sie bildet die
Ausgangsbasis für die systemtechnische Realisierung des digitalen terrestrischen Fernsehrundfunks. Bei der Darstellung erfolgt eine Filterung im Hinblick
auf den potentiellen Nutzen und den klaren Gegensatz zum digitalen terrestrischen Fernsehen.

2.1
Programmzuführungen zu den Sendestationen

a) Richtfunk und Kabel

Die Übertragung von Fernsehsignalen von TV-Studios zu den terrestrischen
Analogsendern hat im grundsätzlichen Fall die folgenden Übergabepunkte und
Streckenabschnitte:
– : Studio – Sendeleitung : Schaltstelle – Austauschleitung
– : Schaltstelle – Empfangsleitung : Sender

Im Rahmen eines landesweiten Netzes können bis zu drei dieser TV-Leitungs-
verbindungen in Serie benötigt werden. Die Austauschleitung ist meist in Form
der Richtfunkübertragung ausgeführt [2.1]. Dabei werden Richtstrahlantennen
mit Sichtverbindung (ca. 50 km) zwischen den Richtfunkstellen eingesetzt. Meist
sind mehrere Relaisstellen und Funkfelder in Kette geschaltet. Zur Übertragung
erfolgt die Frequenz- oder Amplitudenmodulation des 70-MHz-ZF-Trägers und
die Umsetzung auf die Sendefrequenz zwischen 2 und 6 GHz. Bei digitalen Richt-
funksystemen geschieht die Durchschaltung in den Endstellen im HDBn-Code
(High Density Bipolar – vom Grad n) oder CMI-Code (Coded Mark Inversion).

Im Richtfunknetz sind alle Funkfelder, die mit demselben Richtfunksystem, z.B. DRS140/3900, belegt sind, zusammengefaßt. In der Richtfunknetzplanung werden Netze mit Grundleitungen unter Berücksichtigung verschiedener Systeme, topographischer Gegebenheiten und des Verkehrsaufkommens bei angemessenem Aufwand und vorgegebener Güte entwickelt.

Die Sendeleitung ab dem TV-Studio und die Empfangsleitung zum TV-Sender sind in der herkömmlichen Zuführungstechnik mit Kupfer-Koaxialkabel ausgeführt. Die Übertragung erfolgt bei der TV21-Technik mit dem durch das Videosignal amplitudenmodulierten 21-MHz-Träger.

Durch die zunehmende Einführung der Glasfasertechnologie bei CATV und der mit ihr verbundenen Vorteile digitaler Signalübertragung mit hoher Datenrate bestehen ab 1985 neue Leitungsverbindungen zu den terrestrischen Sendern mit dem LWL-Übertragungsmedium *(Lichtwellenleiter)*.

Das digitale Übertragungssystem erhält am Eingang das FBAS-Signal nach CCIR-Recommendation 470-1 und zwei Tonsignale, die auf einer Glasfaser ($\lambda = 1300$ nm) gesendet werden. Der Signal-Rauschabstand des Systems muß bewertet ≥ 64 dB sein.

Die Ausführung erfolgt durch das System *DAVOS* (Digital-Audio-Video-Optisches-System). Es hat in den optischen Sende–und Empfangsmodulen zwei Varianten: DAVOS-LED für Entfernungen bis ca. 9 km und DAVOS-Laser für Strecken bis zu 29 km.

Das System DAVOS arbeitet mit der geschlossenen Codierung des FBAS-Signals. Die Abtastrate entspricht der dreifachen Farbträgerfrequenz (13,3 MHz), die Auflösung beträgt 9 bit. Die Tonsignale werden mit 41,5 kHz abgetastet und mit 14 bit linear codiert. Die Gesamtdatenrate ergibt sich zu 133 Mbit/s.

Beim digitalen TV-Studio nach CCIR 601 können die Signale mit 216 Mbit/s oder in der bereits reduzierten Form mit 135 Mbit/s (5/6-Reduktion und sequentielle Übertragung der Chromasignale) übergeben werden. Neben den für die Programmzuführung zu den Sendestationen spezifischen Lösungen gibt es die Möglichkeit der Realisierung über die Bereitstellung von Datenkapazitäten in Breitbandnetzen der Telekommunikation [2.2]. Ein Beispiel sind hier 140 Mbit/s-Übertragungsleitungen im *Vermittelnden Breitbandnetz* (*VBN*) der Deutschen Telekom AG (DTAG). Das Breitband-Vermittlungssystem basiert auf Lichtleiterkabeln. An den Netzanschlüssen des VBN wird den Rundfunkanstalten eine flexible, analog-digitale, bidirektionale Schnittstellenkonfiguration angeboten:
– 1 TV-Signal (FBAS + Stereosignal)
– 1 transparenter 2,048-Mbit/s-Kanal
– $2 \cdot 64$-kbit/s-Kanäle
oder alternativ
– 1 transparenter 140-Mbit/s-Datenkanal (Netto: 138,24 Mbit/s)

Das selbstwahlfähige VBN arbeitet mit festgeschalteten Übertragungsleitungen nach dem SCM-Prinzip (Synchronous Transfer Mode). Durch das Vorschalten von ATM-Koppelanordnungen (*Asynchronous Transfer Mode*) können Breitband-Vermittlungen in Pakettechnik realisiert werden (Beispiel: Projekt *BERKOM*, Berlin 1990). Sowohl SCM als auch ATM unterstützt die Übertragung mehrerer Programme in datenreduzierter Form mit in erster Linie wirtschaftlichen Vorteilen.

b) Rundfunksatelliten

Der Satellit ist ein technisches Medium für die Punkt-zu-Fläche-Versorgung (Abb. 2.1-1). Dabei ist es nachrangig, ob analoge z. B. FM-modulierte Signale oder digitale QPSK-modulierte Signale übertragen werden. Demzufolge behält die Satellitentechnik ihre Wertigkeit bei dem Übergang vom analogen zum digitalen Fernsehen bei, bzw. sie wird über die erhöhte Programmkapazität durch die Datenkomprimierung verstärkt. Neben dem Direktempfang erfährt der Satellit eine zunehmende Bedeutung als Programmzubringer zu terrestrischen Sendestationen.

Die Rundfunksatelliten (*DBS*) sind für den Direktempfang in einem Land oder auch in Europa konzipiert. Auf der WARC 77 (World Administrative Communication Conference) wurde der Frequenzbereich von 11,7 bis 12,5 GHz in jeweils 40 Kanäle eingeteilt. Sie haben eine Bandbreite von 27 MHz. Es ergeben sich zwei Kanalreihen: Rechtsdrehend zirkular polarisiert die ungeradzahligen Kanäle und linksdrehend zirkular polarisiert die geradzahligen (Abb. 2.1-2).

Zwischen den rechts–und linksdrehend polarisierten Kanälen ergibt sich eine Überlappung von ca. 19 MHz. Diese Zuordnung gilt für verschiedene Satellitenpositionen, z.B. hat die Position 19° West fünf Kanäle für die Staaten Deutschland, Frankreich, Österreich, Luxemburg, Belgien, Niederlande, Schweiz und Italien. Die Transponder der Rundfunksatelliten sind für eine Ausgangsleistung von 200 W ausgelegt und erforderten ursprünglich Parabolantennen bis zu 90 cm Durchmesser auf der Empfängerseite. Empfindlichere Eingangsstufen ermöglichen heute einen weitestgehend störungsfreien TV-Empfang mit Antennendurchmessern ab 40 cm.

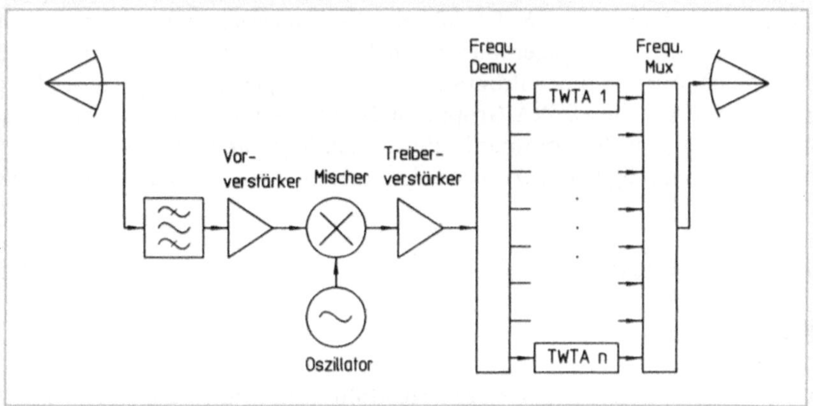

Abb. 2.1-1 Prinzip der Transponder-Technik des Rundfunksatelliten (TWTA: Travelling Wave Tube Amplifier)

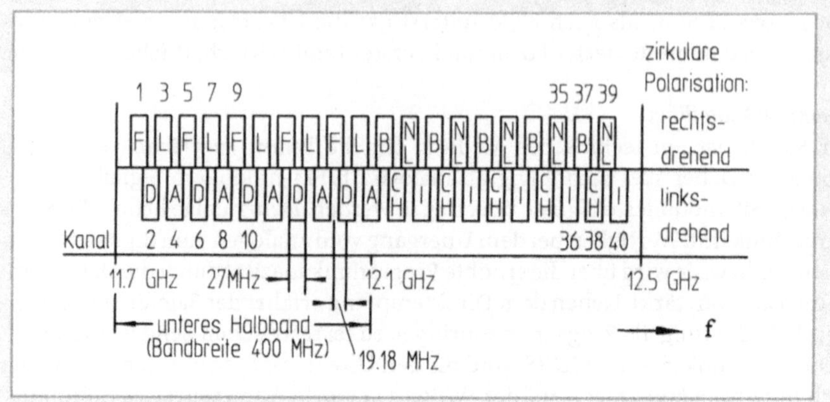

Abb. 2.1-2 Die frequenzbezogene Position der Rundfunksatelliten für Direktempfang der einzelnen Länder auf der Orbitposition 19° West nach WARC 77

Die *SES* in Luxemburg (Société Européenne des Satellites) führte mit der *ASTRA-Serie Medium-Power-Satelliten* für den Direktempfang ein, die mit 16 Transpondern ausgelegt sind. Damit können 16 TV-Programme und auf Tonunterträgern befindliche Hörfunkprogramme in ganz Europa mit Parabolantennen unter 90 cm empfangen werden.

ASTRA 1A ist seit 1989, -1B seit 1991 und -1C sein 1993 in Betrieb. Ab 1994-1996 sind die Satelliten -1D, -1E und -1F für Digitalübertragung geplant.

Die einzelnen Satelliten sind im Abstand mehrerer hundert Kilometer voneinander positioniert. Damit ist die gegenseitige Beeinflussung der Bahnstabilität gering. Die Restabweichung kann mit Bahn–und Lageregelungssystemen korrigiert werden. Der überragende Vorteil der nahen Gruppierung liegt darin, daß der Empfang mehrerer Satelliten mit einem einzigen festpositionierten Spiegel möglich ist. Die Mieter der ASTRA/SES-Kanäle (Dienstteilnehmer) sind private Programmanbieter und gegenwärtig zunehmend öffentlich-rechtliche Rundfunkanstalten. Aufgrund der Programmvielzahl bei geringen Kosten der Empfangsanlage gehört die ASTRA-Gruppe zu den attraktivsten Fernsehsatelliten.

Eutelsat (European Telecommunications Satellite Organization) plant die Hot-Bird-Serie auch für digitales Fernsehen, deren erster Satellit im März 1995 startete.

2.2
Signalübertragungstechnik

a) Übersicht

Am Beginn des Abschnittes der Fernsehzuführungsleitung zum terrestrischen Senderstandort werden im Regelfall die Basisbandsignale in Form des analogen Videosignals und des Audiosignals, ggf. als Stereotonsignal übergeben. Dies gilt gleichermaßen für den Übergabepunkt zum TV-Sender am Ende der Zuführungsstrecke.

Die Übertragungstechnik entlang des Zuführungsabschnittes hängt vom technischen Medium und von der Investitionsbereitschaft des Netzbetreibers für die neuen Möglichkeiten digitaler Signalübertragung ab.

Bei Richtfunk und leitungsgebundener Übertragung mit Kupferkoaxial–und Glasfaser-Kabel sind analoge und digitale Übertragungsverfahren in Betrieb (Abschn. 2.1).

Zunehmende Bedeutung als technisches Medium zur Programmzuführung zu den terrestrischen analogen Sendestationen, vornehmlich für regionale und landesweite Versorgungsgebiete, erfährt der Satellit.

Deshalb, und wegen der besonderen Bedeutung des Satelliten für die Zuführung zu künftigen digitalen terrestrischen Gleichwellennetzen, wird der Stand der Programmzuführung über Satellit detailliert und zuerst im Überblick dargelegt (Abb. 2.2-1 und 2.2-2).

Die TV-Kamera im Fernsehstudio liefert die RGB-Komponentensignale, die im PAL-(SECAM-)Coder zusammen mit den Signalen Synchronimpuls (S), Austastimpuls (A), Vertikalimpuls (V) und Farbträger (F) zum FBAS-Signal (Farb-, Bild-, Austast- und Synchronsignal) geformt werden. In der vertikalen Austastlücke, also im Zeitmultiplex, werden die Signale für den Videotext (Vtxt), die Datenzeile mit dem Video-Programm-System (DZ, VPS) sowie die Prüfzeilensignale hinzugefügt. Das Audiosignal wird zum Videosignal im Frequenzmultiplex über Frequenzmodulation addiert.

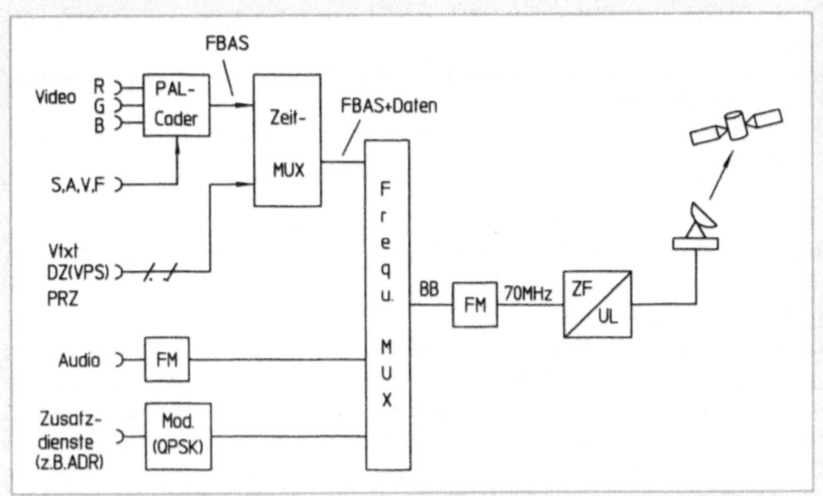

Abb. 2.2-1 Die analoge Programmzuführung zu terrestrischen Sendestationen am Beispiel der Satellitenübertragung

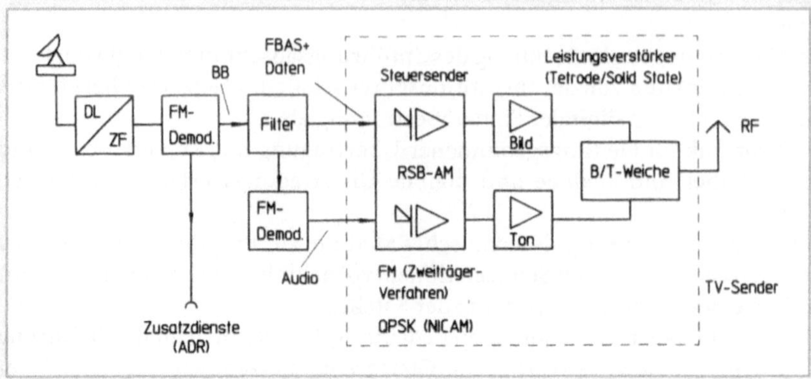

Abb. 2.2-2 Die Signalübertragung beim PAL-Sender mit dem Beispiel der Programmzuführung über Satellit

<table>
<tr><td>Anmerkung</td><td>

Der Transponderkanal hat wie im Falle der ASTRA-Satelliten eine genutzte Bandbreite von 9 MHz. Neben dem Videosignal mit 5 MHz Bandbreite können daher weitere Signale für Direktempfang oder Zubringung übertragen werden, wie z.B. im *ADR*-Verfahren (*ASTRA Digital Radio*).

ADR beeinträchtigt vorhandene Fernseh- und Hörfunkdienste in der Qualität nicht und ist kompatibel zum bestehenden, flexiblen Tonunterträger-Konzept. Die Empfangbarkeit ist für typische 60-cm-Empfangsanlagen in der 51-dbW-Servicekontur gewährleistet.

Daraus resultierte das Systemkonzept. Es enthält die Audioquellencodierung nach MPEG-2-MUSICAM mit der Rate 192 kbit/s pro Stereosignal, inklusive maximal 9,6 kbit/s Zusatzdaten. Der QPSK-modulierte Unterträger mit dem Modulationsindex

$m = 0{,}12$ hat die nominelle Bandbreite 130 kHz. Als Fehlerschutz ist der Convolutional-FEC 3/4 eingesetzt.

Die Systemgrenze C/N bei voller Unterträgerbelegung liegt bei ca. 10 dB, entsprechend der BER $1 \cdot 10^{-5}$ [2.3].

</td></tr>
</table>

Das Basisbandsignal für die Satellitenübertragung wird mit dem 70-MHz-Träger in Frequenzmodulation zur Umsetzung in die Frequenz der Satellitenzuführung (Uplink, UL) aufbereitet.

An der terrestrischen Sendestation erfolgt im Beispiel der Programmzuführung über Satellit der Satellitendirektempfang (SDE) prinzipiell wie in der Consumer-Technik, jedoch mit Betriebsgeräten in professioneller Ausführung. Nach der FM-Demodulation des Satellitensignals werden die Basisbandsignale Video (FBAS + Daten) und Ton (bei Zweiton-/Stereoverfahren Ton 1 und 2) an den Fernsehsender übergeben.

Die Modulation der Basisbandsignale im TV-Sender geschieht im Steuersender mit der Restseitenband-Amplitudenmodulation (RSB-AM) für das FBAS-Sig-

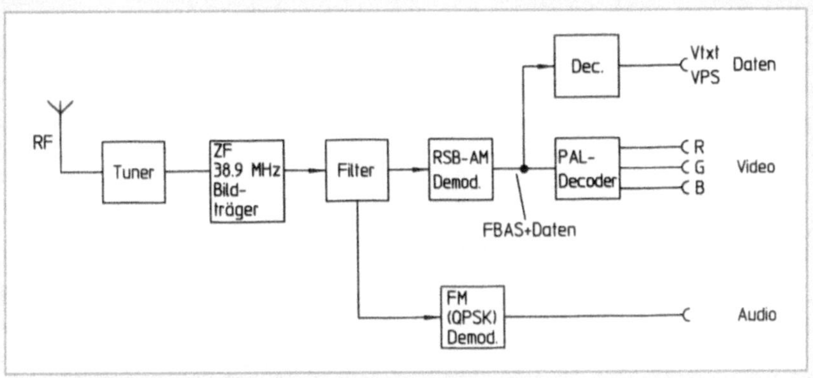

Abb. 2.2-3 Das Prinzipbild des PAL-Empfängers

nal und der Frequenzmodulation für das Tonsignal (Standard B,G). Mit Bezug
auf das TV-Stereosignal haben sich in Europa zwei unterschiedliche Verfahren
etabliert: das FM-Zweitonträgerverfahren und das NICAM-Verfahren mit QPSK-
Modulation. Sie werden zusammen mit den weiteren TV-Neuerungen, die nach
1980 eingeführt wurden, in den folgenden Abschnitten dieses Kapitels näher betrachtet.

Entsprechend Abb. 2.2-2 werden bei dem Split-Carrier-TV-Sender die modulierten Bild- und Tonsignale getrennt in die Sendefrequenzlage umgesetzt und
verstärkt, über die Bild-Ton-Weiche auf der Leistungsebene zusammengeführt
und von der Sendeantenne abgestrahlt.

Mit dem *PAL-Empfänger* (Abb. 2.2-3) wird die systemtechnische Darstellung
der analogen Terrestrik komplettiert. Im Empfänger wird das Tonsignal mit einem Quasi-Paralleltondemodulator gewonnen, wobei der FM-(im Falle NICAM:
QPSK-)Demodulator mit dem TV-ZF-Signal am Eingang arbeitet. Die Alternative ist der Intercarrier-Demodulator mit dem Anschluß am Ausgang des Rest-
seitenband-AM-Demodulators (RSB-AM). Der PAL-Decoder liefert die RGB-Sig-
nale und der Datendecoder die Videotext–und VPS-Informationen.

b) Zweitonträger-Verfahren

Bei der Zweiton-/Stereoübertragung im Fernsehsignal wurden in Europa ab etwa 1980 zwei Wege beschritten. In Deutschland und benachbarten Ländern führte man das analoge Zweitonträgerverfahren ein, während u.a. in Skandinavien,
Großbritannien und Spanien das digitale NICAM-Verfahren zum Tragen kam.

Zur Realisierung der analogen Zweitontechnik ist es erforderlich, neben dem
existierenden Tonkanal einen zweiten Tonkanal vom Fernsehstudio zum Heimempfänger zu schalten, wobei das Übertragungsverfahren mit der bisherigen
Norm kompatibel sein muß. Das heißt, vorhandene, der bisherigen Norm ent-

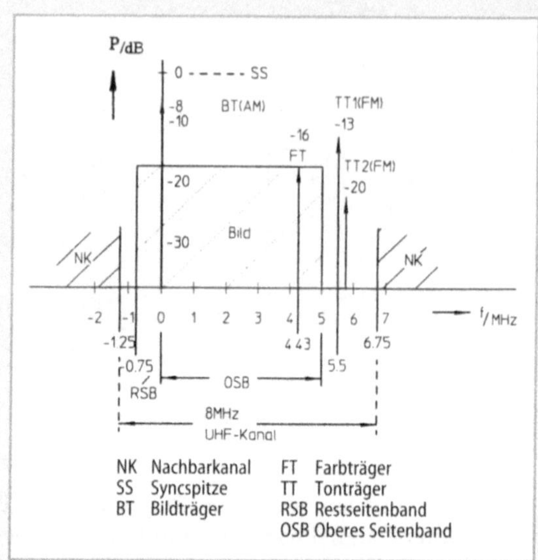

Abb. 2.2-4 Lager der Tonträger im UHF-Kanal (Standard G, Kanalbandbreite VHF: 7 MHz

sprechende Empfänger müssen weiterhin ein monophones Tonsignal empfangen können und dürfen durch den zweiten Ton nicht gestört werden.

Beim Zweitonträgerverfahren (Abb. 2.2-4) [2.4] wird zusätzlich zu dem ersten Tonträger, der bei Standard B,G um 5,5 MHz oberhalb des Bildträgers liegt, ein zweiter, ebenfalls frequenzmodulierter Tonträger im Abstand von 242 kHz zum ersten eingefügt. Die so entstehenden beiden Tonkanäle haben nahezu gleiche technische Daten und Qualitätsmerkmale, der zweite Tonträger wird lediglich mit verminderter Leistung abgestrahlt, um Nachbarkanalstörungen zu vermeiden.

Die Entscheidung unter drei Alternativen und die Ausstrahlungsnorm für die Zweitontechnik nach dem Zweiträgerverfahren wurde auf der 20. Sitzung des *Fernsehausschusses der Funkbetriebskommission (FuBK)* im Februar 1980 für Deutschland verabschiedet. Den Ausschlag gaben folgende Argumente: hohe Übertragungsqualität in beiden Tonkanälen, Kompatibilität zu Heimempfängern nach bisheriger Norm, Unempfindlichkeit gegen Störeffekte, welche aus dem Offsetbetrieb der Fernsehsender resultieren, und schließlich Vorteile in den Realisierungskosten.

c) NICAM-Verfahren

Das NICAM-Verfahren nutzt eine Redundanz in dem Vidoübertragungskanal in der Frequenzebene. Es wird in den TV-Kanal zwischen dem analogen Tonträger und dem Kanalende ein Tonträger mit digitaler Modulation eingefügt. Im Un-

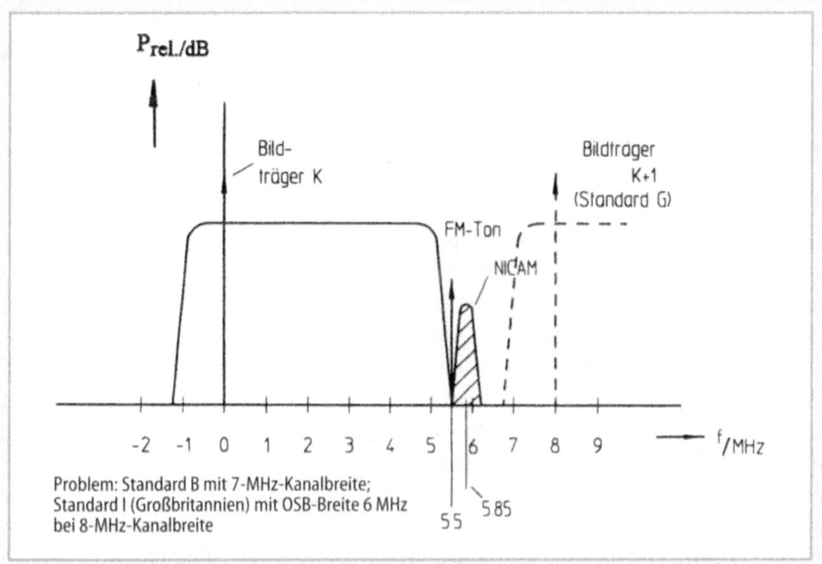

Abb. 2.2-5 TV-Kanalbelegung mit NICAM-Signal (UHF-Band, Skandinavien, Spanien)

terschied zum Zweitonträgerverfahren werden bei NICAM zwei Digitaltöne hinzugefügt und somit indirekt Kompatibilität erzeugt.

Der zweite Tonträger mit NICAM übermittelt die gesamte zweikanalige Audio-Information. Damit könnte bei Wegfall der Kompatibilitätsforderung der erste Tonträger als dritter Kanal für andere Zwecke, z. B. die Übertragung einer dritten Sprache, genutzt werden.

Wegen der unterschiedlichen Kanalbandbreiten in Skandinavien (7 MHz) und Großbritannien (8 MHz) kommen zwei unterschiedliche NICAM-Varianten zum Einsatz: Das skandinavische NICAM hat einen geringeren Abstand zwischen den Tonträgern und eine geringere Bandbreite des digitalen Trägers bei gleicher Datenrate (Abb. 2.2-5) [2.5,2.6].

Der zusätzliche NICAM-Träger wird mit zwei Tonsignalen moduliert, d.h. es stehen ein Stereokanal oder zwei getrennte Monokanäle für zweisprachige Tonübertragung zur Verfügung. Besonders die Kanaltrennung beim Zweisprachenmodus ist bei NICAM wegen der digitalen Modulation unkritisch, im Gegensatz zum analogen Zweitonträgerverfahren. Praktisch wird eine Kanaltrennung im Zweitonbetrieb und auch im Stereobetrieb von 80 dB erreicht.

d) Die Datenzeilentechnik

Der Bedarf an weiterer Datenübertragungskapazität zur TV-Betriebsüberwachung und -steuerung hatte die Einführung der Datenzeilentechnik zur Folge

(Abb. 2.4-3). Die Festlegung des Inhalts der einzelnen Datenworte erlaubt neben einer allgemein gehaltenen Aufnahme der Eingabedaten auch spezielle Formen der Bearbeitung betriebstechnischer Informationen und der Steuerdaten zum Video-Programm-System.

Die Darstellung der Datenzeilentechnik erfolgt in dieser Arbeit auch deshalb, weil die Datenzeilen in ihrer bisherigen Funktion als Begleitsignale im analogen Fernsehen – ähnlich wie der Videotext – natürlich ebenfalls in die digitale Signalübertragung transformiert werden.

Nach Festlegung der EBU überträgt die Fernseh-Datenzeile in den nutzbaren Worten fortlaufend mit jedem Halbbild – neben einem Zeichen-Identifizierungswort – Informationen in Form von ASCII-Zeichen. Die Datenzeile nach der Spezifikation in Deutschland bietet dagegen zwei getrennte Datenkanäle, in denen Informationen bittransparent oder codiert übertragen werden [2.7].

Diese Datenzeile dient vor allem der Identifikation des zugehörigen FBAS-Signals. Man unterscheidet hier zwischen der Quellendatenzeile – sie kennzeichnet den tatsächlichen Signalursprung und wird im 1. Halbbild unverändert übertragen – und der Abschnittsdatenzeile im 2. Halbbild, die den jeweiligen Leitungsabschnitt kennzeichnet. Weitere Anwendungsmöglichkeiten der Datenzeile sind die Übertragung von tonbezogenen Daten, als Kennung der Betriebsart beim TV-Zweiton-System bereits verwirklicht, und von Tonmeßwerten des Audiodat-Systems. Ebenfalls vorgesehen ist die Übertragung signalinhaltsbezogener Daten (z. B. 1., 2. oder 3. Programm, Testbild/Programm, Nachrichten/Sport). Weitere Anwendungen, wie Klarschriftübertragung im ASCII-Code, adressierte Übertragung von Meldungen und Befehlen, beispielsweise Fernschaltung von Sendern, oder Steuerung von Dias mit Hinweisen für den Fernsehteilnehmer, können realisiert werden.

In der Datenzeile werden jeweils 15 Byte digitale Information als serieller Datenstrom mit 2,4 Mbit/s in einer Zeile übermittelt. Dies ergibt sich aus 15·8 bit in der aktiven Zeit der Fernsehzeile von etwa 50 µs. Die Bitdauer ist 400 ns, wobei die Daten Biphase-codiert werden. Das heißt, die Information ist im Bitwechsel nach Eins bzw. nach Null codiert. Dies führt zu einer, gegenüber der NRZ-Codierung sichereren Übertragung, da der Empfänger den Takt aus dem übertragenen Signal stabil regenerieren kann. Die Datenzeile ist somit – unterstützt durch das Run-in-Symbol für das Einschwingen des Taktoszillators im Empfänger und den Startcode, der die Datenzeile kennzeichnet – unabhängig vom Takt des FBAS-Signals. Trotzdem wird in hochwertigen Datenzeilen-Empfängern die zeitliche Lage in der vertikalen Austastlücke durch einen entsprechenden Austastimpuls „gefenstert“. Es hat sich im praktischen Betrieb gezeigt, daß das Run-in-Symbol und der Startcode durchaus vom Programmsignal simuliert und damit eine fälschliche Decodierung ausgelöst werden kann.

Die Abb. 2.2-6 zeigt den Aufbau einer Datenübertragungsstrecke mit dem TV-Datenzeilen-Coder und dem TV-Datenzeilen-Decoder. Am Ausgang des Studios wird die Datenzeile entweder von einem Prüfzeileneintaster oder direkt vom Datenzeilen-Coder in das FBAS-Signal eingetastet. Am Ende eines jeden Leitungs-

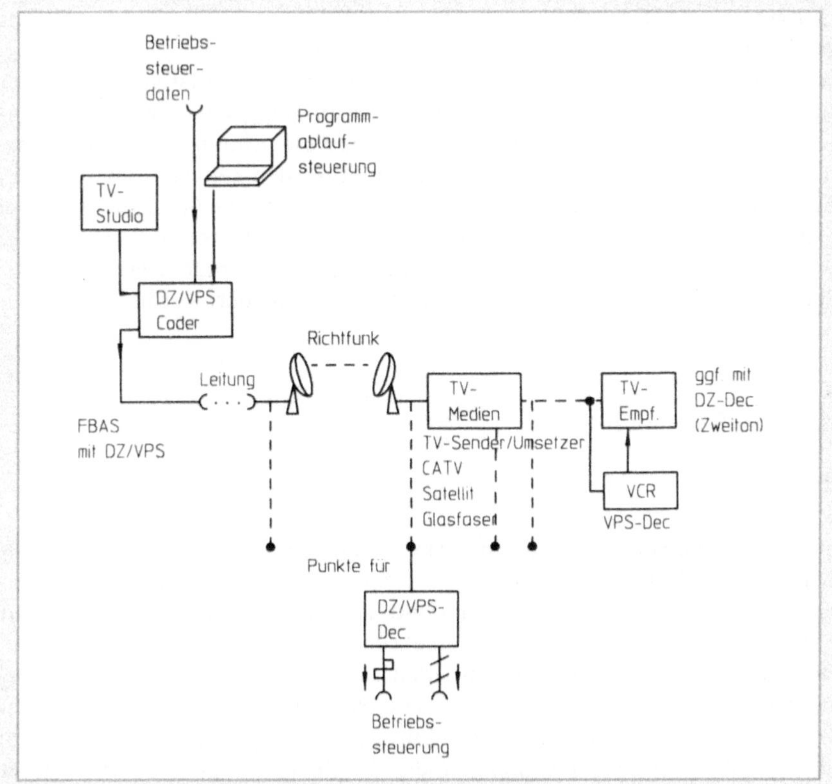

Abb. 2.2-6 Die Übertragungsstrecke für die TV-Datenzeile mit VPS

abschnitts ist ein Decoder zur Decodierung der Betriebsüberwachungs– und -steuerungsdaten angeschlossen. Am Senderstandort kann die Datenzeile mit einer Datenbrücke Decoder/Coder regeneriert werden. Die Weiterleitung der Nutzdaten an periphere Geräte erfolgt über eine parallele Schnittstelle und einen seriellen Ausgabekanal (Schnittstelle RS-232-C). Die intern eingestellte Sollkennung wird zu einem Vergleich mit der übertragenen Quellen – oder Abschnittskennung herangezogen, und bei Ungleichheit wird am Melde-Port des Decoders ein Fehlersignal gesetzt. Eine zusätzliche Meßfunktion des Decoders gestattet das Bestimmen der Bitfehlerrate in der laufenden Datenübertragung und damit das Überwachen der Qualität des übertragenen Datenzeilensignals.

Innerhalb der TV-Datenzeileninformation ist das *Video-Programm-System VPS* ein Consumer-relevanter Teil. Das VPS-System entstand zwangsläufig, nachdem der Consumer-Markt den *Video-Cassetten-Recorder (VCR)* zur Grundausstattung eines Haushaltes aufgenommen hatte, dessen Handhabung aber nicht unproblematisch war. Fast täglich gibt es Verschiebungen des Programmablaufs ge-

genüber dem vorangekündigten Programmzeitplan, so daß die über einen Zeit-
signal-gesteuerten Timer programmierte Aufzeichnung falsch oder unvollstän-
dig wäre. Dies führte zu der Notwendigkeit, den Programmbeitrag mit einem sog.
Label zu versehen. Nur wenn die programmierten Sollwertdaten im Recorder
(Datum, Uhrzeit und Programmquelle) mit den empfangenen Istwertdaten (La-
bels) übereinstimmen, startet der Recorder die Aufzeichnung und beendet sie
erst, wenn ein neues Label gesendet wird. Damit werden Zeitverschiebungen im
Programmablauf irrelevant, denn auch bei Zeitverschiebungen werden als Label
die ursprünglich angekündigten Daten einschließlich Uhrzeit, Kalenderdatum
usw. gesendet. Bei der digitalen TV-Übertragung muß über die Quasi-Kompatibilität mit Set-Top-Geräten die TV-Datenzeile transformiert werden.

2.3
Technik der Fernsehsender

a) Übersicht

Der terrestrische Fernsehsender in Form des Einzelsenders besteht im wesentlichen aus den Bild-Ton-Vorstufen, den Breitbandtreiberverstärkern, den Leistungsverstärkern für Bild und Ton, der Bild-Ton-Senderweiche, den Geräten für
die Stromversorgung und der Sendersteuerung.

Die Vorstufen für Bild und Ton enthalten die Modulation und geben die Ausgangssignale auf der Kanalfrequenz ab. Die Modulation erfolgt auf den Norm-
zwischenfrequenzen 38,9 MHz für das Bildsignal, 33,4 MHz für das Tonsignal 1
und 33,158 MHz für das Tonsignal 2. In der ZF-Ebene erfolgt die Korrektur der
Nichtlinearitäten des Signalweges. Der Umsetzoszillator ist für den Bild–und Tonzweig gemeinsam und erzeugt quarzstabil die Frequenz zur Umsetzung der ZF
auf die Kanalfrequenz. Über den Präzisionsoffset ist die Frequenzsynchronisation des Oszillators möglich.

Der Vorstufe ist jeweils ein Breitband-Transistorverstärker nachgeschaltet, der
die nachfolgenden Leistungsverstärker ansteuert. An die TV-Vorstufe und die Sen-
dersteuerung werden folgende typische Forderungen gestellt:
TV-Vorstufe:
– Vollelektronisch abstimmbar
– Menügeführte Einstellungen
– Mikroprozessor-verwaltet
– Synthesizer–und Präzisionsoffset-tauglich
– Zweitonfähig nach dem IRT-Verfahren und nach NICAM 728
– Integrierter Stereocoder
– Synchronimpulsregeneration

Sendersteuerung:
– Mehrsprachige Menüführung

– Grafikfähiges Display
– Netzausfallsicheres Speichern aller Einstellungen, Störungsmeldungen und Zählerstände im Klartext
– Schnittstellen IEC-Bus, RS-232-C und Bitbus

Die eingeführten Fernsehsendertypen unterscheiden sich im wesentlichen in der Leistungsverstärkertechnologie. Im folgenden werden grundlegende Merkmale der auch für Digitalsender relevanten Technologien Tetrode und Solid-State dargestellt.

b) 20-kW-UHF-TV-Sender mit Tetrode

Die Vorteile des Tetrodensenders gegenüber dem Vorgänger Klystronsender sowie Klystron mit ABC-Steuerung (Annular Beam Control) sind seine geringen Abmessungen und die niedrigere Leistungsaufnahme. Dagegen weist der Tetrodensender mehr abzustimmende Stufen mit jeweils eigener Stromversorgung auf. Besondere Merkmale des Tetrodensenders sind:
– Hoher Wirkungsgrad (ca. 40 % geringere Leistungsaufnahme im Vergleich zum Klystronsender)
– Geringer Platzbedarf durch Kompaktbauweise (rund 1/3 eines Klystronsenders)
– Moderne Tetroden in Pyrobloc-Technik in den Leistungsstufen
– Siedekondensationskühlung mit Zweikreissystem
– Abwärmenutzung der Röhrenverlustleistung
– Geregelte Ausgangsleistung für Bild und Ton
– Hohe Grundlinearität in den Röhrenstufen
– Entzerrung aller Nichtlinearitäten im ZF-Bereich

Der Sender arbeitet nach dem Prinzip der getrennten Bild-Ton-Verstärkung (Abb. 2.3-1) [2.8].

Auf der Leistungsseite werden im Bildzweig zwei moderne *Tetroden TH 527 und TH 582* mit Pyrobloc-Technik in koaxialen Topfkreisen verwendet. Diese Verstärker weisen eine hohe Grundlinearität auf, so daß sich eine einfache Vorkorrektur im ZF-Bereich und damit sehr hohe Stabilität des Bildsenders ergibt. Im Tonzweig ist die Tetrode TH 893 in dem koaxialen Topfkreis eingesetzt. Die ebenfalls hohe Grundlinearität des Verstärkers erweist sich vor allem bei Mehrkanalbetrieb nach dem IRT-Zweiträger-Verfahren (IRT: Institut für Rundfunktechnik) durch einfache Entzerrung und hohe Stabilität als vorteilhaft. Die Bild – und Tonsendersignale werden mit einer Brückenweiche dämpfungsarm und gegeneinander entkoppelt zusammengeführt.

Tetrodensender in den Leistungsklassen 10 kw bis 1 kW werden mit zwei Röhren (Bild- und Tonverstärker) bzw. einer Röhre ausgestattet, wobei der Vorverstärker und der Tonzweig mit Leistungstransistoren aufgebaut werden.

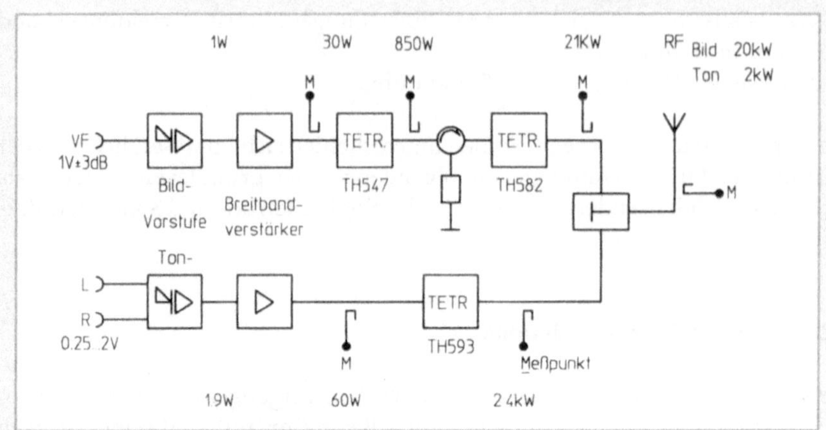

Abb. 2.3-1 Blockschaltbild des 20-kW-Tetrodensenders

c) 10-kW-Solid-State-UHF-Sender

In Europa werden nach den Transistorsendern für Band III zunehmend auch Transistorsender Band IV/V für die Leistungsklassen bis 20 kW von den Rundfunkanstalten und Telekom-Gesellschaften eingesetzt. Die bipolare Solid-State-Verstärkertechnologie mit guten TV-Eigenschaften in bezug auf aussteuerungsabhängige, also nichtlineare Verzerrungen und hoher Zuverlässigkeit erlaubt Senderkonzepte mit passiver Vorstufenreserve und impliziter Endstufenreserve mit parallelgeschalteten Verstärkermodulen. Für die Senderausgangsleistung 10 kW (Bild-Synchronspitzenleistung) werden im Beispiel nach Abb. 2.2-2 12 Bildverstärker-Einschübe à 1,1 kW eingesetzt. Das ergibt in der Summe von Leistungs- und Treiberverstärkern 140 identische Verstärkermodule, die über Splitter und Combiner quasi parallel geschaltet sind.

Ein Modulersatz kann ohne Abstimmung oder Abgleich erfolgen. Die Leistungsverstärkereinschübe können bei Betrieb des Senders gewechselt werden.

Neben den Modulen stehen Verstärkerelemente in Form von weitestgehend kompatiblen bipolaren Transistoren (TPV8100B von Motorola, SD4100 von SGS Thomson, UTV100B von Giga Hertz Technology (früher ACREAN)) zur Verfügung. Es sind gepaarte Doppeltransistoren in einem Gehäuse eingesetzt, die im Push-Pull-Betrieb (Gegentakt-A/B-Verstärker) geschaltet sind.

Die Transistoren arbeiten bei einer Junction-Temperatur $< 120\,°C$ (APL 50, $< 45\,°C$ Zuluft) wofür eine forcierte Druckluftkühlung für die Leistungsstufen von 140 m³/min angewendet wird.

In einem Solid-State-Sender spielt neben dem Verstärkermodul die Kopplertechnik eine maßgebende Rolle. Der *Wilkinson-Koppler* als Alternative zum 3-dB-Koppler ist für den Aufbau mit gedruckter Schaltung besonders gut geeignet. Er heißt

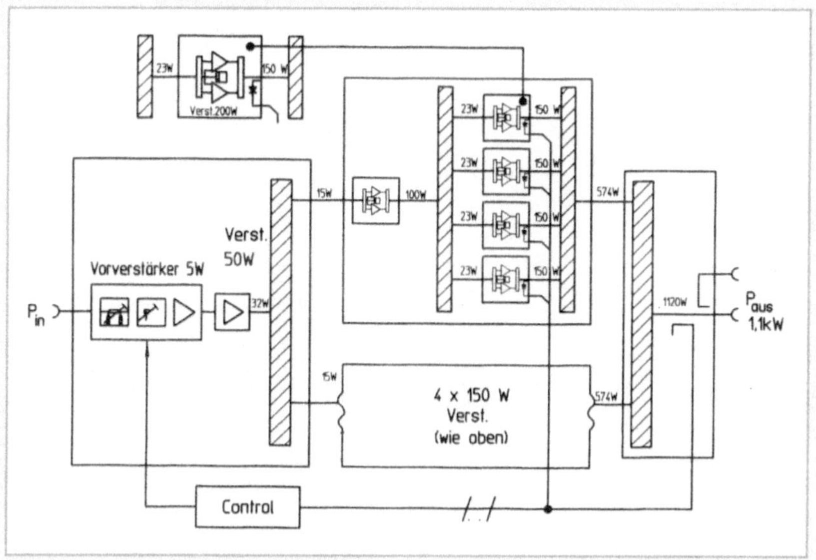

Abb. 2.3-2 1-kW-Verstärker mit 200-W-Modulen

auch 0°-Koppler, da die beiden zu addierenden RF-Leistungen dem Koppler gleichphasig zugeführt werden.

Die Leistungsverstärker des Solid-State-Senders sind breitbandig für den UHF-Bereich (470 – 860 MHz) ausgeführt, was besonders logistische Vorteile bringt (Ersatzteilhaltung).

Das Solid-State-Senderkonzept sieht die getrennte Bild-Ton-Verstärkung (Split Carrier) bei zwei Tonverstärkern (Ton 1: 500 W, Ton 2: 100 W) vor.

Alternativ zur Zweitoncodierung nach IRT kann der FM1-Ton und NICAM728 integriert werden.

Die Energiebilanz ohne Lüfter ergibt 36 kW Leistungsaufnahme bei Schwarzbild und 28 kW bei Graubild (50 % APL). Die Leistungsaufnahme der Lüfter beträgt 4,8 kW.

Der Sender arbeitet im Präzisionsoffset mit dem Leitfrequenzanschluß für 1, 2, 5 oder 10 MHz. Die Übertragungseigenschaften für Bild und Ton, die Nebenaussendungen und Sender-Schutzeinrichtungen sowie die Daten-Interfaces (IEC-Bus, RS-485, Bitbus nach 864-1 IEC) [2.9] entsprechen den kundenseitig vorgegebenen Lastenheften bzw. den allgemeinen Pflichtenheften.

d) Fortentwicklung in der TV-Verstärkertechnologie

Die Tabellen 2.3.-1 und 2.3.-2 zeigen den Technologiebaum und die charakteristischen Daten für die TV-Verstärkertechnik [2.10].

Tabelle 2.3-1 Technologie-Baum für TV-Senderverstärker

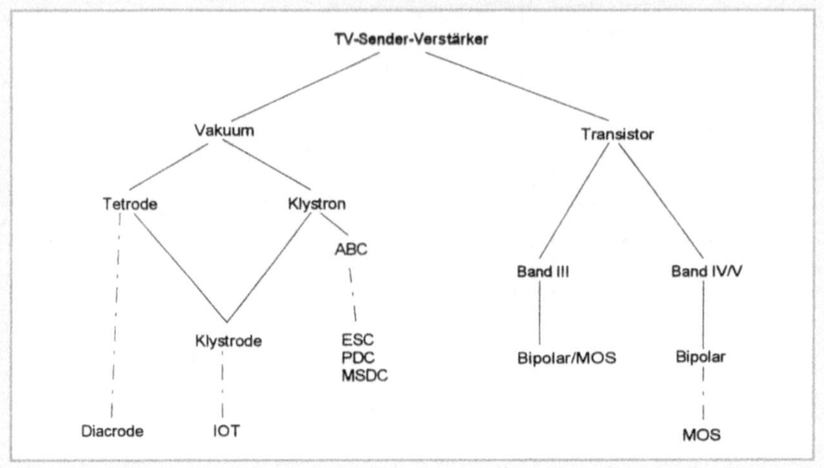

In der Vakuum-Technologie wurde das Klystron bzw. das ABC-Klystron mit dem Ziel des höheren Wirkungsgrads fortentwickelt. Es wurde durch *Energie-rückgewinnung aus dem Elektronenstrahl* erreicht, nachdem die „Verstärkungs-arbeit" geleistet ist. Dies gelang durch mehrere Kollektorstufen mit steigendem Wert der negativen Spannung, wodurch der Elektronenstrahl abgebremst wurde.

Je nach Hersteller gab es die Bezeichnungen:
- MSDC   Multi Staged Depressed Collector (Fa. Varian)
- ESC   Energy Saving Collector (Fa. EEV)
- PDC   Philips Depressed Collector

Die Entwicklungslinie der Depressed-Collector-Klystrons war 1992/1993 been-det.

1992 wurde die Kombination der Tetrode und des Klystrons in Form der *Kly-strode* (Varian, USA) vorgestellt, die sich zur IOT (EEV, England) weiterentwickelt hat. Die IOT (Inductive Output Tube) [2.11] ist eine doppelt abgestimmte Röhre, bei der der Ausgangstopfkreis mit einer Induktivität an den Kollektorkreis ge-koppelt ist. Die IOT ist eine Elektronenstrahl-Röhre wie das Klystron und hat ein Steuergitter wie die Tetrode.

Sie wurde mit dem Ziel entwickelt, die Vorteile der Basistechnologien zu ver-einigen:
- geringe Produktionskosten
- hoher Wirkungsgrad (Kosten über die Lebensdauer)
- Abmessungen wie Tetrode
- einfache Handhabung
- Lebensdauer und Ausgangsleistung wie Klystron

Tabelle 2.3-2 Vergleich der Tv-Sender-Verstärkertechnologien für den UHF-Bereich

	Klystron ABC	Tetrode	IOT	SS	Diacrode
Leistungsbereich	… 65 kW	… 30 kW	40 … 60 kW	… 40 kW	10/60 kW
Kühltechnik (vorzugsweise)	Wasser	Vapor-Kondensierung	Luft/Destill. Wasser	Luft/Konvektion	Hyper-Vapotron
Wirkungsgrad bei Programmsignal (Richtwerte)	35 %	50 %	63 %	30-40 %	
Verstärkung	35-38 dB	13-15 dB	18-21 dB	7-8,5 dB (MOS: 12 dB)	> 15 dB
Kollektorspannung	22 kV	7,5 kV	30 kV	28 V	7,5 kV
mittl. Lebensdauer	30 Th	8 Th	25 Th	> 90 Th (abhängig von Spec.)	> 20 Th

Mitte 1995 wurde von Thomson-Thonon die *Diacrode* vorgestellt. Das Arbeitsprinzip der Diacrode entspricht der Tetrode, der Unterschied liegt in der Art der Auskopplung der verstärkten Leistung. Bei der Diacrode wird der Spannungsknoten und damit das Strommaximum in die Mitte der Kathode/des Steuergitters sowie des Schirmgitters/der Anode gelegt ($\lambda/2$-Abstimmung). Diese Maßnahme minimiert reaktive Ströme, die in die Kathode und die Gitter fließen, und limitiert damit die Aufheizung und die elektrischen Verluste. Auf diese Weise kann die Ausgangsleistung gegenüber der Tetrode verdoppelt bzw. die Verstärkung und der Wirkungsgrad verbessert werden. Durch die hohe Grundlinearität und Robustheit (Spitzenaussteuerung) ist die Diacrode für OFDM-Signale bei deutlich kleinerer thermischer Sendeleistung, z. B. 3 kW, geeignet.

Solid-State-Sender werden typischerweise bis zu einer Leistungsklasse von 10 kW (20 kW) entwickelt. Als Transistortechnologie wird im Band III mit MOS-Transistoren (z. B. SK410 – Fa. Toshiba, BLF378 – Philips) und mit Bipolar-Transistoren (z. B. SD1485 – SGS Thomson) je nach Senderhersteller gearbeitet. In Band IV/V wird heute vorzugsweise Bipolartechnik eingesetzt. Eine Fortentwicklung in dieser Technologie erfolgte 1995 bei Philips mit einer höheren Leistung pro Transistor (BLV862).

Die japanischen Senderhersteller NEC und Toshiba setzen bei UHF bereits eigenentwickelte MOS-Technologie ein, geben aber die Leistungstransistoren und die Verstärkermodule nicht in den freien Markt.

Interessant ist die Frage, welcher Sendertyp sich in Zukunft durchsetzen wird, unter Berücksichtigung des Konzeptes der gemeinsamen oder getrennten Bild-

und Tonverstärkung (Bild-Ton-Weiche), des Reservekonzeptes (z. B. passive Reserve oder (n+1)-Reserve), des Kühlkonzeptes (z. B. Konvektion, forcierte Luftkühlung oder Flüssigkeitskühlarten), als auch weitere Kriterien wie:
- Technische Daten
- Betriebskosten
- Preis
- Servicekosten
- Austauschkosten
- Komplexität der Wartung

Das optimale Konzept auch für die künftigen Digitalsender kann sich nur in Kooperation mit dem Betreiber (Telekom, Rundfunkanstalt), dem Vertreter der Technologie (Hersteller der Verstärkerbausteine) und den Anbietern der kompletten Betriebstechnik (Fernsehsender) entwickeln.

2.4
Grundlegende Meß- und Überwachungsverfahren

a) Automatische Vollbildmeßtechnik

Der Betrieb von analogen Fernsehsendern erfordert eine komplexe und aufwendige Meßeinrichtung zum Erhalt der geforderten hohen Übertragungsqualität für alle Komponenten des TV-Signales: Bild, Ton und digitale Zusatzsignale.

Beispielhaft ist dazu ein Fernsehsender-Meßsystem nach Abb. 2.4-1. Im Signalwähler des Systems werden je nach Meßaufgabe die Verbindungen für die Video- und Audiosignale zum und vom TV-Sender, die Zusammenschaltung der Meßgeräte untereinander sowie die RF–und ZF-Verbindungen zwischen dem Meßsystem und dem Sender hergestellt. Das Mehrfachkabel enthält sämtliche benötigten RF-, ZF-, VF- und AF-Verbindungsleitungen, die Netzleitungen für die Stromversorgung vom Sender und die Datenverbindung. Damit keine Störungen in die Signalleitungen eingekoppelt werden, ist die Datenverbindung vom und zum Fernsehsender in Lichtwellenleiter-Technik ausgeführt. Zur Steuerung und zum Auslesen der Meßergebnisse sind alle Geräte über entsprechende Schnittstellen (IEC-Bus, TTL-Parallelport, A/D-Umsetzer) mit dem Process Controller verbunden.

Das Fernsehsender-Meßsystem wird menügeführt über den Process Controller bedient. Das Bedienprogramm ist als Anwendungsprogramm unter Microsoft Windows entwickelt, dessen grafische Benutzeroberfläche eine komfortable und leistungsstarke Betriebsumgebung bietet. Der Betrieb ist auch vollständig von Hand möglich, so daß sich spezielle Messungen durchführen lassen. Die Meßstellenwahl und Signalwegschaltung werden über die grafische Benutzeroberfläche am Process Controller vorgenommen. Meßstellen und Signalwege werden in Form von Symbolen und Blockschaltbildern dargestellt. Bei Anwahl mit dem Mauszeiger wird die Durchschaltung sofort aktiviert. Die Einstellung der Meßgeräte er-

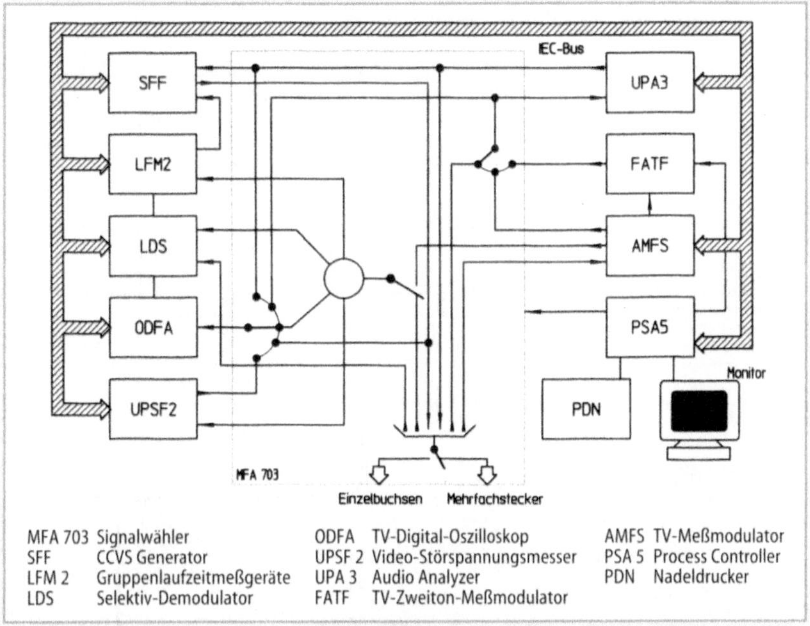

Abb. 2.4-1 Prinzipschaltung eines Fernsehsender-Meßsystems [2.12]

Tabelle 2.4-1 Meßparameter am Bild- und Tonsender

Messungen am Bildsender	Messungen am Tonsender
Pegelverhältnisse	Frequenzhub (Pegelung)
Amplitudenfrequenzgang	Amplitudenfrequenzgang
Gruppenlaufzeit	Preemphase
Dachschräge	Klirrfaktor
Einschwingen	Stereo- und Kanalübersprechen
2T-Impuls	Störmodulation
20T-Impuls	
Statische Linearität	
Dynamische Linearität 1 MHz	
Differentielle Verzerrungen	
Phasenhub des Bildträgers	
Differenzträger-Störabstand	
Bildaustastlücke	
Synchronimpuls Sendereingang/-ausgang	
Störmodulation	
Intermodulation	

folgt über die Bedienelemente an der Frontplatte. Die Meßergebnisse werden über die Frontplatten-Displays der Einzelgeräte ausgewertet. Bei Servicearbeiten kann sich der Anwender der rechnergestützten Messung bedienen: Er wählt aus einer Liste von vorbereiteten Einzelmessungen den gewünschten Punkt aus und

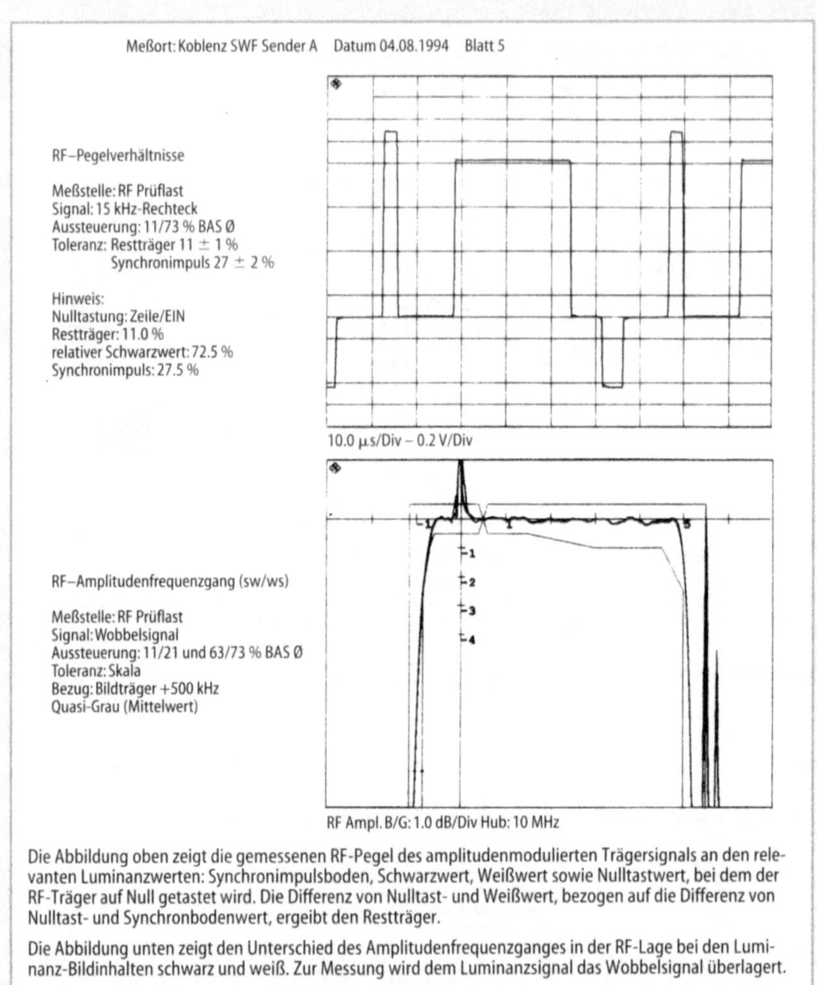

Die Abbildung oben zeigt die gemessenen RF-Pegel des amplitudenmodulierten Trägersignals an den relevanten Luminanzwerten: Synchronimpulsboden, Schwarzwert, Weißwert sowie Nulltastwert, bei dem der RF-Träger auf Null getastet wird. Die Differenz von Nulltast- und Weißwert, bezogen auf die Differenz von Nulltast- und Synchronbodenwert, ergeibt den Restträger.

Die Abbildung unten zeigt den Unterschied des Amplitudenfrequenzganges in der RF-Lage bei den Luminanz-Bildinhalten schwarz und weiß. Zur Messung wird dem Luminanzsignal das Wobbelsignal überlagert.

Abb. 2.4-2a Beispiel zweier Meßdokumente des automatischen Bildsenders-Meßsystems

führt die Messung im Dialog mit dem Rechner durch. Über die grafische Benutzeroberfläche werden die bei der Meßaufgabe möglichen Parameter eingestellt (Tabelle 2.4-1). Der Rechner übernimmt je nach Meßaufgabe die Geräteeinstellungen, die Meßstellenwahl, die Signalwegschaltung und die Darstellung der Meßergebnisse. Die Ergebnisse der einzelnen Messungen werden im Hauptspeicher gehalten und können zusammen auf Festplatte oder Diskette abgelegt werden. Damit bei Abgleicharbeiten am Fernsehsender der Einfluß voneinander abhängiger Größen besser überschaubar wird, sind Kombinationen bestimmter Messungen vorbereitet. So werden beispielsweise differentielle Amplitude, diffe-

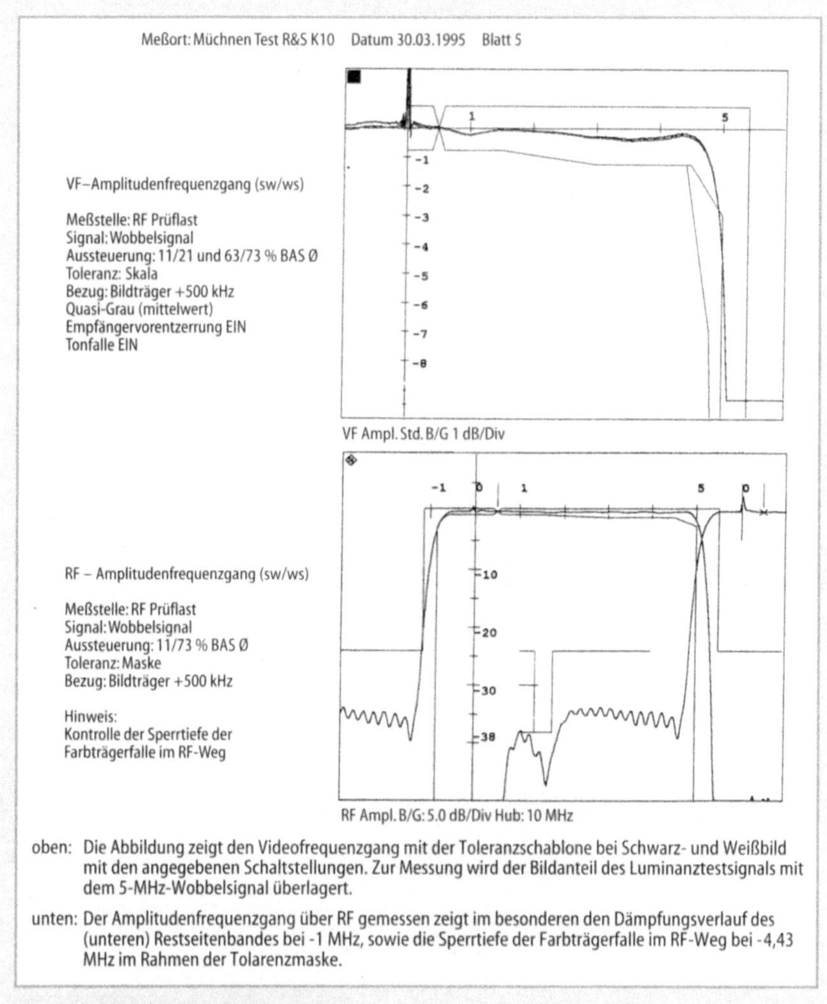

oben: Die Abbildung zeigt den Videofrequenzgang mit der Toleranzschablone bei Schwarz- und Weißbild mit den angegebenen Schaltstellungen. Zur Messung wird der Bildanteil des Luminanztestsignals mit dem 5-MHz-Wobbelsignal überlagert.

unten: Der Amplitudenfrequenzgang über RF gemessen zeigt im besonderen den Dämpfungsverlauf des (unteren) Restseitenbandes bei -1 MHz, sowie die Sperrtiefe der Farbträgerfalle im RF-Weg bei -4,43 MHz im Rahmen der Tolarenzmaske.

Abb. 2.4-2b Beispiel zweier Meßdokumente

rentielle Phase und der Amplitudenfrequenzgang gleichzeitig am Rechnerbildschirm dargestellt und zyklisch aufgefrischt.

Weitere Unterstützung bietet das Fernsehsender-Meßsystem bei Abnahmemessungen oder bei der Dokumentation des Zustands vor und nach Reparaturarbeiten mit den automatischen Messungen.

Die Abb. 2.4-2a–c zeigen grundlegende Meßdokumente daraus.

Der Bediener wählt die durchzuführenden Messungen in einer Tabelle an und legt das Ziel der gemessenen Daten (Speichern, Drucken) fest. Nach Quittieren dieser Einstellung werden die Messungen automatisch der Reihe nach abgear-

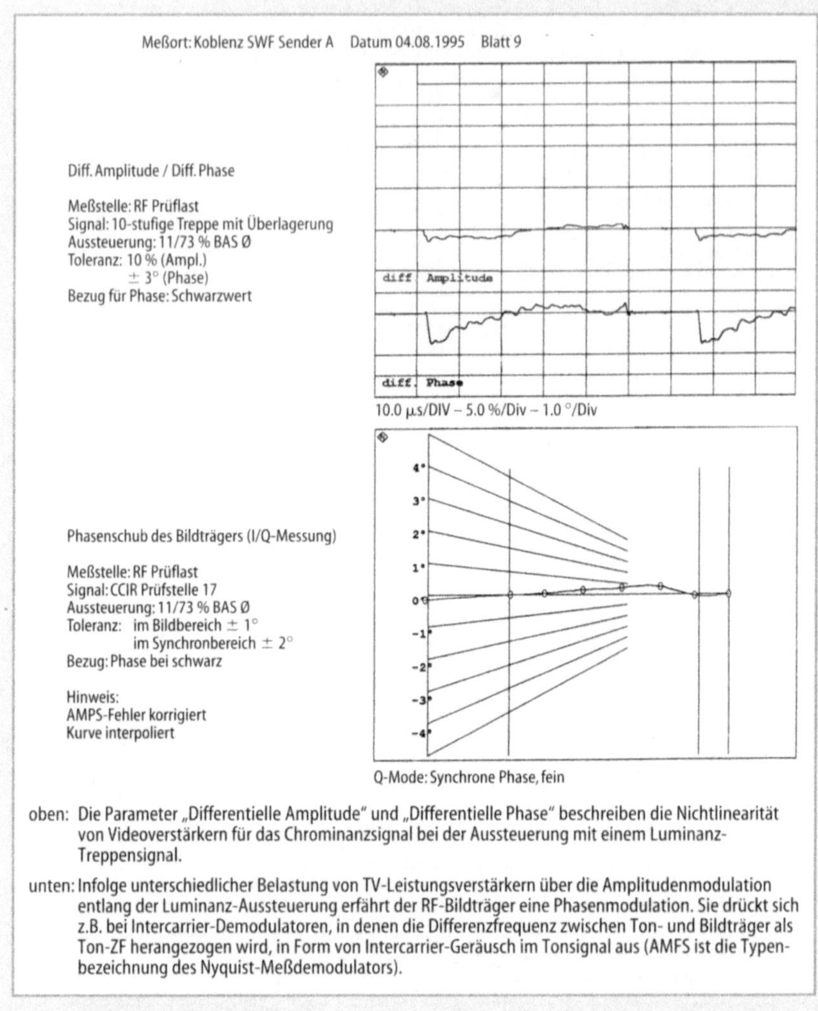

Abb. 2.4-2c Beispiel zweier Meßdokumente

beitet. Die Parameter für die jeweilige Meßaufgabe (Meßstelle, Bildsignal usw.) sind festgelegt. Mit den automatischen Messungen werden alle Punkte abgedeckt, die zur Abnahme eines Fernsehsenders nach Kundenspezifikation erforderlich sind.

Die Senderbetriebsdaten wie Spannungen, Ströme, Leistungen und Temperaturen stehen in der Regel als digitale Meßgrößen zur Verfügung. Diese Daten werden auf dem Rechnermonitor angezeigt und können als Protokoll ausgedruckt werden.

b) Prüfzeilenüberwachungstechnik

Anfang 1980 wurde in Europa und anschließend in den USA die Fernseh-Prüfzeilentechnik eingeführt, die die Möglichkeit der Messung und Überwachung des Übertragungskanals während des laufenden Programms, also On Line, bietet. Damit ist einerseits eine Sofortdiagnose für Fehler im Übertragungsnetz möglich, andererseits die Voraussetzung für die Erstellung von Statistiken gegeben, die wiederum eine Früherkennung der Degradation in der Qualität oder von Defekten erlauben.

Die Darstellung der Prüfzeilentechnik erfolgt auch aufgrund der Notwendigkeit, dieses Werkzeug in transformierter Form für die Messung und Überwachung bei der digitalen TV-Übertragung zu besitzen.

Grundgedanke der Prüfzeilentechnik ist es, an der Quelle in das laufende Programmsignal ein fehlerfreies Referenzsignal einzutasten (Abb. 2.4-3).

Dieses Signal durchläuft die gesamte Übertragungsstrecke bis zum Heimempfänger. Damit kann an jedem Punkt der Übertragungsstrecke das Referenzsignal gemessen werden, und somit kann man auf die Qualität des Programmsignals schließen. Es ist keine Freischaltung der Meßobjekte, z.B. des Fernsehsenders, nötig. Durch die laufende Überwachung der Prüfzeilenmeßwerte auf Einhaltung von Grenzwerten wird ein Monitoring-System eingerichtet, das in wenigen Sekunden eine Fehlermeldung abgeben kann. Dadurch ist die Intensität der Kontrolle gegenüber einer Messung mit freigeschaltetem Meßobjekt erheblich erhöht. Ein weiterer Aspekt der Prüfzeilen-Monitoring-Technik ist, daß mit Hilfe von Mikrocomputern eine intelligente Auswertung im Sinne von Statistiken durchgeführt werden kann. So können Mittelwertstatistiken, Ereignisstatistiken oder Histogramme dargestellt werden. Sie erlauben in gewissem Sinn ei-

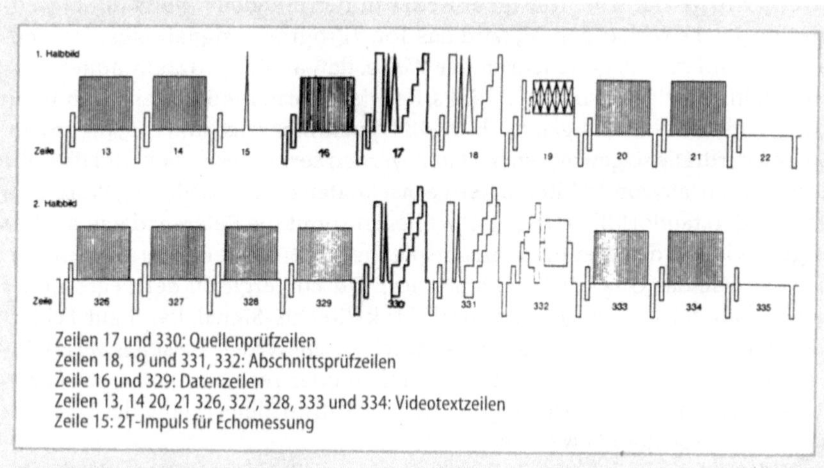

Zeilen 17 und 330: Quellenprüfzeilen
Zeilen 18, 19 und 331, 332: Abschnittsprüfzeilen
Zeile 16 und 329: Datenzeilen
Zeilen 13, 14 20, 21 326, 327, 328, 333 und 334: Videotextzeilen
Zeile 15: 2T-Impuls für Echomessung

Abb. 2.4-3 Die CCIR-Prüfzeilensignale und die weitere Belegung der vertikalen Austastlücke des FBAS-Signales

ne Vorausschau der Ereignisse, beispielsweise in bezug auf die Alterung von Senderöhren oder die Drift von Parametern in Transistorverstärkern.

Die Prüfzeilenüberwachungstechnik ist in den Sendestationen des terrestrischen Sendernetzes der deutschen Telekom an allen 100 Sendestationen eingesetzt. Sie arbeiten dezentral, d.h. jedem Senderstandort ist eine separate Überwachungsanlage zugeordnet. Die Komponenten der TV-Überwachungsanlage sind: ein Videomeßstellenschalter, ein Prüfzeilenanalysator und ein Datenprozessor zur Aufbereitung der Meßwerte (Abb. 2.4-4). An jedem Senderstandort werden der Überwachungseinrichtung als Meßsignale die Videosignale mit Prüfzeilen des 2. und 3. Fernsehprogrammes am Sendereingang sowie die über den Fernsehmeßdemodulator demodulierten RF-Senderausgangssignale der jeweiligen Senderhälften A und B zugeführt. Die Programmsignale werden zyklisch auf den Prüfzeilenanalysator geschaltet. Der Datenprozessor nimmt die digitalen Werte und die Statusinformationen auf und speichert sie meßstellenabhängig in Tabellen. Bei Änderung des Status, bzw. bei einer Grenzwertüberschreitung, wird eine entsprechende Information über serielle Datenschnittstellen an die Zentrale abgesetzt. Die Datenübertragung geschieht mit Modems über Leitungen des posteigenen Fernwirknetzes. In der Zentrale werden die Statusinformationen des Senderstandortes angezeigt: Änderungen sind am Blinken von Anzeigen erkenntlich und müssen quittiert werden. Im Rahmen des Befehlssatzes der Überwachungsanlage können Statusprotokolle, Meßprotokolle, Mittelwert- und Ereignisstatistiken abgerufen werden. Die so erhaltenen komprimierten Informationen über einen Senderstandort können noch auf eine höhere Ebene gestellt werden. Dabei werden die Daten eines ganzen Sendernetzes verdichtet und man kann somit auf kritische Fehler, z.B. eines Leitungsabschnittes, schließen.

Parallel zur Prüfzeilenauswertung läuft bei dem Überwachungssystem der Telekom auch die Überwachung des Fernsehtons. Diese arbeitet jedoch mit einem anderen Prinzip: Da beim Tonsignal weder in der Frequenz- noch in der Zeitebene eine Lücke vorhanden ist, wird das Ton-/Programmsignal selbst als Meßsignal verwendet. Dies geschieht in der Weise, daß an der Programmquelle das Tonsignal im Pegel getrennt nach Links/Rechts-Information in Zeitabschnitten von 0,25 s mit 8-bit-Genauigkeit, d.h. 64 dB Dynamikbereich und 0,25 dB pro bit, gemessen wird. Die so gewonnenen Daten werden seriell gewandelt und über die niedrige Datenrate von 25 bit/s in der Fernsehdatenzeile in Zeile 329, Wort 5, bit 3, zum Senderstandort übertragen. Dort liegen somit die Referenzdaten an. Das Tonsignal wird an den Meßpunkten entsprechend dem Videoprogramm in gleicher Weise wie das Quellensignal analysiert. Durch Vergleich der Pegel an der Senke und an der Quelle, getrennt nach Links/Rechts-Signal, kann auf Fehlerquellen entlang der Übertragungsstrecke geschlossen werden. Beispielsweise können auf Programmunterbrechungen des linken oder rechten Kanals, auf Pegelfehler, auf Programmvertauschungen oder auf Störquellen entlang der Übertragungsstrecke geschlossen werden.

Die Prüfzeilentechnik bietet in Zusammenhang mit dem terrestrischen Fernsehrundfunk eine Reihe von weiteren Anwendungsmöglichkeiten:

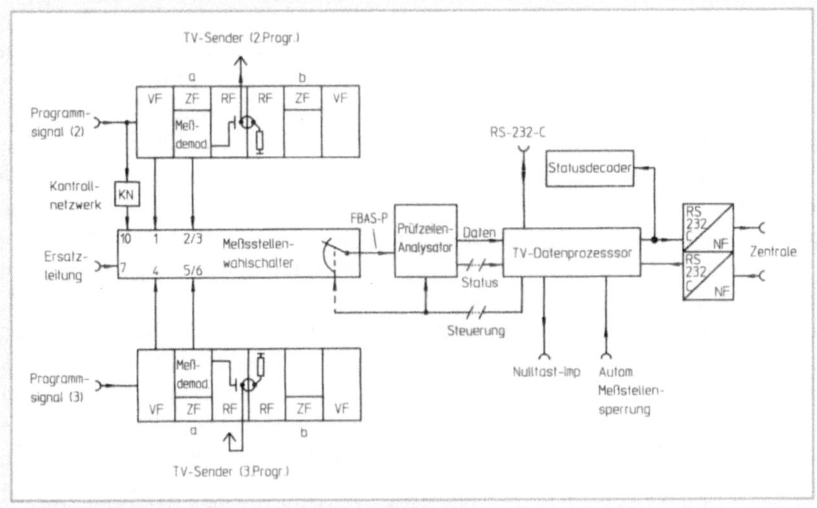

Abb. 2.4-4 Die Prüfzeilenüberwachung an einer TV-Sendestation

- Zeitliche und örtliche Eingrenzung stochastisch auftretender Fehler (z.B. durch Witterungseinflüsse)
- Kontrolle der Empfangsqualitäten an Ballempfangsstandorten
- Überwachung von Sende–und Empfangseinrichtungen mit telefonischer Benachrichtigung, wenn sie der Wartung bedürfen
- Kontrolle von unbemannten TV-Umsetzerstationen

<table>
<tr><td>Anmerkung</td><td>Bei Netzbetreibern wird daran gedacht, die Prüfzeilentechnik zu modifizieren. Anstelle der statischen Belegung mehrerer Fernsehzeilen ist der sequentielle Prüfzeilenbetrieb in einer Fernsehzeile möglich. Die TV-Überwachungstechnik kann sich ohne wesentliche Einbußen der Leistungsmerkmale adaptieren. Die gewonnenen Fernsehzeilen können dem Videotext zugeordnet werden, was zu einer Consumer-freundlichen Verkürzung der Zugriffszeit zu den Videotexttafeln führt.</td></tr>
</table>

c) Meßparameter beim Zweitonträgerverfahren

Die Problematik beim Zweitonträgerverfahren besteht darin, daß im Fall zweier unabhängiger Tonsignale eine hohe Übersprechdämpfung und im Fall stereophoner Tonsignale hohe Anforderungen an Gleichheit der Kanäle in Phase und Amplitude einzuhalten sind. Daneben ergeben sich durch die höhere Auslastung des Fernsehkanals Einflüsse auf die Leistungsbilanz und auf die Intermodulationsprodukte des Senders [2.13].

Die wichtigsten, qualitätsbestimmenden Meßparameter in der Zweitontechnik sind:

- *Intercarriergeräusch* – es entsteht im Sender und im Empfänger durch einen Störphasenhub des Bildträgers, hauptsächlich infolge der Bildmodulation mit den 50-Hz-Harmonischen und 15-kHz-Anteilen des Videosignals.
- *Stereoübersprechen* ist ein Parameter, der im wesentlichen durch die Art der Matrizierung (L+R)/2 im Kanal 1 und R in Kanal 2 bestimmt wird. Unterschiede in den Phasen- und Amplitudengängen der beiden Kanäle bewirken ein Übersprechen, weil das Gleichgewicht zwischen Matrizierung und Dematrizierung aufgehoben ist. Weiter verursacht eine Unsymmetrie des Frequenzhubs ein Stereoübersprechen (Abb. 2.4-5/a).
- *Kanalübersprechen* ist ein Parameter der Zweitontechnik, der in der Betriebsart mit zwei Tonsignalen, z. B. Originalton und Synchronisation in der Landessprache, von Bedeutung ist. Das Übersprechen kann in der NF-Ebene am Sender oder in der Dematrizierschaltung im Empfänger auftreten. Daneben ist Kanalübersprechen in der RF-Ebene durch synchrone Amplitudenmodulation möglich. Dabei kann eine, die Frequenzmodulation des Tonträgers begleitende, synchrone AM durch Intermodulation ein Übersprechen auf den anderen Tonträger zur Folge haben. (Abb. 2.4-5/b)
- *Klirrfaktor* ist der aus der Audiotechnik bekannte Meßparameter für diskrete Sinussignale im NF-Basisband (Abb. 2.4-5/b)
- *Intermodulation der beiden Tonträger* untereinander und mit dem Bildträger (Kreuzmodulation) entsteht durch nichtlineare oder übersteuerte RF-Verstär-

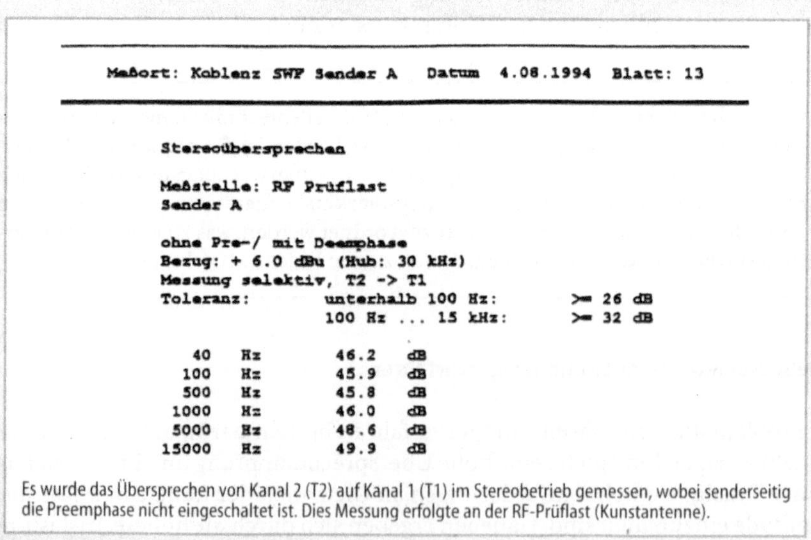

Meßort: Koblenz SWF Sender A   Datum 4.08.1994 Blatt: 13

Stereoübersprechen

Meßstelle: RF Prüflast
Sender A

ohne Pre-/ mit Deemphase
Bezug: + 6.0 dBu (Hub: 30 kHz)
Messung selektiv, T2 -> T1
Toleranz: unterhalb 100 Hz: >= 26 dB
                  100 Hz ... 15 kHz: >= 32 dB

        40   Hz   46.2   dB
       100   Hz   45.9   dB
       500   Hz   45.8   dB
      1000   Hz   46.0   dB
      5000   Hz   48.6   dB
     15000   Hz   49.9   dB

Es wurde das Übersprechen von Kanal 2 (T2) auf Kanal 1 (T1) im Stereobetrieb gemessen, wobei senderseitig die Preemphase nicht eingeschaltet ist. Dies Messung erfolgte an der RF-Prüflast (Kunstantenne).

Abb. 2.4-5a Beispiel für Meßdokument: Stereoübersprechen

```
        Kanalübersprechen

        Meßstelle: RF Prüflast
        Sender A

        ohne Pre-/ mit Deemphase, Messung selektiv
        Bezug: + 6 dBu (Hub: 55 kHz)
        Toleranz: 40 Hz ... 15 kHz:        70 dB

                          T1->T2              T2->T1
            40    Hz       >85.0    dB        >85.0    dB
           100    Hz       >85.0    dB        >85.0    dB
           500    Hz       >85.0    dB        >85.0    dB
          1000    Hz       >85.0    dB        >85.0    dB
          5000    Hz        76.9    dB        >85.0    dB
         15000    Hz        75.0    dB        >85.0    dB


        Klirrfaktor

        Meßstelle: RF Prüflast
        Sender A

        ohne Pre-/Deemphase, Hub: 50 kHz
        Toleranz:    0.6 %

                        Ton 1                      Ton 2
                        k2      k3      kges      k2      k3      kges
            40    Hz    0.15    0.00    0.15      0.18    0.00    0.18    %
          1000    Hz    0.17    0.01    0.17      0.21    0.01    0.21    %
          4700    Hz    0.16    0.02    0.16      0.20    0.02    0.20    %

        ohne Pre-/Deemphase, Hub: 70 kHz
        Toleranz:    1.0 %

                        Ton 1                      Ton 2
                        k2      k3      kges      k2      k3      kges
            40    Hz    0.21    0.01    0.21      0.23    0.00    0.23    %
          1000    Hz    0.25    0.02    0.25      0.28    0.02    0.28    %
          4700    Hz    0.27    0.09    0.28      0.34    0.07    0.35    %
```

oben: Das Kanalübersprechen ist der charakteristische Parameter in der Betriebsart mit zwei separaten (Mono-)Ton-Kanälen im Zweitonträgerverfahren. Die Toleranz beträgt 70 dB unter +6 dBμ (Hub: 55 kHz).

unten: Der aus der Audiotechnik bekannte Parameter Klirrfaktor gilt auch in der TV-Zweitontechnik. Die Messung erfolgt an der RF-Prüflast (Kunstantenne) bei abgeschalteter Preemphase und wirksamer Deemphase und mit dem FM-Hub von 50 kHz. Die Testfrequenzen sind 40 Hz, 1 kHz und 4,7 kHz.

Abb. 2.4-5b Beispiel für Meßdokument: Kanalübersprechen und Klirrfaktor

ker, z. B. in der Tonsenderendstufe, im Fernsehumsetzer, insbesondere aber in Verstärkern bei Gemeinschaftsantennenanlagen. Spiegelt sich die Differenzfrequenz der beiden frequenzmodulierten Tonträger am Bildträger, so hat das ein Moiré, eine im Rhythmus der NF sich verändernde Bildstörung, zur Folge.

– *Übertragungssicherheit der Betriebsidentifikation:* Die Übertragung der aktuellen Betriebsart vom Studio zum Sender erfolgt über die Datenzeile im Videosignal. Eine Störung des Videosignals oder der Datenzeile bewirkt im TV-Zweiton-Coder eine automatische Umschaltung auf die Betriebsart Zweiton. Im Fernsehempfänger kann die Identifikation der Betriebsart durch Intercarrierstörungen bei einer Bildmodulation mit der 3,5fachen Zeilenfrequenz entsprechend der Pilotträgerfrequenz beeinträchtigt werden. Diese Störmöglichkeit wird jedoch durch ausreichende Selektion bei der Pilotdemodulation praktisch ausgeschlossen.

d) NICAM-Meßverfahren

Im Rahmen der *NICAM-Meßtechnik* werden für den Betrieb des NICAM-Systems TV-RF- und ZF-Signale benötigt, die neben Bild- und FM-Tonträger auch ein NICAM-Tonträgersignal enthalten. Die TV-RF-Meßsender müssen auch mit NICAM-Generatoren bestückt sein, die einen kompletten seriellen 728-kbit/s-Datenstrom mit Synchronwort sowie Kontroll- und Zusatzdatenbits liefern.

Zur Prüfung des Dynamikumfangs des NICAM-Tonsystems enthält der TV Meßsender mit NICAM-Generator ein niederfrequentes Sinussignal zum Aussteuern der A/D-Umsetzung. Das Quantisierungsgeräusch der Wandler bestimmt weitestgehend den Dynamikumfang digitaler Systeme. Das niederfrequente Sinussignal steuert den Wandler des NICAM-Empfangsgerätes in seiner gesamten Kennlinie aus und sorgt so für eine praxisgerechte Erfassung des Dynamikumfangs. Nach der Eliminierung des niederfrequenten Signals mit einem Hochpaß nach dem D/A-Wandler wird der tatsächlich zur Verfügung stehende Dynamikumfang des NICAM-Empfängers ermittelt.

Aus Gründen der Datenkapazität enthält das NICAM-System nur eine Fehlererkennung durch die Übertragung von Paritätsbits. Bitfehler können daher nur verschleiert und nicht exakt korrigiert werden. Damit führen mittlere Bitfehlerraten bereits zu hörbaren Signalfehlern und erfordern ein automatisches Umschalten des NICAM-Empfängers auf die Information des FM-Tonträgers mit Mono-Betrieb. Zur Prüfung der Umschaltfunktion von NICAM-Empfängern muß der TV-Meßsender mit NICAM-Generator in der Lage sein, Signale mit definierten Bitfehlerraten zu erzeugen.

Zur Messung des von einem TV-Sender abgegebenen NICAM-Signals dient ein NICAM-Meßdemodulator mit Anzeigen und Ausgängen für die digitalen und analogen Signale. Dadurch erlaubt er die Überwachung des gesendeten NICAM-Signals sowie die Analyse beim Auftreten von Fehlern. Beispielsweise zur Analyse der Störsicherheit der Übertragung dienen die I- und Q-Komponenten. Mit deren Hilfe lassen sich das Vektordiagramm des 4-PSK-Signals und das Augendiagramm an einem Oszilloskop darstellen. Die Auswertung von Augenhöhe, Augenweite und Strahldichte erleichtert das Auffinden möglicher Fehler.

Der Meßwert für die aktuelle Bitfehlerrate wird durch die Überwachung der sechs MSB's der 10-bit-breiten Datenworte gewonnen. Die Varianz dieser Daten gestattet die Kontrolle des gesamten Übertragungsspektrums.

2.5
Versorgungsplanung

a) Antennentechnik

Das letzte Glied in der terrestrischen Betriebstechnik, die Fernsehsendeantenne, kann gleichermaßen zur Abstrahlung analoger und digitaler Signale eingesetzt werden.

Für festumrissene Versorgungsgebiete sind folgende charakteristische Größen von Sendeantennen ausschlaggebend:
– Strahlungscharakteristik, besonders für das Horizontal- und Vertikaldiagramm,
– Antennengewinn,
– Eingangsimpedanz und Welligkeit.

Bei Halbwellen- wie auch bei Ganzwellendipolen liegt die Hauptstrahlungsrichtung kreisförmig senkrecht zur Dipolachse. In Richtung der Dipolachse selbst erfolgt keine Abstrahlung. Ist im Abstand von ungefähr einer Viertelwellenlänge vom Dipol entfernt eine Reflektorfläche angebracht, so entsteht eine einseitig gerichtete Abstrahlung. Von dieser Möglichkeit wird bei Fernsehsendeantennen Gebrauch gemacht.

Durch Zusammenfassung mehrerer Dipolreflektor-Anordnungen übereinander läßt sich eine Bündelung der Freiraumwellen in der Vertikalen erzielen. Meist haben zwei oder vier Dipole eine gemeinsame Reflektorfläche und sind elektrisch über gleich lange Leitungen zu einem *Richtstrahlfeld* zusammengefaßt. Bei großen Antennenanlagen lassen sich zur Erzielung starker vertikaler Bündelungen mehrere Richtstrahlfelder-Gruppen übereinander anordnen. Für die Diagramme solcher Anlagen ist eine Auffüllung der auftretenden Nullstellen erforderlich, wenn in den betreffenden Richtungen Wohngebiete liegen. Die Nullstellenauffüllung wird durch unterschiedliche Amplituden- und Phasenbelegung der einzelnen übereinanderliegenden Richtstrahlfelder erreicht. In den meisten Fällen der klassischen TV-Technik werden Horizontaldiagramme mit Rundstrahlcharakteristik eingesetzt. Dazu sind drei oder vier um einen Antennenträger angeordnete Richtstrahlfelder nötig. Die zugeführte RF-Leistung wird gleichmäßig aufgeteilt. Durch besondere Anordnungen von Richtstrahlfeldern sowie durch Maßnahmen in der Verkabelung und in Verteilern, die zu ungleichmäßiger Verteilung der RF-Energie auf einzelne Richtstrahlfelder führen, lassen sich auch spezielle Horizontaldiagramme erzielen.

Die Abb. 2.5-1 zeigt das Beispiel eines UHF-TV-Richtstrahlfeldes, das für horizontale und vertikale Polarisation ausgelegt ist. Es besteht aus vier übereinander angeordneten Scheibendipolen vor einem Reflektor. Der Wechsel der Polarisationsebene geschieht durch Umklemmen der Dipolpaare. Aufgrund der geringen Reflektorabmessungen können bei entsprechenden Tragwerksquerschnitten Horizontaldiagramme mit etwa –2,5 dB Unrundheit erzielt werden.

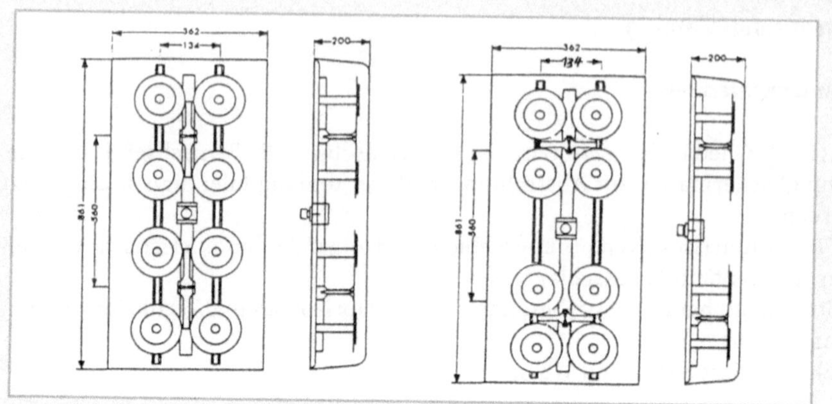

Abb. 2.5-1 UHF-TV-Richtstrahlfeld (2,5 kW) für horizontale (links) bzw. vertikale Polarisation (Abmessungen in mm) [2.14]

Da durch die geringen Reflektorabmessungen auch kleine Windangriffsflächen resultieren, eignet sich das Richtstrahlfeld auch für den Einsatz als Antenne an der Mastspitze.

Die UHF-Antennentechnik ist damit zum Teil für den digitalen terrestrischen Fernsehrundfunk einsetzbar, unabhängig von der Spezifikation der Polarisationsebene.

b) Planungsrichtlinien

Für einen bestimmten Aufstellungsort sind eine Reihe von Planungskriterien vorgegeben:
– Frequenz,
– aufzunehmende gesamte Senderleistung,
– Polarisation,
– Eingangsimpedanz,
– zugelassene Welligkeit,
– Leistungsgewinn (Abb. 2.5-2),
– Horizontaldiagramm (dem Versorgungsgebiet anzupassen),
– Angaben über Ausrichtung eines eventuell vorhandenen Mastes,
– Diagrammneigung.

Darüberhinaus sind Angaben notwendig über:
– Schwerpunkthöhe der Antennen,
– Aussehen und Aufbau der vorhandenen Maste,
– Meteorologische Verhältnisse,
– maximal zulässige Abmessungen und Gewichte bei eventuell zu erwartenden Transportschwierigkeiten.

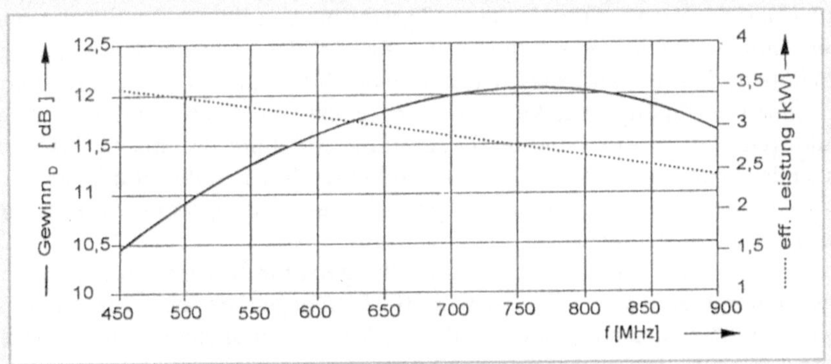

Abb. 2.5-2 Gewinn G_D (Bezug: $\lambda/2$-Dipol) und übertragbare Leistung (Anschluß 13-30 des UHF-Richtstrahl-feldes)

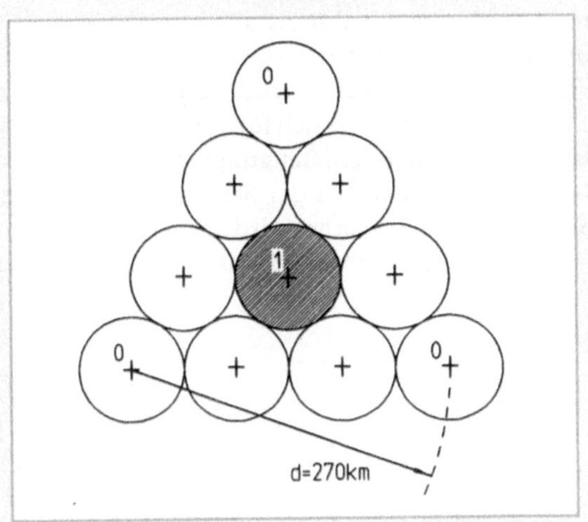

Abb. 2.5-3 Das Prinzip der klasssischen Frequenzplanung (Gleich- und Nachbarkanäle)

Außerdem sind Vorschriften, Empfehlungen und Pflichtenhefte bei der Konzipierung zu berücksichtigen.

Die technische Planung für die Programmausstrahlung muß von dem zu versorgenden Gebiet und der Anzahl der auszusendenden Programme ausgehen. Für jedes Programm ist eine eigene Frequenz (und damit ein eigener Sender) erforderlich. Aufgrund der physikalischen Gegebenheiten kann bei analogen Sendernetzen dieselbe Frequenz immer nur in einem größeren geographischen Abstand, der natürlich von der Topographie und Morphologie abhängt, wiederverwendet werden (Abb. 2.5-3).

Der Einfluß eines (dieselbe Frequenz nutzenden) weiteren Senders als „Störsender" auf den Versorgungssender muß gering bleiben, um die Qualität der analogen Signale nicht hör- oder sichtbar zu beeinträchtigen. Obwohl dem Rundfunk
(Hörfunk und Fernsehen) zwischen 47 und 862 MHz ein sehr großer Frequenzbereich zur Verfügung steht, können darin – nicht zuletzt aufgrund föderativer
Strukturen – in den europäischen Ländern im Mittel nur drei bis vier flächendeckende Fernsehsenderketten (vom öffentlich-rechtlichen Rundfunk genutzt),
sowie weitere Teil-Senderketten (von privaten Fernsehprogrammanbietern genutzt) betrieben werden.

Wegen der quasioptischen Wellenausbreitung der für die Fernsehübertragung
verwendeten Frequenzen ist es vorteilhaft, einen gegenüber dem Versorgungsgebiet erhöhten und am besten in dessen Mitte befindlichen Standpunkt zu
wählen.

Für die Versorgung eines Gebietes mit ausreichenden Fernsehempfangsmög-
lichkeiten sind vom CCIR [2.15] und auch von den Postverwaltungen und Rundfunkanstalten [2.16] Mindestwerte für die Feldstärken und Schutzabstände für
Störungen am Empfangsort festgelegt worden (Abb. 2.5-4).

Für die Planung ist zu ermitteln, mit welcher abgestrahlten Leistung (ERP)
diese Feldstärken im Versorgungsgebiet zu erreichen sind. Bei den für die Fernsehübertragung verwendeten Frequenzen ergeben sich für die Ausbreitung ähnliche Bedingungen wie für den optischen Bereich. Beugungseffekte in der Tro-
posphäre werden dadurch berücksichtigt, daß bei der Senderplanung mit einem auf 4/3 vergrößerten Erddurchmesser gerechnet wird. Über die Wellenausbreitung unter tatsächlichen Verhältnissen sind im CCIR umfangreiche Unter-

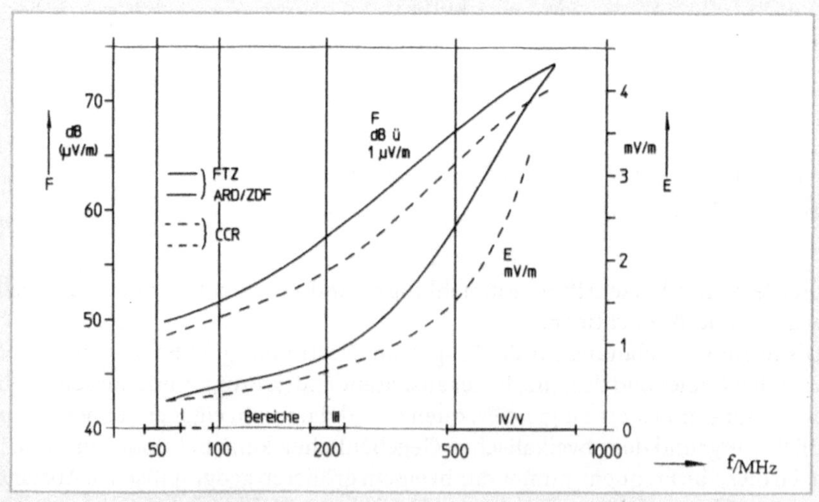

Abb. 2.5-4 Feldstärkenwerte in mV/m (E) und dB über 1 µV/m (F) für ausreichende Fernsehversorgung

suchungen durchgeführt worden, deren Ergebnisse in der Recommendation 370 [2.17] veröffentlicht sind. Die Feldstärke, die ein Sender in einem Gebiet erzeugt, ist durch atmosphärische Einflüsse zeitlichen, durch Einflüsse der Topographie örtlichen Schwankungen unterworfen. Daher sind nur statistische Mittelwerte erstellbar.

In [2.18] sind Nomogramme gezeigt, die die oben erwähnten CCIR-Kurven zusammenfassen und so die Feldstärkeberechnungen wesentlich vereinfachen. Mit diesen Nomogrammen kann für eine gewünschte Feldstärke (50 % der Zeit, 50 % der Orte) – bei nach Entfernung und Höhe gegebenem Senderstandort und bekannter Geländewelligkeit Δh – direkt die erforderliche effektive Strahlungsleistung (ERP) bestimmt werden.

Wegen des statistischen Charakters der Rechnung und zur Feststellung eventueller Störungen durch andere Sender oder Reflexionen an den Empfangsorten muß eine meßtechnische Kontrolle vorgenommen werden. Zu diesem Zweck wird auf dem gewählten Senderstandort ein Sender kleinerer Leistung mit einer Rundstrahlantenne in nicht zu geringer Höhe (z.B. 25 m über dem Erdboden) aufgestellt. Mit Meßfahrzeugen wird dann in dem geplanten Versorgungsgebiet die Feldstärke ermittelt und möglichst auch über einige Zeit registriert. Dabei muß natürlich die Höhe der Fahrzeugantenne über dem Erdboden berücksichtigt werden, ebenso ihre Richtwirkung, die evtl. von den üblichen Empfangsantennen abweichen kann [2.19]. Aus den Ergebnissen der Feldstärkemessungen lassen sich durch Anwendung der oben angegebenen Werte und Kurven sowie der Nomogramme die tatsächlich benötigte Strahlungsleistung und über den Antennengewinn die Senderausgangsleistung ermitteln.

Den Stand der analogen Terrestrik zusammenfassend ergibt sich, daß das gegenwärtig übertragene TV-Signal ein historisch gewachsenes Konglomerat aus verschiedenen Signalanteilen geworden ist. Neben dem Videosignal werden Tonsignale in unterschiedlichen Standards sowie Prüfzeilen – und Datenzeilensignale gesendet. Damit ist das für die TV-Übertragung zugewiesene Frequenzband sowie das Signal selbst – in der Zeitebene betrachtet – aufgefüllt, und keine Redundanz ist mehr vorhanden. Der Weg für additive Applikationen und Fortentwicklungen ist daher versperrt. Die analoge TV-Technik hat das Ende der Technologie-S-Kurve erreicht. Diese Kurve beschreibt den typischen zeitlichen Verlauf einer Technologie in Form einer S-Linie. Es ist damit auch eines der Motive für die digitale Neuerung gegeben. Dennoch birgt die analoge Terrestrik eine Reihe von Impulsen für DVB-T.

So können die Technologien der Leistungsverstärkung über eine Neuoptimierung fortgeführt werden. Ebenso ist die bisher verwendete Antennentechnik einsetzbar. Auch die bereits existierenden Lösungen für die Programmzuführungen, insbesondere über Satellit, sind verwendbar und auch auf den Erfahrungen in der Betriebs-, Meß- und Überwachungstechnik kann aufgebaut werden.

Es besteht die Forderung der Quasikompatibilität des digitalen Fernsehens über Vorschaltgeräte – die Set Top Boxen – zu den bestehenden TV-Empfängern.

Das heißt, bei voller Abbildung müssen neben den Bild – und Tonsignalen (Zwei-
tonträgersystem bzw. NICAM) auch der Videotext und das Datenzeilensignal mit
dem VPS-Inhalt im DVB-Datenstrom enthalten sein und transcodiert werden.

3 Grundlagen der digitalen Fernsehübertragungstechnik

In diesem Kapitel werden die Grundlagen der digitalen Terrestrik dargelegt. Sie gliedern sich in einen ersten Teil der sich mit der Video- und Audiocodierung sowie dem MPEG2-Transportmultiplex beschäftigt. Dieser Teil ist auch für die anderen technischen Medien Satellit (für Direktempfang) und Kabel gültig bzw. wird sicherlich für weitere zukünftige Wege (z.B. ADSL – Asynchronous Digital Subscriber Link und MMDS – Multipoint Microwave Distribution System) in vollem Umfang gültig sein.

Spezifisch für die Terrestrik ist der zweite Teil des Kapitels mit der für die terrestrische Übertragung ausgelegten Kanalcodierung, dem Multiträger-Modulationsverfahren OFDM und der Gleichwellentechnik.

Die Analyse der Kernelemente der digitalen terrestrischen TV-Übertragung ist eine Voraussetzung für Problemstellungen und Lösungsansätze bei der systemtechnischen Realisierung. In der folgenden Darlegung werden die einzelnen Elemente verkettet, und das gesamte Übertragungssystem von der Quelle bis zum Empfänger wird in betriebs-, versorgungs- und meßtechnischer Hinsicht betrachtet. Neben der Darlegung der Codierungs- und Modulationsprinzipien wird in diesem Kapitel besonderer Wert auf die systembezogenen Eingangs- und Ausgangsschnittstellen der Übertragungselemente gelegt.

3.1
Videocodierung

Bei der digitalen Videocodierung stellt die Datenkompression ein wichtiges Hilfsmittel für die Übertragung dar. Sie wird auf digitalisierte Bilder angewendet, die von der Fernsehkamera angeboten werden (Bildkompression). Die Bildfläche wird punktweise abgetastet, und es wird dem Luminanzwert Y sowie den Chrominanzwerten R-Y und B-Y eines jeden Bildpunktes je ein Wert zugeordnet. Diese PCM-Codierung erfolgt zunächst mit Binärzahlen. Für den resultierenden Bitstrom ergibt sich bei einem PAL-Signal mit 720 Punkten pro Zeile und 576 aktiven Zeilen bei einer Vollbildfrequenz von 25 Hz eine Datenrate von 166 Mbit/s (MPEG2-Eingang). Bei HDTV wird eine Verdoppelung der vertikalen und der horizontalen Auflösung und zusätzlich ein neues Bild-Seitenverhältnis von 16:9 gegenüber 4:3 eingesetzt. Die Abtastfrequenz des Luminanzsignals gegenüber 13,5 MHz entsprechend CCIR-Recommendation 601 wird bei HDTV um den

Tabelle 3.1-1 Eingangsdatenraten für Videorecorder [3.2]

| Kennwerte | Bitrate Mbit/s | | | Bemerkung |
	Luminanz	Chrominanz	Gesamt	
50 Bilder/sec., 625 Zeilen, 27 MHz	216	216 + 216	648	4 : 4 : 4 progressiv
dito Zwischenzeilen- verfahren	108	108 + 108	324	
CCIR 601 (6,75 MHz)	108	54 + 54	216	4 : 2 : 2
Beschränkung auf den aktiven Bildbereich (720 x 576 x 8)	83	41,5 + 41,5	166	
Vertikale Unterabtastung der Chrominanz	83	20,7 + 20,7	125	4 : 2 :0 entsprechend MPEG2 MP@ML
25 Bilder 288 Zeilen à 360 Bildpunkte	20,7	5,2 + 5,2	31	4 : 2 : 0 progressiv MPEG1

Faktor $2 \cdot 2 \cdot (16{:}9)/(4{:}3)$ auf 72 MHz erhöht. Daraus ergibt sich für das Videoquellensignal in der Y-U-V-Repräsentation eine Gesamtdatenrate von 1,152 Gbit/s [3.1].

Tabelle 3.1-1 zeigt typische weitere Eingangsdatenraten für den Videocoder bzw. die Reduktion über einen Preprozeß.

Beim Ansatz zur Komprimierung anhand der Redundanz- und Irrelevanzreduktion spielen die Eigenschaften der Bildquelle sowie die Eigenschaften des menschlichen Auges eine Rolle. Es werden im Sinne der *Redundanzreduktion* zeitliche, örtliche und statistische Beziehungen zwischen Bildelementen ausgenutzt. Diese spatiale und temporale Redundanz gilt es zur Datenkompression zu nutzen.

Unter *Irrelevanzreduktion* versteht man in diesem Zusammenhang das Zulassen von nichtsichtbaren Codierfehlern unter Ausnutzung der Grenzen der optischen Wahrnehmungsfähigkeit. Bei der Irrelevanzreduktion werden hohe Ortsfrequenzen unterdrückt und die Quantisierung vergröbert. Dies ist prinzipiell ein irreversibler und verlustbehafteter Prozeß. Das decodierte Bild unterscheidet sich vom Original, jedoch wird der Qualitätsverlust subjektiv nicht registriert.

Der eigentliche Durchbruch zu Codierungsverfahren mit den genannten großen Reduktionsfaktoren ist durch die *bewegungskompensierende Codierung* erreicht worden. In einem ersten Schritt zur Datenreduktion werden nach dem DPCM-Verfahren mit Prädiktion nur jene Pixel eines neuen Bildes übertragen, die sich infolge der Objektbewegung verändert haben. Die nicht geänderten Bildpunkte sind redundant und können in dem empfängerseitigen Bildspeicher reproduziert werden. Um die Anzahl der zu übertragenden Pixel weiter zu reduzieren, wird über einen Displacementvektor die Bild-zu-Bild-Verschiebung eines bewegten Objektes angegeben. Der Empfänger kann über den Displacementvektor eines Pixels diesen auch für das bewegte Objekt aus dem Speicher übernehmen. Natürlich muß auch bei diesem Verfahren die Information des freigewordenen Hintergrundes übertragen werden. Das Verfahren heißt Interframe-DPCM mit Bewegungskompensation [3.3].

Zur Schätzung des *Displacementvektors* von Bild-zu-Bild wird das Blockmatching-Verfahren verwendet. Für die Anwendung bei der Videocodierung sind bereits Chip-Lösungen erhältlich. Dabei wird für jeden Bildblock, z. B. bestehend aus $16 \cdot 16$ Punkten, jener Block im vorherigen Bild mit der besten Kongruenz gesucht. Um den Suchalgorithmus einzuschränken, wird das Matching nicht im gesamten vorherigen Bild, sondern nur in einem Suchbereich durchgeführt. Je größer der Suchbereich in horizontaler und vertikaler Richtung, desto größer die Komplexität zur Berechnung des Displacementvektors [3.4].

Die Dekompositionstechnik in der Frequenzebene arbeitet mit der *Diskreten Cosinus-Transformation* (DCT). Sie ist eine Variante der Diskreten Fourier-Transformation. Bei der DCT wird ein Block des Differenzbildes mit Bewegungskompensation, der typischerweise aus $8 \cdot 8$ oder $16 \cdot 16$ Pixeln besteht, genommen und in die korrespondierende Frequenzebene transformiert. Zur Vereinfachung dieser Berechnungsvorschrift gibt es – ebenso wie bei der Fourier Transformation – schnelle Algorithmen [3.5]. Besondere Eigenschaft der DCT ist, stochastische Signale mit Autokorrelationsfunktion durch annähernd linear unabhängige Spektralwerte zu beschreiben. Die entstehenden Koeffizienten werden quantisiert und codiert übertragen. Mit dieser zusätzlichen Transformationscodierung wird die Maskierungswirkung des Auges ausgenützt und hochfrequente Koeffizienten gröber quantisiert oder zu Null gesetzt. Dieses kann durchgeführt werden, da im Falle von benachbarten Pixeln mit ähnlichen Werten nur wenige der Koeffizienten in tiefer Frequenzlage signifikante Werte haben. Die Koeffizienten bei höheren Frequenzen haben den Wert Null oder nahe Null und können zu einer Folge von Nullen zusammengeführt werden [3.6, 3.7].

Die Transformationscodierung nutzt also folgende Schwäche des Auges: Es ist weniger sensitiv für Bildanteile höherer Frequenz. Daher können die Koeffizienten bei höheren Frequenzen gröber, bzw. mit dem Wert Null quantisiert werden.

In Bildbereichen hoher Aktivität können Codierfehler schlechter registriert werden (Irrelevanz). Zu beachten ist, daß sich die beiden genannten Effekte aufheben können, da in Bildbereichen geringer Aktivität Codierfehler stark auffallen. Dies bedingt eine Codierung mit höherer Bitrate.

Anmerkung Die allgemeine DCT setzt auf einen Block von $N \cdot M$-Samples aus dem Bild als Eingangskoeffizienten auf. Der Algorithmus ist der Diskreten Fourier Transformation ähnlich, mit dem Merkmal, daß die DCT-Ausgangskoeffizienten real sind. Der Block wird durch die Abbildung nach Gleichung 3.1-1 transformiert [3.5].

$$C(p,q) = C_0(p,q) \cdot (2/\sqrt{MN}) \sum_{n=0}^{N-1} \sum_{m=0}^{M-1} [S(n,m) \cdot \cos(p(m+1/2) \cdot \pi/M)$$
$$\cdot \cos(q(n+1/2) \cdot \pi/N)]$$

mit

$$C_0(p,q) = 1/\sqrt{2} \quad \text{für} \quad p \neq q, \quad p \cdot q = 0$$
$$1/2 \quad \text{für} \quad p = q = 0$$

Gleichung 3.1-1 Diskrete Cosinus-Transformation

Durch die hybride, bewegungskompensierte DCT-Codierung werden zwei leistungsstarke Kompressionsmethoden kombiniert, um den benötigten Umfang der Datenreduzierung zu erhalten. Bei der ersten Methode, die auf bewegungskompensierter DPCM basiert, wird die zeitliche Korrelation herangezogen. Bei der zweiten Methode, die auf der Diskreten Cosinus-Transformation basiert, wird die örtliche Korrelation verwendet. Das heißt, die Besonderheit der hybriden DCT ist, das Differenzbild einer Transformationscodierung zu unterziehen. In Abb. 3.1-1 ist das Prinzip der hybriden DCT dargestellt. Da der Coder in der Rückkopplungsschleife das quantisierte DPCM-Bild in der Zeitebene benötigt, muß vor dem Summenpunkt eine inverse DCT durchgeführt werden. Dies gilt sinngemäß auch für den Decoder.

Die hybride DCT hat allerdings auch Nachteile. Manchmal ist es erforderlich, aufeinanderfolgende Bilder unabhängig zu decodieren, z.B. in der Bildschnitt-Technik. Ein weiteres Problem ist der schnelle Suchlauf bei digitalen MAZ (Magnetische Aufzeichnungsanlagen). Besonders problematisch ist ein schneller Rücklauf bei hybrid codierten Bildern, da hier aktuelles und vorangegangenes Bild vertauscht sind.

Aus diesen Gründen wird bei Bildnachbearbeitungen die Intraframe-Codierung der hybriden DCT vorgezogen. Um die Vorteile hybrider DCT und Intraframe-DCT zu vereinen, kann man bei hybriden Verfahren in festen Abständen ganze Bilder in Intraframe codieren. Dieser Gedanke liegt dem ISO-MPEG-Standard zugrunde [3.8].

Im Zusammenhang mit den Fortschritten bei der Videocodierung war die Standardisierungsinstitution ISO maßgeblich beteiligt:

Die ISO entwickelt Industrienormen und berät die Vereinten Nationen. Seit 1991 koordinieren sich ISO und IEC (International Electrotechnical Commission) im Bereich Telekommunikation durch das JTC1 (Joint Technical Committee 1).

MPEG (Motion Pictures Expert Group) wurde als Untergruppe zu JTC1 zur Definition eines Standards für Bewegtbildkommunikation gegründet. Dieser Standard sollte für die Speicherung z.B. in Multimedia-Workstations oder auf CD-ROMs geeignet sein und auch für die Übertragung auf den eingeführten Medien Anwendung finden. Der MPEG1-Standard ist für die Codierung von klein-

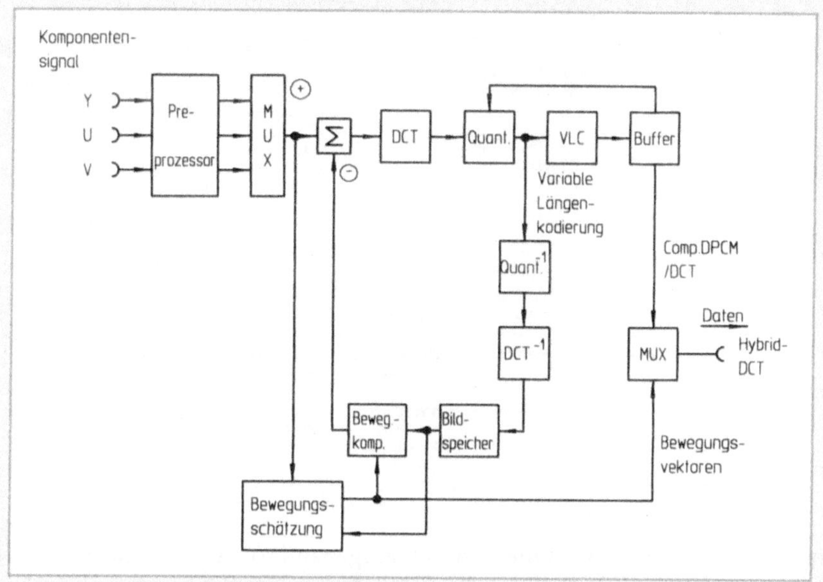

Abb. 3.1-1 Prinzip des Videocoders für die hybride DCT

formatigen Bildern mit niedrigen Datenraten (1,5 Mbit/s) geeignet. Der Video-coder beruht auf der hybriden DCT. Ab 1992 startete die zweite Projektphase MPEG2. In MPEG2 wurde ein vorzugsweise zu MPEG1 kompatibles Verfahren spezifiziert, das es gestattet, „enhanced" PAL-Qualität mit 4 Mbit/s und eine höhere Qualität als D2-MAC mit 10 Mbit/s zu codieren. Der MPEG2-Standard beinhaltet auch HDTV. MPEG2 verfolgte das Konzept des „Generic Coding", das heißt, es wurde die Syntax eines Algorithmus definiert, der unterschiedlichen Anwendungen mit entsprechenden Datenraten gerecht wird [3.9, 3.10].

Die Tabelle 3.1-2 zeigt die MPEG2-Struktur nach sogenannten *Profiles* und *Levels*.

Die Profiles beziehen sich auf ein Applikationsgebiet. In Verbindung mit der nochmaligen Stufung in Levels ergibt sich eine Matrixstruktur von Zielsystemen. Das Simple Profile umschließt einfache Systemlösungen und enthält nicht die für MPEG typische bidirektionale Bewegungsschätzung. Das Main Profile zielt auf heute im TV-Bereich absehbare Anwendungen bei vertretbarem technischen Aufwand. Das Attribut Scalability bezieht sich auf verstimmbare Empfangs- und Bildeigenschaften, angepaßt an die speziellen Empfangsumgebungen, bezogen auf die Signalstärke und den Antennenaufwand. Das SNR Scalable Profile unterstützt eine Rauschabstufung in der Bildqualität.

Das Spatially Scalable Profile, für das nur ein Level definiert ist, bezieht sich auf die komplexere Rauschabstufung bei der Bildpunktauflösung.

Tabelle 3.1-2 MPEG Profiles und Levels [2.18]

Level	Simple Profile	Main Profile	SNR Scalable Profile	Spatially Scalable Profile	High Profile
High Level		1920 x 1152 Pixel 80 Mbit/s			1920 x 1152 Pixel (960 x 576) 100 (80,25) Mbit/s
High-1440 Level		1440 x 1152 Pixel 60 Mbit/s		1440 x 1152 Pixel (720 x 576) 60 (40,15) Mbit/s	1440 x 1152 Pixel (720 x 576) 80 (60,20) Mbit/s
Main Level	720 x 576 Pixel 15 Mbit/s	720 x 576 Pixel 15 Mbit/s	720 x 576 Pixel 15 (10) Mbit/s		720 x 576 Pixel (352 x 288) 20 (15,4) Mbit/s
Low Level		352 x 288 Pixel 4 Mbit/s	352 x 288 Pixel 4 (3) Mbit/s		
	(ohne B-Bilder)		(Bis zu 2 Layer SNR-Scalability)	(Bis zu 3 Layer, 2SNR, 2 Spatial)	(Wie Spatial, 4 : 2 : 2, 11 bit)

Die Profile-/Level-Matrix ist hierarchisch aufgebaut, so daß von einem Zielsystem aus gesehen links befindliche Profiles und darunterliegende Levels einbezogen sind. Damit können einfacher gestaltete Empfänger am System teilhaben [1.11].

Der MPEG2-Standard zur Videobasisbandcodierung wurde im November 1993 in Seoul, Korea, als Committee Draft verabschiedet und ist seit Ende 1994 Standard. In Analogie zur Audiobasisbandcodierung zeichnet sich MPEG2 für Video als Weltstandard ab; dies gilt sowohl auf der Sendeseite als auch im Empfänger am Ausgang des Demodulators: OFDM bei terrestrischem Empfang, QPSK bei Satelliten- und 64QAM bei Kabelempfang.

3.2
Audiocodierung

Bei der Audio-Quellencodierung werden Ergebnisse aus der Psychoakustik genutzt. Die Datenreduktion des Quellensignals baut auf der im Tonsignal enthaltenen *Redundanz* (überflüssige Informationen) und *Irrelevanz* (in diesem Zusammenhang nicht wahrnehmbare Informationen) auf. Genauer gesagt tragen die irrelevanten Signalanteile nicht zur Merkmalsbestimmung, d.h. zur Kennzeichnung des Schallereignisses, zur Klangfarbe oder zur Lokalisation bei. Sie haben also keinen wesentlichen Einfluß auf das menschliche Hören und die nachfolgende Informationsverarbeitung. Bei der Irrelevanzreduktion werden zum ersten irrelevante Signalkomponenten nicht codiert und damit nicht übertragen, und zum zweiten werden Verzerrungen toleriert, die infolge geringer Quantisierung entstehen (Gleichung 3.2-1), wenn sie aufgrund von Verdeckungseffekten vom Gehör nicht registriert werden.

$$R_q = (\cdot 6.02 + 1.76)\,dB \quad n = 16 \text{ für lineare Quantisierung mit 16 bit}$$

Gleichung 3.2-1 Quantisiergeräusch (nach Bennett)

Am bekanntesten ist die Ruhehörschwelle, die den gerade noch wahrnehmbaren Schallpegel in Abhängigkeit von der Frequenz darstellt (Fletcher/Munson-Kurve).

Ein zweiter Effekt ist die Verdeckung. Damit wird ein psychoakustisches Verhalten des Gehörs beschrieben, bei dem ein Ton mit geringem Schallpegel von einem benachbarten Ton mit hohem Schallpegel „zugedeckt" wird. Ein besonderer Aspekt bei der Verdeckung ist, daß ein leises Testsignal nicht nur bei zeitgleichem Auftreten mit dem lauten Signal verdeckt wird. Das leise (verdeckte) Testsignal kann nach oder sogar auch vor Auftreten des lauten Tones, des Maskierers, auftreten. Letzterer Effekt wird als Vorverdeckung bezeichnet (Abb. 3.2-1). Demzufolge wird je nach dem zeitlichen Verlauf der Maskierung zwischen Vor-, Simultan- und Nachverdeckung eines Tonsignals unterschieden. Die Simultanverdeckung hat den stärksten Wirkungsgrad, so daß sie bei der Datenreduktion besonders berücksichtigt wird.

1988 wurde im IRT die Basisbandcodierung nach MASCAM (Masking-pattern Adapted Subband Coding And Multiplexing) entwickelt [3.11, 3.12]. In Zusammenarbeit mit dem CCETT in Frankreich (Centre Commun d'Etudes de Télédiffusion et Télécommunications) und Philips in Holland wurde am IRT das System zum MUSICAM-Verfahren fortentwickelt.

Bei *MUSICAM* werden 32 Teilbänder verwendet. Die Teilbänder werden über eine Polyphasen-Filterbank gewonnen und haben je 750 Hz Bandbreite. Die Abtastfrequenz pro Teilband beträgt 1/32 der Ausgangsfrequenz 48 kHz, also 1,5 kHz. Aus den Samples der Teilbänder werden Blöcke erzeugt (12 aufeinanderfolgende Samples pro Block). Pro Block wird ein Skalenfaktor durch Feststellung des Spitzenwertes gebildet und mit 6 bit codiert. 6 bit, das heißt 64 Lautstärkeklassen, können mit dem Skalenfaktor, also dem maximal aufgetretenen Pegel innerhalb eines Teilbandblockes, repräsentiert werden. Jede Lautstärkeklasse entspricht einer Dynamik von etwa 2 dB, was zu einer Gesamtdynamik von etwa 120 dB führt. Der Skalenfaktor wird zur Blockkompandierung verwendet, das heißt, daß der Einsatzpunkt der Quantisierung in Abhängigkeit vom aktuellen Pegel verschoben wird.

Daraufhin werden die Mithörschwellen jedes Teilbandes nach dem psychoakustischen Modell errechnet. Dabei wird sowohl die Verdeckung berücksichtigt als auch ein aus der Ruhehörschwelle resultierendes Quantisierungsrauschen ermittelt, das zu einer reduzierten Quantisierung führt.

Die Filterbank im MUSICAM-Encoder (Abb. 3.2-2) ist ein Polyphasenfilter, das gegenüber dem aus der Literatur bekannten Quadrature-Mirror-Filter [3.13] ei-

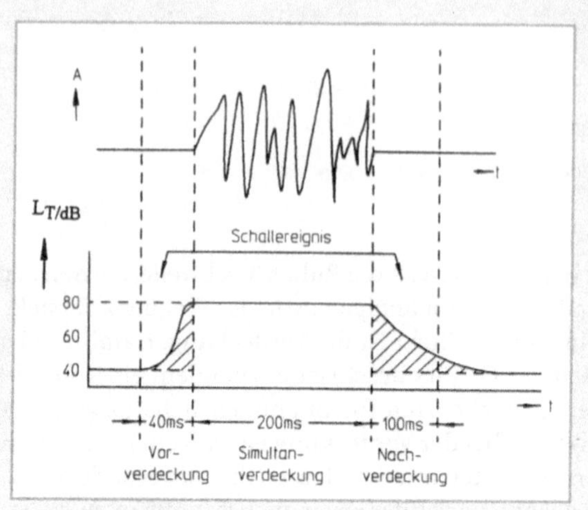

Abb. 3.2-1 Zeitlicher Verlauf der Vor- und Nachverdeckung bei abruptem Schallereignis [40]

ne geringere Komplexität und eine geringere Verzögerungszeit hat. Die durch die Filterung im Coder und die inverse Filterung im Decoder entstehende Gesamtverzögerung beträgt bei MUSICAM-Codecs 11,6 ms bei einer Abtastfrequenz von 48 kHz.

Die konstante Einteilung der Bandbreite der Teilbänder bei MUSICAM von 750 Hz wird dem Verdeckungsverhalten des Gehörs bei Frequenzen unter 500 Hz nicht gerecht. Bei optimaler Unterteilung enthielte das erste Teilband von 0–750 Hz etwa sieben Frequenzgruppen. Zur Vermeidung einer unnötig feinen Quantisierung in diesem Bereich oder einer zu groben Quantisierung, die hörbares Rauschen verursachen würde, wird parallel zur Filterung des Tonsignals eine FFT mit einer Fensterlänge von $\Delta t = 1024/fs$ vorgenommen ($\Delta t = 21,33$ ms bei fs = 48 kHz). Mit dieser FFT wird also die Ungenauigkeit der Spektralanalyse durch die Filterbank im unteren Frequenzbereich kompensiert. Die FFT ermöglicht die genaue Bestimmung der Mithörschwellen und damit die gezielte Bitzuweisung für die Teilbänder. Die FFT ist nicht in den Signalweg geschaltet und wird nur im Encoder eingesetzt. Im Decoder entfällt dieser Komplexitätsgrad, was für die Entwicklung von Consumerprodukten wichtig ist.

In Abb. 3.2-3 sind das Spektrum und die äquivalente Mithörschwelle des Beispiels für ein Audiosignal für ein kurzes Zeitfenster dargestellt. Das durch die adaptierte Codierung entstehende Quantisierungsrauschen ist unterlegt. Die Teilbänder, die unter der Mithörschwelle liegen, sind für das Gehör nicht relevant und werden nicht übertragen.

Die dynamische Bitzuweisung, d. h. die aktuelle Berechnung der Mithörschwellen und die davon abgeleitete Quantisierung der Teilbandsignale wird alle 24 ms durchgeführt. Dieser Wert entspricht der mittleren Verweildauer von Sprachlau-

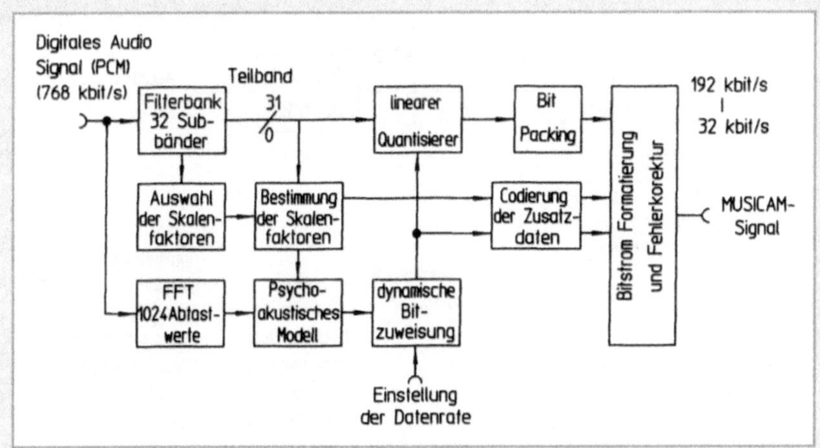

Abb. 3.2-2 Blockschaltbild des Coders nach ISO-MPEG-Audiolayer 2 (MUSICAM) [3.2]

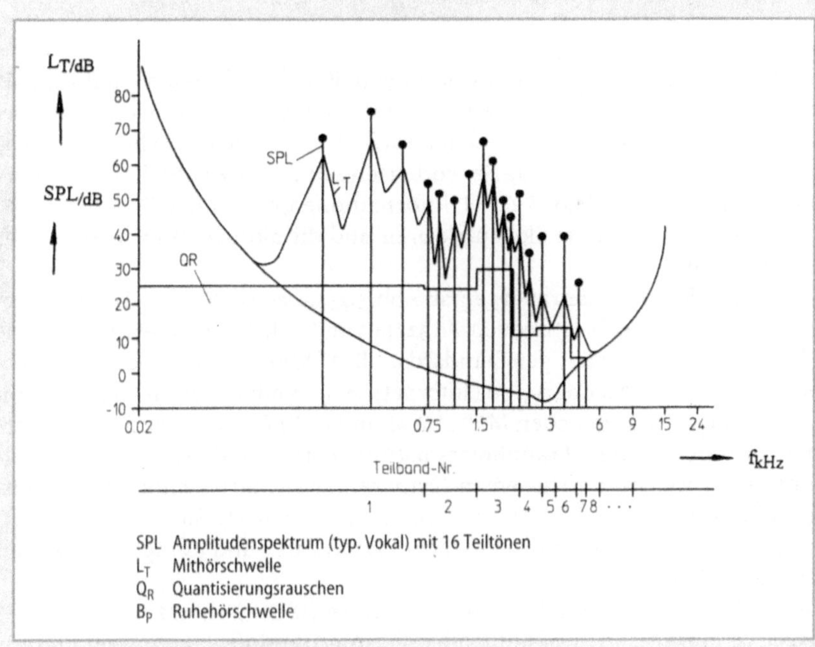

Abb. 3.2-3 Mithörschwelle und Quantisierungsgräusch bei typischem Vokal

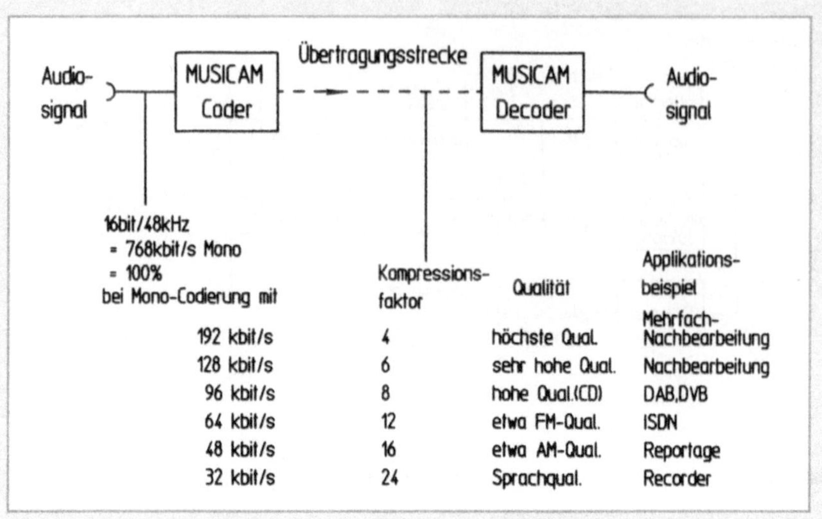

Abb. 3.2-4 Die Datenkompression bei dem Audiocodierungsverfahren MUSICAM

ten und Musiksignalen. Wegen des naturgemäß sich ändernden Audiosignals werden die gefilterten Audiodaten entsprechend der Bitzuweisung variabel quantisiert, woraus sich auch eine dynamische Bitrate ableitet. Neben der dynamischen Bitrate zur Übertragung der codierten Abtastwerte enthält das zu übertragende Multiplexsignal noch Zusatzinformationen, die für den Decoder benötigt werden. Dieses sind die Skalenfaktoren und die aktuelle Information über die Bitzuweisung.

MUSICAM umfaßt die Bitraten gemäß Abb. 3.2-4. Der MUSICAM-Encoder bietet die Möglichkeit, die Abtastfrequenzen 32, 44,1 und 48 kHz zu wählen. Damit können Tonsignale nach derzeitigen Standards, z.B. AES/EBU, direkt codiert werden.

Bei der ISO WG 11 Audiogruppe (International Standardisation Organization Working Group) wurden neben MUSICAM und ASPEC (Adaptive Spectral Perseptual Entropy Coding – Fraunhofer-Institut Deutschland) auch andere Quellencodierverfahren nach festgelegten Testparametern und zugehörigen Gewichtungsfaktoren bewertet. Eine Zusammenschaltung von MUSICAM und ASPEC gestattet die Realisierung unterschiedlicher Datenraten und Komplexitätsstufen (Multi-Layer-Struktur).

Das Ergebnis war ein Standard mit drei Layern (ISO-Spec11172-3):

- *Layer I* ist eine MUSICAM-Teilbandcodierung, die einfach aufgebaut und für eine relativ hohe Übertragungsrate gedacht ist.
- *Layer II* gilt für eine mittlere Datenrate, während
- *Layer III* Elemente der Transformationscodierung zur feineren Frequenzauflösung, die dynamische Fensterung und die Entropiecodierung aus ASPEC mit einschließt. Layer III ist für die niedrigen Datenraten gedacht.

Es gibt die Betriebsarten: Mono, Zweikanal (Mehrsprachigkeit, Stereo, „*Joint Stereo Codierung*") und künftig *Surround-Ton.*

Dem Datenstrom wird eine dem Layer zugeordnete Information hinzugefügt. So kann der Decoder automatisch eingestellt werden. Alle Layer haben einen fixierten Codieralgorithmus, so daß der Decoder einfach aufgebaut werden kann. Das heißt, die Standardisierung schließt das übertragene Datenformat und den Decoder mit ein. Ein Freiheitsgrad besteht in der Art der Codierung beim Quellencoder, wobei eine exaktere psychoakustische Bewertung einen höheren Komplexitätsgrad des Encoders bedingt.

3.3
MPEG2-Transportmultiplex

Die Dokumentation des MPEG2-Standards besteht aus den Teilen: Audio, Video und Systems. Im Teil: MPEG2-Systems wird die Zusammenführung der Quellen für Bild, Ton und Daten zu einem Program Stream spezifiziert. Die Einsatzfälle liegen dabei in relativ fehlerfreien Übertragungskanälen (z. B. ATM-Netzen, Primary Distribution) und interaktiven Multimedia-Systemen. Der MPEG2-Systems-Teil enthält auch die Aufbereitung zu einem Transport-Stream für die Anwendung in verlust- und störbehafteten Kanälen wie den Speichermedien und den technischen Rundfunkmedien (*Secondary Distribution*) (Abb. 3.3-1) [3.14].

Die Art der Zusatzdaten wie Videotext oder Serviceinformationen (z. B. zur gezielten Programmauswahl) werden außerhalb MPEG2 im Rahmen des Europäi-

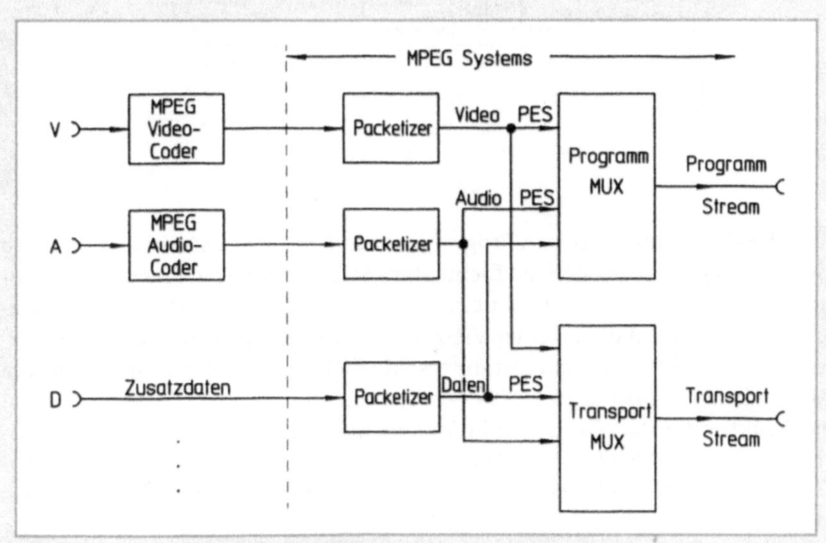

Abb. 3.3-1 Programm- und Transportmultiplex im MPEG2-Standard [3.2]

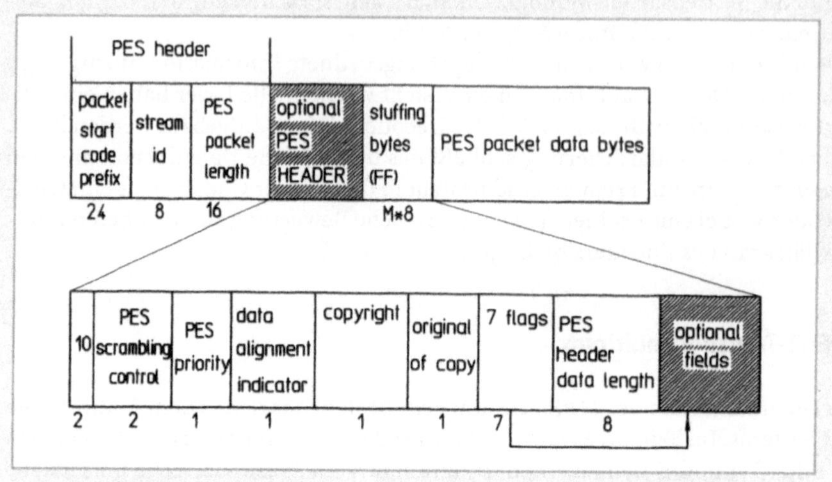

Abb. 3.3-2 PES Packet

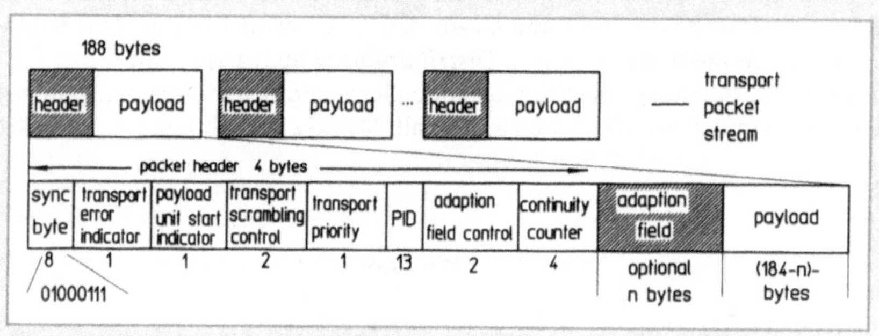

Abb. 3.3-3 MPEG2 Transport Stream Syntax [3.13]

schen DVB-Projektes festgelegt. Programm- wie Transport-Multiplexer erhalten an den Eingängen die Packetized Elementary Streams (PES) in einer freien Konfigurierung. Das heißt, es entsteht eine Mixtur aus Video-, Audio- und Zusatzdaten, die im Extremfall aus einer Vielzahl von Tonsignalen, aus reinen Zusatzdaten oder aus Videosignalen mit unterschiedlichen von MPEG2 spezifizierten Qualitätsniveaus – bis hin zu HDTV – bestehen.

Die Struktur der *PES-Packets* ist in Abb. 3.3-2 angegeben. Die PES-Packets laufen in die Payloads der Transport Stream Packets kontinuierlich ein. Jedem Transport Stream Packet ist ein Packet Header mit vier Bytes und festgelegter Struktur vorangestellt (Abb. 3.3-3).

Die Länge des *Transport Stream Packets* ist mit 188 Bytes festgelegt, so daß die Payload 184 Bytes beträgt; es sei denn, es ist ein variables Adaptation Field eingefügt. Damit sind Steuerfunktionen, die nicht in jedem Paket benötigt werden, z.B. die Zeitreferenz für die Synchronisation, datensparend integrierbar.

3.4
Kanalcodierung und OFDM-Verfahren

Die terrestrische Kanalcodierung erzeugt den Fehlerschutz des MPEG2-Transportmultiplexes für die Funkfeldübertragung.

Die Kanalcodierung enthält zunächst die Elemente: Energieverwischung, Outer Coder, Outer Interleaver und Inner Code. Diese Codierungsprozesse sind gleichermaßen für die Satellitenübertragung spezifiziert. Die terrestrische Kanalcodierung enthält noch anschließend speziell den Inner Interleaver.

In der Energieverwischung wird der Nutzdatenstrom (Payload) einer Verwürfelung unterworfen. Dazu wird er mit einer Pseudo-Zufallsfolge (PRBS – Pseudo Random Binary Sequence) und einem vorgegebenen Generatorpolynom verknüpft. Dieser Prozeß ist notwendig, da im Nutzdatenstrom gehäuft Nullen und Einsen auftreten können, mit Nachteilen für die spektrale Belegung des Übertragungskanals und die Taktrückgewinnung im Empfänger.

Für den Outer Coder wird der Reed-Solomon-Code eingesetzt. Er hat besondere Vorteile bei Kanälen mit hoher Wahrscheinlichkeit von Mehrfachfehlern und bei Anwendungen mit verketteten Korrekturverfahren.

An den Outer Coder anschließend erfolgt der Outer-Interleaving-Prozeß. Das Convolutional Interleaving wird zur Beherrschung von Bündelfehlern entsprechend der maximalen Burstfehlerlänge des Kanals eingesetzt. Das Interleaving folgt der Forney-Methode bzw. Ramsey Typ III.

Der Inner Coder enthält die Faltungscodierung auf der Bitebene und die Punktierung für die Coderaten zwischen 1/2 und 1

Der Inner Interleaver erfüllt die Funktion der Verwürfelung der Daten im Multiträgersignal in der Frequenzebene.

Anschließend an die Kanalcodierung erfolgt das Bit-Mapping für die OFDM-Modulation.

Bei dem Multiträgerverfahren OFDM (Orthogonal Frequency Division and Multiplexing) wird der Übertragungskanal in eine Vielzahl N von Unterträgern aufgeteilt. Daneben wird das Signal in Perioden der Dauer T_S gegliedert. Der Zusammenhang zwischen der aktiven Symboldauer T_U und dem Trägerabstand f_S ist durch $f_S = 1/T_U$ gegeben. Durch diese Bedingung wird die Orthogonalität der Träger im Multiträgersignal sichergestellt. In der frequenz- und zeitbezogenen Aufteilung des Kanals überträgt jedes Element der Bandbreite f_S und der Dauer T_S ein Modulationssymbol. Die Elemente des Zeitschlitzes T_S bilden zusammen ein OFDM-Symbol.

Bei OFDM wird die Bruttobitrate auf z.B. 2K-Träger (K = 1024) in der Bandbreite eines zugeteilten TV-Kanals (UHF: 8 MHz, VHF: 7 MHz) moduliert. Je nach Modulationsgrad und -verfahren werden 2, 4 oder 6 bit pro Träger übertragen. Daraus leiten sich die Vorteile von OFDM gegenüber Monoträgerverfahren ab. Aus der geringen Bitrate pro Träger resultiert eine hohe Bitdauer und man kann ein Schutzintervall einfügen, währenddessen der Empfänger das übertragene Signal nicht auswertet. Das Schutzintervall bewirkt damit die Echoresistenz des OFDM-Verfahrens.

Ein weiterer Vorteil der Schutzintervall- Technik ist die Möglichkeit des Gleichwellenbetriebes (*Single Frequency Network SFN*). Die Sender des Gleichwellennetzes sind in der Frequenz verkoppelt und strahlen zu gleichen Zeiten die exakt gleichen Digitalsignale aus.

Das Schutzintervall wird praktisch realisiert indem ein bestimmter Anteil der N Abtastwerte im Zeitbereich (z. B. ein Viertel) wiederholt wird, bevor ein neues OFDM- Symbol gesendet wird. Da der Mehrwegeempfang im Funkkanal Verzerrungen des Sendesignals verursacht, muß das Schutzintervall länger sein als die Einschwingvorgänge des Kanals. Die Gesamteffizienz reduziert sich um den Faktor

$$\eta = T_U / (T_U + \Delta)$$

[3.16]. Die Bedeutung des Schutzintervalls wird im Zeitbereich dargelegt (Abb. 3.4 -1). Aus didaktischen Gründen wird als Sendesignal ein rein cos-förmiges Signal angenommen (d. h. am Eingang des FFT-Prozesses zur Generierung des Multiträgersignales hat nur ein bit den Wert 1).Im Zeitraum des Schutzintervalls (wird das übertragene OFDM-Symbol periodisch verlängert (3.17).

Über Funkkanalumwege werden laufzeitverzögerte Echosignale gebildet. Sie haben dieselbe Kurvenform wie das Hauptsignal, sind jedoch in der Phase ver-

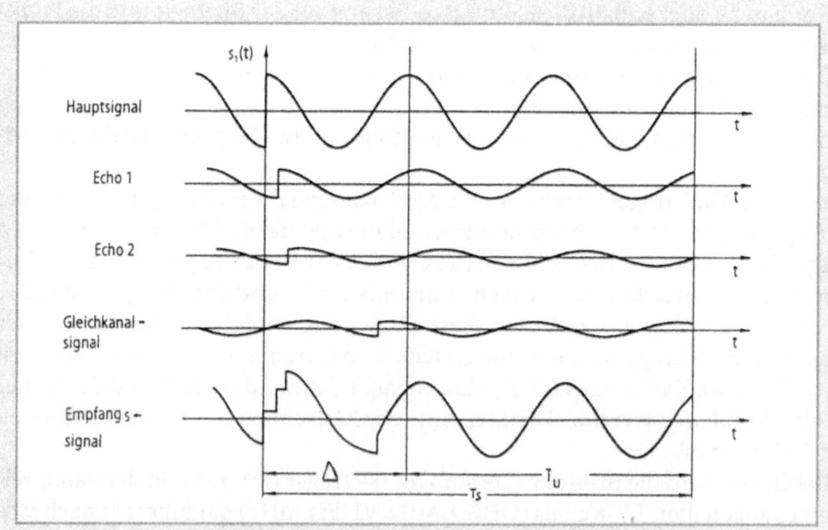

Abb. 3.4-1 Einschwingvorgang des empfangenen OFDM-Symbols

schoben. Das weitere Signal in Abb. 3.4-1 stammt von einem Gleichkanalsender der dasselbe Signal wie das Hauptsignal aussendet.Dessen Amplitude und Phase in Relation zum Hauptsignal werden vom Senderabstand bestimmt. Aus der Sicht des Empfängers ergibt sich ein Summensignal aus den Haupt-, Echo- und Gleichkanalsignalen.

Der Einschwingvorgang des Funkkanals geschieht in der Zeit des Schutzintervalls.Während der anschließenden aktiven Symbolzeit Tu besitzt das resultierende Symbol einen stationären Zustand. Dies ist die Basis zur Rückgewinnung der gesendeten Daten. Wegen der Amplituden- und Phasenvarianz des Summensignals abhängig von der Echosituation ist im Empfänger eine Adaption auf die Übertragungsfunktion des Funkkanals vorzunehmen. Sie erfolgt anhand der mitgesendeten Referenz- Pilotsignale entsprechend der Spezifikation (Absch. 4.2). Die Phasen- und Ampliutudenumtastung der Träger im OFDM-Signal erfolgt hart, d.h. jedes Trägersignal ist spektral nicht eng begrenzt ((sinx)/x -Funktion).Vielmehr weist es Nullstellen auf, die im Sinne einer *orthogonalen Anordnung* in die benachbarten Träger gelegt werden (Abb. 3.4-2). Die dichte Packung der Träger führt zu einer optimalen Ausnutzung des Frequenzbereiches. Die orthogonale Anordnung bewirkt eine einwandfreie Trennung der Modulationssignale der Träger im Empfänger.

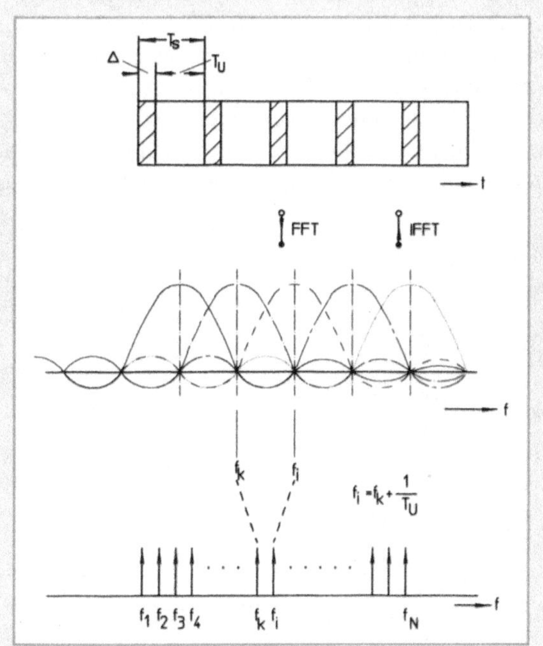

Abb. 3.4-2 Prinzipdarstellung des DVB-T-Signals in der Zeit- und Frequenzebene

Im OFDM-Modulator (Abb. 3.4-3) wird über eine *inverse Fast Fourier Transformation (IFFT)* ein I/Q-Signal erzeugt, das die Anzahl N modulierter Träger des OFDM-Paketes repräsentiert.

Der Preprozessor mit einem *LCA (Logik Cell Array)* liefert die komplexen Modulationspunkte für jeden Träger und für den Modulationsschritt.

Über die D/A-Umsetzung des I/Q-Signals und einem nachfolgenden I/Q-Modulator wird ein OFDM-Signal entsprechend der Kanalbandbreite gewonnen.

Im folgenden wird die IFFT näher betrachtet: Das Eingangsregister kann als Speicherplatz für äquidistante Spektrallinien entsprechend der Trägerzahl N angesehen werden. Während der Symboldauer (gleich nutzbare Symbollänge + Schutzintervall) herrschen konstante Amplituden- und Phasenverhältnisse. Die Fourier-Rücktransformation wird vorteilhaft mit Hilfe einer IFFT durchgeführt. Dazu wird die Signalprozessortechnik eingesetzt. Während z. B. einer Millisekunde rechnet der Signalprozessor die Abtastwerte der Zeitsignale nach Real- und Imaginärteil aus und stellt sie am Ausgang binär zur Verfügung. Sie werden während der Symboldauer ausgelesen und dem I/Q-Modulator bereitgestellt.

Auf den DVB-T-Fall bezogen berechnet sich die IFFT nach Gleichungen 3.4-1. Die komplexen Fourier-Koeffizienten X(k) werden mit den komplexen Wertepaaren der modulierten Subträger gleichgesetzt. Die komplexen Wertepaare ergeben sich aus den Bitwerten des Eingangsdatenstromes. In der Spezifikation werden nur ein Teil der möglichen N Eingangswerte – entsprechend der Trägerzahl des OFDM-Signales – genutzt. Der Grund liegt darin, daß damit die bei der D/A-Umsetzung entstehenden Aliasingprodukte unterdrückt werden können. Dazu weren Tiefpaßfilter mit endlicher Flankensteilheit eingesetzt.

Innerhalb der Bandbreite werden die belegten Unterträger nach dem Prinzip gemäß Abb. 3.4-4 angeordnet [3.15, 4.5, 5.4]. Da der verwendete IFFT-Algorithmus nur im positiven Wertebereich eine Trägerbelegung ermöglicht, kann das

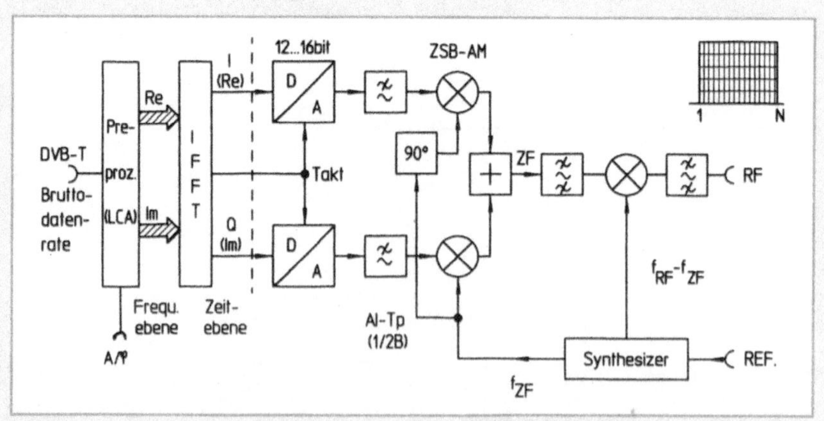

Abb. 3.4-3 Der OFDM-Modulator bei DVB-T

$$\underline{x}(n) = \sum_{k=0}^{N_{Ap}-1} \underline{X}(k) \cdot e^{j2\pi f_{IFFT} \cdot T_{Ap} \cdot n \cdot k}$$

mit $f_{IFFT} = 1/T_{IFFT}$ und $T_{IFFT} = N_{Ap} \cdot T_{Ap}$ folgt:

$$\underline{x}(n) = \sum_{k=0}^{N_{Ap}-1} \underline{X}(k) \cdot e^{j2\pi n k/N_{Ap}}$$

$\underline{x}(n)$ komplexes Zeitsignal
$\underline{X}(k)$ komplexe Fourierkoeffizienten
T_{Ap} Abtastperiodendauer $(f_{Ap} = 1/T_{Ap})$
T_{IFFT} Periodendauer der IFFT
N_{Ap} Anzahl der Abtastpunkte

Gleichung 3.4-1 Die IFFT bei DVB-T

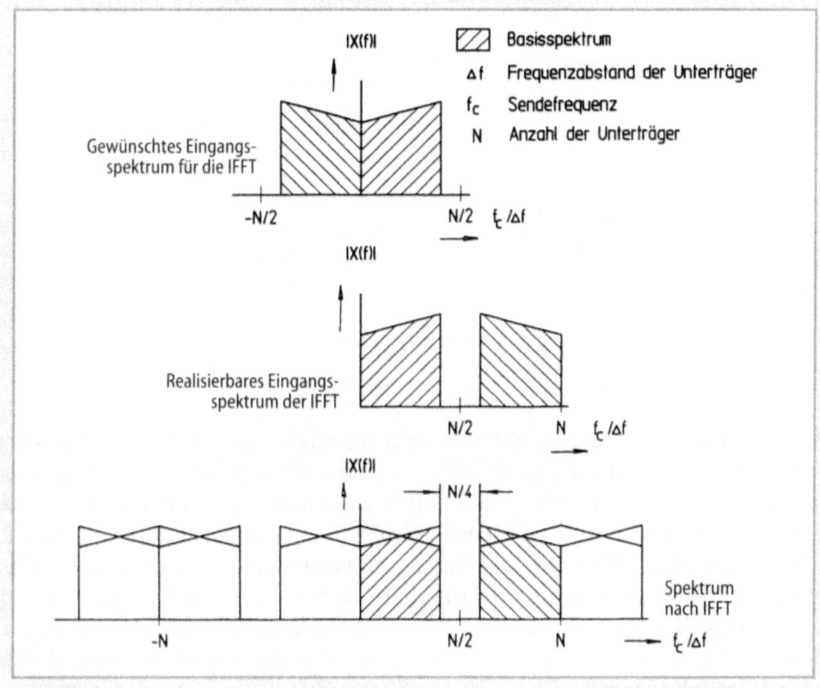

Abb. 3.4-4

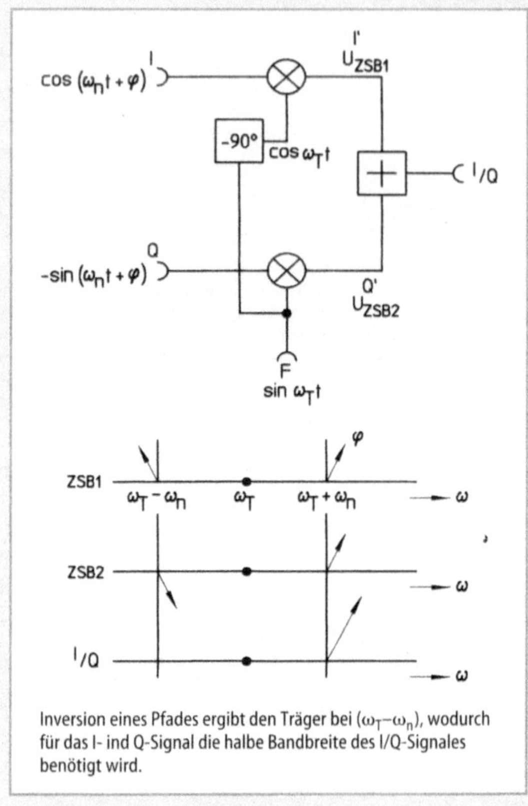

Abb. 3.4-5 Prinzip des I/Q-Modulators

in Abb. 3.4-4 oben gezeigte Spektrum nicht realisiert werden. Bei der Belegung der IFFT-Koeffizienten werden deshalb die Spektralkomponenten des negativen Frequenzbereiches wie in Abb. 3.4-4 Mitte dargestellt angeordnet. Das Resultat der IFFT ist das gewünschte zeitliche Summensignal der modulierten Unterträger, eben das (Nutz-)Symbol. Das Schutzintervall Δ wird durch wiederholtes Auslesen des Ausgabespeichers für die Zeit Δ gebildet. Wie Abb. 3.4-4 unten zu entnehmen ist, kommt es durch diese Transformation zur Überlagerung verschiedener Signalanteile, die durch die anschließende Quadraturmodulation wieder aufgehoben wird.

Der I/Q-Modulator besteht aus den beiden Zweiseitenband-AM-Modulatoren (ZSB-AM) mit um 90° versetzten Trägern. Die Ausgangssignale werden über eine Addierstufe zum analogen OFDM-Signal zusammengeführt. Wie in Abb. 3.4-5 und den Gleichungen 3.4.2 dargestellt, erzeugt der I/Q-Modulator im Beispiel *eine* Spektrallinie. Der OFDM-Generator liefert N dieser Spektrallinien. Diese wer-

$$U_{ZSB1}(t) = k \cos \omega_T t \cdot \cos(\omega_n t + \varphi)$$
$$[\text{über} \quad \cos \alpha \cos \beta = 1/2 \cos(\alpha + \beta) + 1/2 \cos(\alpha - \beta)]$$

$$U_{ZSB1}(t) = k/2 \cos[(\omega_T + \omega_n) t + \varphi] + k/2 \cos[(\omega_T - \omega_n) t - \varphi]$$

$$U_{ZSB2}(t) = -k \sin \omega_T t \cdot \sin(\omega_n t + \varphi)$$
$$[\text{über} \quad - \sin \alpha \sin \beta = 1/2 \cos(\alpha + \beta) - 1/2 \cos(\alpha - \beta)]$$

$$U_{ZSB2}(t) = k/2 \cos[(\omega_t + \omega_n) t + \varphi] - k/2 \cos[(\omega_T - \omega_n) t - \varphi]$$

$$U_{I/Q}(t) = U_{ZSB1}(t) + U_{ZSB2}(t)$$

$$U_{I/Q}(t) = k \cos[(\omega_T + \omega_n) t + \varphi]$$

Gleichung 3.4-2 Ableitung zur Erzeugung der Träger im OFDM-Signal

den entlang der Symboldauer jeweils neu berechnet, so daß das OFDM-Signal mit N Trägern mit der gewählten Modulation entsteht.

3.5
Gleichwellennetz

Bei der analogen terrestrischen Fernsehübertragung darf ein Fernsehsignal von nur einem Grundnetzsender oder Umsetzer empfangen werden. Ein zeitverschobenes Signal von einem Gleichkanalsender würde wie beim Mehrwege-Empfang zu Überlagerungsstörungen führen. Überwindbar ist dies Problem bei DVB-T auf der Basis von OFDM und Gleichwellennetzen.

Für die flächendeckende Versorgung eines Landes ist nur ein einziger OFDM-Kanal notwendig, der in einem 8-MHz-breiten UHF-Fernsehkanal (oder 7-MHz-VHF-Kanal) liegt. Geographisch benachbarten Rundfunkanstalten wird je ein OFDM-Kanal zugeordnet, so daß sich die verschiedenen Programmanbieter nicht stören. Damit entsteht an den Versorgungsgrenzen von Gleichwellennetzen wie an den Landesgrenzen die Situation von z. B. vier Netzen à einem TV-Kanal (Abb. 3.5-1). Demzufolge ist für ein länderübergreifend entkoppeltes Gleichwellennetz der Bedarf von vier (bis fünf) TV-Kanälen anzusetzen.

Innerhalb eines Sendegebietes arbeiten alle Sender auf der gleichen Frequenz, erst im übernächsten Sendegebiet kann wieder derselbe OFDM-Kanal benutzt werden (Abb. 3.5-2)

Wenn bei einem realisierten Gleichwellennetz Lücken im Versorgungsgebiet bleiben, können diese durch zusätzliche Sender auf gleicher Frequenz geschlossen werden. In Abb. 3.5-2 (x1) ist z.B. die Randkontur durch einen Sender kleinerer Leistung am Rand der Versorgungsfläche speziell geformt. Topografische Ge-

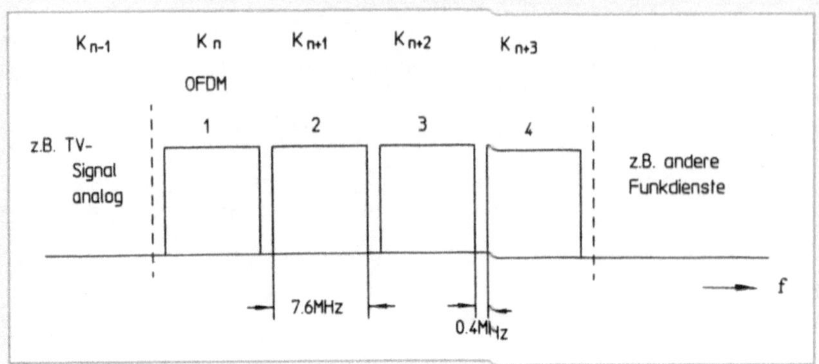

Abb. 3.5-1 Beispiel der Belegung von vier TV-Kanälen bei Gleichwellentechnik in DVB-T

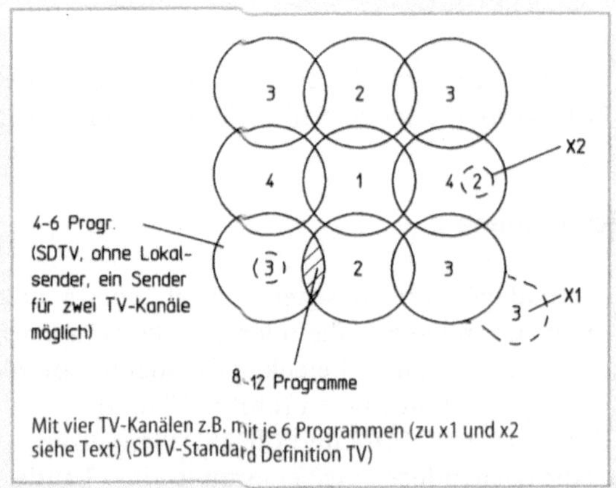

Abb. 3.5-2 Prinzip des Gleichwellennetzes

gebenheiten können eine unzureichende Versorgung bedingen. Hier schaffen Lückenfüllsender Abhilfe – wie in der konventionellen Netztechnik auch.

Die Lückenfüllsender müssen nicht unbedingt exakt zeitsynchron mit den Grundsendern des Gleichwellennetzes arbeiten. Es können sogenannte *Gap-Filler* (Abb. 3.5-3) realisiert werden, bei denen das Signal an einem günstigen Punkt empfangen, verstärkt und von einer Sendeantenne in Richtung der zu versorgenden Fläche wieder abgestrahlt wird. Natürlich muß die Entkopplung von Empfangs- und Sendeantenne größer als die Verstärkung des Senders sein, um einen Oszillatoreffekt zu vermeiden. Ein zweiter Punkt ist der Laufzeitunterschied des wiederausgesendeten Signals zum Originalsignal. Wenn die Zeitdifferenz am Empfangsort die Schutzintervalldauer nicht überschreitet bzw. wenn bei einem höhe-

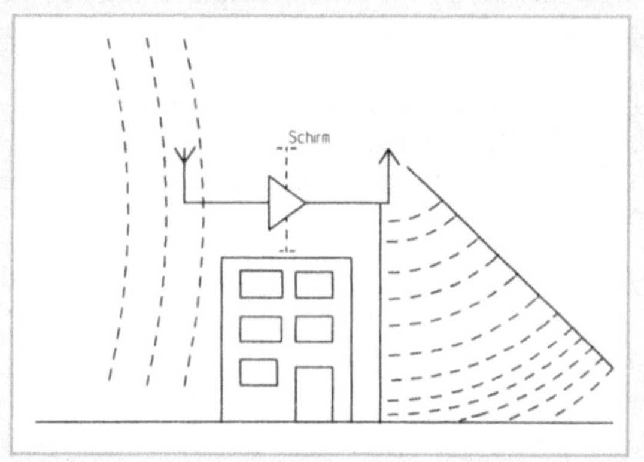

Abb. 3.5-3 Prinzip des Gap-Fillers für Versorgungslücken

ren Laufzeitunterschied als der Schutzintervalldauer die Energie des Gap-Fillers vernachlässigbar ist, ergeben sich bei dem Einsatz von Gap-Fillern in Gleichwellennetzen keine Probleme. Die Antennenoptimierung der Repitoren erfolgt über die Messung der Kanalimpulsantwort (Abschn. 9.2).

In der konventionellen TV-Technik kann ein Sender von überregionaler Programmsendung auf lokal umgeschaltet werden. Dies ist in einem Gleichwellennetz natürlich nicht möglich, da ein zeitweises Auftrennen in subregionale Programme diesen Sender zum Störsender machen würde. Zur Lösung wird das landesweite Programm in einem OFDM-Kanal fortgesetzt übertragen, lediglich mit einer *Zusatzschaltinformation* versehen, z.B. unter Verwendung von Reservebits im Rahmen der „Transmitter Parameter Signalling"-Information. Diese teilt dem Empfänger mit, daß nunmehr auch regional auf einem anderen OFDM-Paket übertragen wird. Somit kann aufgrund der Schaltinformation der Empfänger entweder automatisch oder vom Benutzer gewählt auf die Lokalsendungen umschalten. Der DVB-Sender überträgt dann in einem OFDM-Paket das landesweite Signal mit bestimmter Leistung im Gleichwellennetz und – mit entsprechend reduzierter Leistung – gleichzeitig auf einem anderen OFDM-Kanal das Regionalprogramm (x2 in Abb. 3.5-2).

Zusammenfassend läßt sich feststellen: Das Übertragungssystem DVB-T enthält die grundlegend neuen Elemente Basisbandcodierung für Video und Audio, MPEG2-Transportmultiplex, terrestrische Kanalcodierung, OFDM-Modulation und Versorgung mit Gleichwellentechnik. In bezug zur Datenübertragung folgt das System dem Containerprinzip. Der Transportmultiplex kann als anonymer Datenstrom bis zur Decodierung im Empfänger betrachtet werden. Aus dem Modulationsverfahren OFDM und der Gleichwellentechnik leitet sich eine Reihe systemtechnischer Konsequenzen ab.

Die Multiträgersignale bedingen neuartige Modulatoren und führen zu Neu-
optimierungen der Technologien für die Leistungsverstärkung in terrestrischen
DVB-Sendern.

Die Versorgung mit regionalen und landesweiten Gleichwellennetzen erfordert
neuartige Lösungen der Programmzuführung zu den terrestrischen Sendern sowie die hochgenaue Frequenz- und Bitsynchronität der Digital-Sender untereinander.

4 Basisparameter der Spezifikation für die digitale terrestrische Übertragung

Das folgende Kapitel stellt die grundlegenden Parameter der Spezifikation für die Codierung und Modulation für den terrestrischen Kanal dar. Die ersten Teile der Kanalcodierung, die Energieverwischung, der Outer- und Inner Coder sowie der Outer Interleaver sind vom Satellitenstandard übernommen. Für den Inner Interleaver sowie alle Parameter in Zusammenhang mit der OFDM-Modulation besteht Ende 1995 die Spezifikation unter dem Begriff 8K/2K-QAM [4.7]. Sie entstand als Kombinationslösung aus den zwei Spezifikationsentwürfen 8K/QAM [4.1, 4.2] und 2K/DAPSK [4.4]. Die beiden Entwürfe unterscheiden sich in folgenden Basisparametern:

Bei *8K/QAM* mit der FFT-Länge 8K beträgt die Trägerzahl 6785. Die aktive Symboldauer $T_U = 896$ μs hat die Schutzintervalle $\Delta_1 = 1/4\ T_U$, $\Delta_2 = 1/8\ T_U$ und $\Delta_3 = 1/32\ T_U$ zur Folge. Als Trägermodulation ist QPSK, 16- und 64 QAM sowie für die hierarchische Codierung/Modulation 16MR- und 64 MR-QAM (Multi-Resolution) definiert. Der OFDM-Rahmen enthält 96 Symbole mit dem Null-, CA-ZAC/M-(Constant Amplitude Zero Auto Correlation with M-Sequences) und TPS- (Transmission Parameter Signalling)Symbol. Daneben sind Continuous und Boosted Pilots eingefügt.

Die Kanalcodierung enthält als Inner Interleaver den Bitprozeß mit Pseudo Random Frequency Interleaving. Die Kanaladaption im Empfänger erfolgt auf der Basis der Kanalschätzung. Die Stärke dieses Spezifikationsansatzes liegt in der Realisierbarkeit landesweiter Gleichwellennetze mit dem ausschließlichen Einsatz der existierenden Fernsehsenderstationen (Senderabstand $\leq$ 70 km). Damit kann eine strukturierte Versorgung mit landesweiten, regionalen und lokalen Sendernetzen mit einem hohen Grad an Frequenzökonomie durchgeführt werden.

Bei *2K/DAPSK* (Differential Amplitude Phase Shift Keying) beträgt die FFT-Länge 2K und die Trägerzahl 1696. Die aktive Symboldauer und die Schutzintervalle entsprechen einem Viertel der Werte bei 8K/QAM. Bei der DAPSK-Modulation wird sowohl die Vektoramplitude als auch die -phase zu einer differentiellen Modulation herangezogen [4.3]. Damit ist im Empfänger keine explizite Kenntnis über das Funkkanalverhalten erforderlich. Es werden geringe Anforderungen an die Quasi-Stationarität des Funkkanals gestellt. Neben DQPSK (Differential-QPSK) ist in dem Spezifikationsentwurf 16- und 64-DAPSK sowie 16MR- und 64MR-DAPSK enthalten.

Der 2K/DAPSK-Rahmen hat eine Sequenz von 120 Datensymbolen mit Continual Pilots für die Empfänger-AFC (Automatic Frequency Control) sowie TPS-Carriers in DBPSK-Modulation (Differential Binary PSK). Der Rahmen beinhaltet keine speziellen Synchronisations- oder Referenzsymbole. Die Kanalcodierung enthält für den Inner Interleaver ein Bit- und Symbol-Interleaving. Die Stärke des 2K/DAPSK-Spezifikationsentwurfes liegt in der differentiellen Codierung/Modulation begründet, die keine adaptive Funkkanalmessung erfordert. Sie stellt allerdings einen um ca. 2 dB höheren Anspruch an das S/N im AWGN-Kanal (Additive White Gaussian Noise). Desweiteren ist der 2K-FFT-Prozeß mit geringerer Komplexität als 8K zu implementieren, das auch zu einer früheren Verfügbarkeit von Consumer-Geräten führt.

Das Spezifikationsresultat für DVB-T folgt in bezug auf die FFT-Länge mit 8K und 2K beiden Entwürfen. Die Modulationsart mit QAM entspricht dem 8K/QAM-Ansatz. In bezug auf die Referenz- und Synchronisationssignale mit Pilots im OFDM-Rahmen erfolgte die Orientierung an dem 2K/DAPSK-Entwurf.

Neben der Prinzipdarstellung der Codierungs- und Modulationsschritte, entsprechend der 8K/2K-QAM-Spezifikation, werden im Zusammenhang mit der DVB-T-Übertragung die systemrelevanten Parameter und Übergabeschnittstellen hervorgehoben.

4.1
Kanalcodierung

Bei der gemäß Abb. 4.1-1 vorgenommenen Betrachtung übernimmt der terrestrische Sender das Nutzsignal entsprechend der Nettobitrate in Form des MPEG2-Transportmultiplexes und strahlt es in einem Kanal des UHF-(Bandbreite 8 MHz) bzw. VHF-(7 MHz)Bereichs ab.

Das System ist für ausreichenden Schutz gegen *CCI (Co-Channel Interference)* und *ACI (Adjacent CI)* im PAL/SECAM-Umfeld optimiert.

Im Rahmen der Transportmultiplex-Adaption und Energieverwischung wird der MPEG2-Datenstrom mit einer Paketlänge von 188 Bytes incl. dem Sync-Wort 47 HEX dem terrestrischen Kanalcoder zugeführt. Das Sync-Byte wird als Zeitreferenz extrahiert und dient zur Takterzeugung.

In der Energieverwürfelung (Energy Dispersal) wird der Nutzdatenstrom mit einer Pseudo-Zufallsfolge verknüpft mit den Generatorpolynom: $1+x^{14}+x^{15}$.

Die Initialisierungssequenz (100101010000000) wird zu Beginn von jeweils acht Transportpaketen geladen. Um dem Descrambler diese Sequenz mitzuteilen, wird das erste von acht Syncbytes invertiert (B8HEX) gesendet (Transport Multiplex Adaptation). Die Syncbytes werden unverwürfelt übertragen. Somit entsteht eine PRBS-Periode von 8x188 Bytes minus dem Syncbyte B8HEX, d.h. 1503 Bytes.

Der Verwürfelungsprozeß ist auch bei fehlendem oder nicht MPEG2-konformem Transportdatenstrom aktiv zur Vermeidung eines unmodulierten Datenträgers.

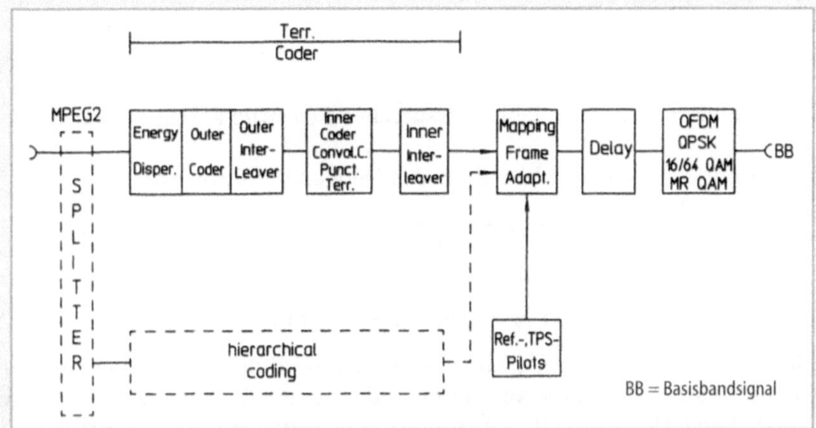

Abb. 4.1-1 Prinzipschaltung des terrestrischen Coders und OFDM-Modulators (DVB-T-Sender Teil 1) gemäß der 8K/2K-QAM-Spezifikation

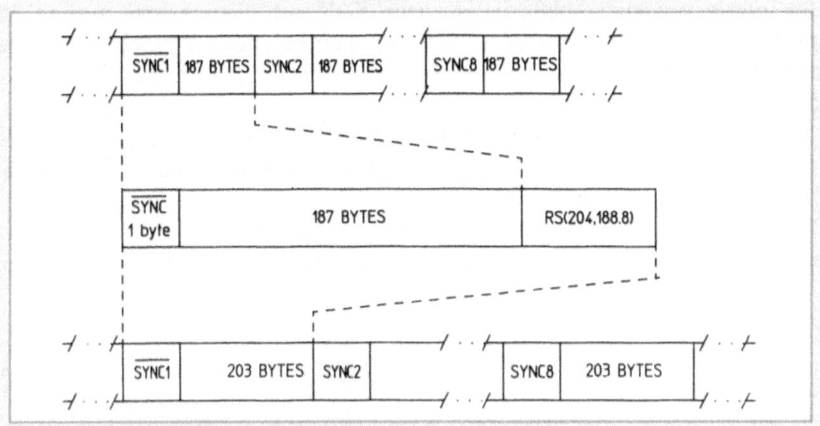

Abb. 4.1-2 Einfügen der Redundanz durch Reed-Solomon-Encoder

Bei der *Reed-Solomon-Codierung (Outer Coder)* wird, ausgehend vom originalen Code RS(255, 239, T = 8), zur Anpassung an den Transport-Multiplex der verkürzte Code RS(204,188) eingesetzt, und zwar sowohl für das nicht-invertierte, als auch das invertierte Syncbyte. Der verkürzte RS-Code wird durch Addition von 51 Nullbytes an den Transport-MUX, die Verarbeitung im RS(255, 239)-Encoder und die Eliminierung der Nullbytes nach der RS-Prozedur implementiert.

Der geordnete Code sieht vor, daß die Ausgangsdaten der Blocklänge r unter Beibehaltung der Eingangsdaten m und Ergänzen von k-Schutz- bzw. -Prüfdaten entstehen (Abb. 4.1-2).

Die Coderate beträgt:

$$R = \frac{m}{n} = 1 - \frac{k}{n}$$

Es können bis zu acht Byte-Fehler entsprechend (n-m)/2 korrigiert werden.

Zur Definition des RS-Codes gehört das Feldgeneratorpolynom:

$$p(x) = x^8 + x^4 + x^3 + x^2 + x^1$$

und das Code-Generatorpolynom:

$$g(x) = (x + \lambda^0)\,(x + \lambda^1)\,\dots\,(x + \lambda^{15})\ \text{mit}\ \lambda = 02\ \text{HEX}$$

Die Redundanz in Form der k-Korrekturstellen wird durch Addition, Multiplikation und Modulo-Division auf der Basis des abgeschlossenen Zahlensystems (0…255), dem Galois-Feld GF (2^W) mit W= Symbollänge 1 Byte, ermittelt.

Das nachfolgende Interleaving (*Outer Interleaver*) hat eine Tiefe von I = 12. Das heißt die RS-geschützten Pakete von 204 Bytes werden in 17 Blöcke à 12 Bytes unterteilt.

Der Interleaver nach Abb. 4.1-3 weist 12 Pfade auf, die zyklisch an den Eingangsbytestrom geschaltet werden. Jeder Pfad enthält ein FIFO-Schieberegister mit der Länge Mj (M = Basisverzögerung = N/J = 17, N = Frame-Länge = 204 Bytes, j = Laufparameter 0…11).

Die FIFO-Zellen sind Byte-strukturiert, die Eingangs- und Ausgangsschalter sind synchronisiert. Die Sync-Bytes des MPEG-Rahmens laufen immer im Pfad „0" des Interleavers ohne Verzögerung.

Der Interleaving-Prozeß verteilt Bündelfehler auf mehrere Blöcke, so daß eine Korrektur auch bei Versagen des Faltungscodes als innerer Code möglich wird.

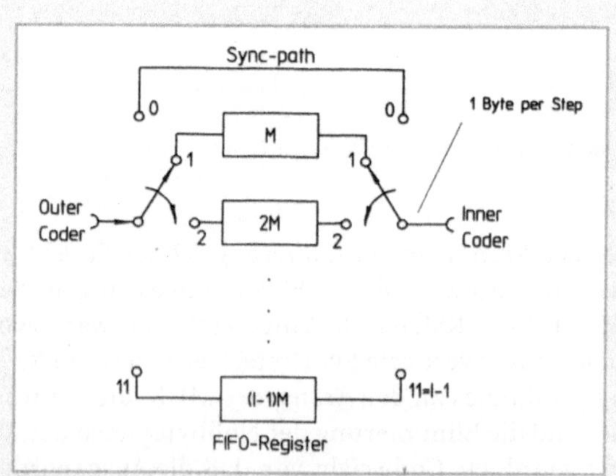

Abb. 4.1-3 Faltungsinterleaving in dem DVB-T-Kanalcoder

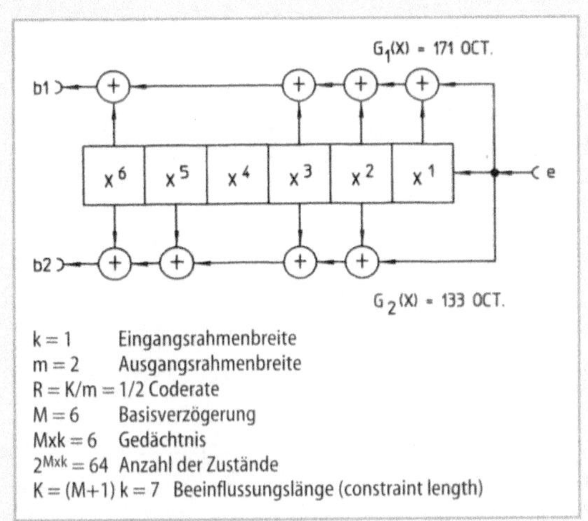

Abb. 4.1-4 Faltungscoder nach DVB-Spezifikation

Die Interleavingtiefe muß dabei größer oder gleich der Beeinflussungslänge des Faltungscodes sein.

Bei der Verkettung von Fehlerkorrekturverfahren wird meist eine Zweiteilung vorgenommen. Für die innere Codierung (*Inner Coder*) werden Verfahren bevorzugt, die ohne Zwischenspeicherung von Datenblöcken den Datenstrom auf Bitebene für die Modulation präparieren. Als ideal gelten Verfahren der Faltungscodierung. Die Codeworte werden durch Verknüpfungen der Abgriffe eines Schieberegisters erzeugt.

Durch die Verschmierung der Ausgangsbits wird die gute Korrekturfähigkeit von Bitfehlern bei relativ hohen Bitfehlerraten erreicht. Die Codeeigenschaften können mittels der Automatentheorie mathematisch erfaßt werden. Der Faltungscoder nach DVB-Spezifikation sowie die zugehörigen Parameter sind in Abb. 4.1-4 dargestellt. Um aus dem Faltungscoder der Rate 1/2 systematisch Code-Raten zwischen 1/2 und 1 zu erzeugen, wird der Code punktiert. Dabei werden zu festgelegten Schemata Daten aus den Codierungszweigen nicht übertragen. Das ist zulässig, da jeder Codierungspfad bereits das Informationspotential zur Regenerierung der Nutzdaten hat.

Die Code-Rate 2/3 wird aus 1/2 abgeleitet, indem periodisch beide Ausgangsdaten und anschließend nur der Ausgang eines der beiden Codierzweige übertragen werden. Zwei Eingangswerten werden somit einmal ein doppelter und einmal ein einfacher Ausgangswert zugeordnet, entsprechend 2/3. Die Code-Rate 3/4 entsteht, wenn drei Eingangswerten einmal ein doppelter und dann nacheinander zwei einzelne Ausgangswerte zugeordnet werden. Die weiteren gebräuchlichen Code-Raten sind 5/6, 6/7 und 7/8 (Tabelle 4.1-1). Die punktierten Daten I/Q werden in serieller Form an den Interleaver gegeben.

Tabelle 4.1-1 Definition der Punktierung

Originalcode			Coderaten				
			1/2	2/3	3/4	5/6	7/8
K	G_1 (X)	G_2 (Y)	P	P	P	P	P
7	171_{OCT}	133_{OCT}	X: 1	X: 1 0	X: 1 0 1	X: 1 0 1 0 1	X: 1 0 0 0 1 0 1
			Y: 1	Y: 1 1	Y: 1 1 0	Y: 1 1 0 1 0	Y: 1 1 1 1 0 1 0
			$I = X_1$	$I = X_1Y_2Y_3$	$I = X_1Y_2$	$I = X_1Y_2Y_4$	$I = X_1Y_2Y_4Y_6$
			$Q = Y_1$	$Q = Y_1X_3Y_4$	$Q = Y_1X_3$	$Q = Y_1Y_3X_5$	$Q = Y_1Y_3X_5X_7$

1 = übertragenes Bit

0 = nicht übertragenes Bit

$\begin{matrix} X \\ Y \end{matrix}$ ──── [Punktierung] ──── $\begin{matrix} I \\ Q \end{matrix}$

Spezifisch für den terrestrischen Kanal wird der *Inner Interleaver* eingesetzt, der eine Verwürfelung in der Frequenzebene des OFDM-Signals bewirkt (Bit und Symbol Interleaving) [4.7].

Der vom Kanalcoder gelieferte serielle Datenstrom wird gemäß der gewählten Modulationshöhe in Bitströme mit Bitpaaren aufgeteilt:
- bei QPSK in 2 Bitströme
- bei 16QAM in 4 Bitströme
- bei 64QAM in 6 Bitströme
- bei MR-64QAM zunächst in High Priority Bit Stream und Low Priority Bit Stream;
- High und Low Priority Bit Stream wird nochmal jeweils in 3 Bitströme aufgeteilt.

Jedem der Bitströme mit Bitpaaren wird ein separater Inner Interleaver I_0 bis I_5 mit verschiedenen Adressgeneratoren zugeordnet. Die 8K- und 2K-Variante haben unterschiedliche Koeffizienten der Polynome.

Der weitere Inner Interleaving Prozeß ist symbolorientiert und bezieht sich auf den Datenstrom der einzelnen OFDM-Träger.

Es folgen das Bit-Mapping und die Rahmen-Adaption mit den Referenz- und TPS-Pilotsignalen (Abschn. 4.2).

In dem Block Delay (Abb. 4.1-1) erfolgt der zeitliche Abgleich des Bitstromes für die bitsynchrone Abstrahlung im Versorgungsbereich des Gleichwellennetzes (Abschn. 8.3).

4.2
Quadratur-Amplitudenmodulation

Im *OFDM-Modulator* wird die in der Spezifikation vorgesehene Modulationsart QPSK, 16- oder 64-Uniform-QAM oder 16- oder 64-Nonuniform-MR-QAM (Multi-Resolution) durchgeführt, und zwar unter Anwendung des Gray Code Mapping.

Die Spezifikation bezieht den VHF-Bereich mit ein, wobei sich die Clockrate von fcl_{UHF} = 9,142 MHz (64/7 MHz) auf fcl_{VHF} = 8,0 MHz und die Brutto-Datenkapazität auf D_{VHF} = 7/8 D_{UHF} reduziert.

Die Rahmenlänge (Frame) T_F umfaßt 68 OFDM-Symbole, wobei vier Rahmen zu einem Superframe zusammengefaßt werden. Das OFDM-Signal bei der 8K-Transformationslänge mit N= 6817 Trägern enthält in den Datensymbolen synchronisationsspezifische Pilot-Signale, die als Rahmen-, Frequenz- und Zeitreferenz dienen.

Für den Betrieb mit landesweiten, regionalen und lokalen Gleichwellennetzen sind vier Schutzintervalle spezifiziert. Die Kombination von großflächigen SFN's und lokalen Einzelsendern bewirkt die optimale Frequenzökonomie. Bei Δ = 1/4 T_U (224 µs) beträgt der Senderabstand im Gleichwellennetz d < 70 km (hier gerechnet über d = c · Δ mit c = Lichtgeschwindigkeit).

Die 8K-Kenndaten sind in Gleichungen 4.2-1 zusammengefaßt.

$T_S = T_U + \Delta$ | $T = 1/F_s$

T_S ges. Symboldauer | T Elementdauer

T_U aktive Symboldauer | F_S Sampling Frequenz

Δ Schutzintervall | UHF: 64/7 MHz

  | VHF: 8 MHz

T_U = 8K · T = 896 µs (K = 1024)

$\Delta f = 1T_U$ = 1,116 kHz

Δf Frequenzabstand im Multiträgersignal

4 Fälle für Δ :

Δ/T_U	1/4	1/8	1/16	1/32
$\Delta/\mu s$	224	112	56	28
	(2 KT)	(1 KT)	(512 T)	(256 T)
T_S/ms	1120	1008	952	924
	(10240 T)	(9216 T)	(8704 T)	(8448 T)

N   = 6817 Trägerzahl

B_{UHF} = 7,61 MHz (N – 1)/T_U

B_{VHF} = 6,66 MHz

Gleichungen 4.2-1 OFDM-Kenndaten gemäß der 8K-Transformationsbreite

$$T_U = 2K \cdot T = 224 \ \mu s$$
$$\Delta f = 1T_U = 4{,}464 \ kHz$$

4 Fälle für Δ :

Δ/T_U	1/4	1/8	1/16	1/32
$\Delta/\mu s$	56	28	14	7
	(512 T)	(256 T)	(128 T)	(64 T)
T_S/ms	280	252	238	231
	(2560 T)	(2304 T)	(2176 T)	(2112 T)

$$N = 1705$$
$$B_{UHF} = 7{,}64 \ MHz$$
$$B_{VHF} = 6{,}70 \ MHz$$

Gleichungen 4.2-2 OFDM-Kenndaten gemäß der 2K-Transformations-breite

Das 2K-OFDM-Signal enthält Symbole mit N = 1705 separat modulierten Trägern (Gleichungen 4.2-2). Das Multiträgersignal wird mit einer 2K-IFFT und der Sampling-Rate von T = 1/9,142 MHz = 109 ns) erzeugt. Der Trägerabstand ergibt sich mit $\Delta f = 1/2KT = 4{,}464$ kHz und die aktive Symboldauer $T_U = 1/\Delta f \approx 224$ μs. Für den Betrieb von regionalen und lokalen Gleichwellennetzen sowie von lokalen Einzelsendern sind verschiedene Schutzintervalle spezifiziert (Gleichungen 4.2-2). Bei $\Delta = 1/4 \cdot T_U$ (56 μs) beträgt der Senderabstand im Gleichwellennetz d < 17 km (hier gerechnet über $d = c \cdot \Delta$ mit c = Lichtgeschwindigkeit).

Eine Besonderheit stellt die hierarchische Kanalcodierung und -Modulation in zwei Ebenen für die Uniform- und MR-Constellation dar (Abb. 4.1-1 gestrichelt). Dabei wird von einem High Priority- und einem Low Priority-Data Stream (HP und LP) ausgegangen, die getrennt codiert werden und damit unterschiedliche Coderaten aufweisen können. Der HP-Stream wird z.B. jenen Daten zugeordnet, die den Quadranten im Constellation-Pattern bestimmen (QPSK).

Der LP-Stream ist dann in der vollen Konstellation innerhalb des Quadranten codiert. Eine Applikation ist durch Simulcasting gegeben, wobei dasselbe Programm in einer robusten Version mit dem HP-Stream und in einer weniger robusten Version mit dem LP-Stream übertragen wird.

Es können aber auch getrennte Programme mit unterschiedlicher Robustheit gesendet werden.

Die hierarchische Quellencodierung, z.B. HDTV/SDTV, bleibt einer künftigen Standarderweiterung vorbehalten.

Im OFDM-Rahmen sind Zellen (Einzelträger) mit Referenzinformationen sowie mit Parametern zur Identifikation des Übertragungsschemas enthalten. Diese Pilotsignale werden im Empfänger zur Rahmen-, Frequenz- und Zeitsynchronisation, Kanalschätzung und Adaption der Übertragungsparameter bzw. zur Beherrschung des Phasenrauschens am Demodulatoreingang eingesetzt.

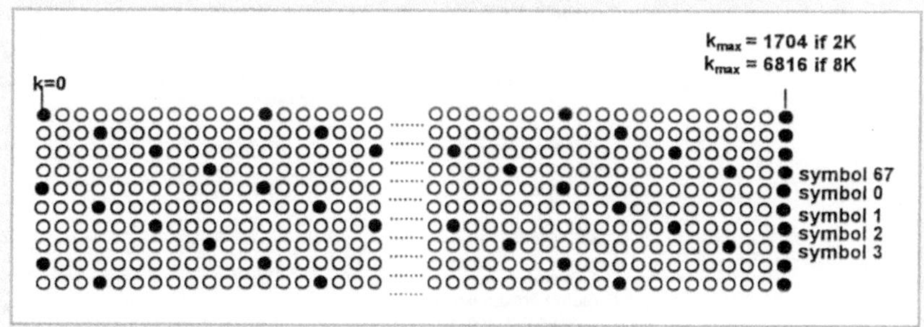

Abb. 4.2-1 Positionen der Scattered Pilot Cells in den Symbolen des OFDM-Rahmens

Die Referenzsignale im OFDM-Symbol haben einen höheren Leistungspegel (*boosted power level*). Er liegt um den Faktor 1/0,75 über dem mittleren Leistungswert aller Zellen mit Übertragungsdaten.

Die Referenzsignale werden mit dem Datenstrom eines PRBS-Generators moduliert, der mit dem folgenden Polynom arbeitet:

$$G(x)= x^{11} + x^2 + 1$$

Je nach logischem Pegel am Ausgang des Generators beträgt der Realteil des Zellenvektors 1 oder -1, wobei der Imaginärteil den Wert 0 hat.

Es wird zwischen zwei Typen von Referenzsignalen unterschieden. Die *Scattered Pilot Cells* haben eine Position, die vom Frequenzindex im OFDM-Rahmen abhängt (Abb. 4.2-1).

Die *Continual Pilot Carriers* haben eine feste Position in jedem OFDM-Symbol und werden im 8K-Modus mit 137 Trägern und im 2K-Modus mit 45 Trägern gesendet.

Die TPS-Carriers (DVB-T-Äquivalent zu den TV-Datenzeilen (Abschn. 2.2)) tragen simultan TPS-Daten mit DBPSK-Modulation (Differntial Binary Phase Shift Keying) (0 = keine Änderung zum folgenden Symbol, 1 = 180° Phasenänderung). Die Positionen im OFDM-Symbol haben feste Index-Nummern. Die Anzahl der TPS-Pilots im OFDM-Symbol beträgt 68 im 8K- und 17 im 2K-Modus. Die TPS-Carrier-Leistung entspricht der mittleren Leistung der Datenträger, die TPS-Carrier-Vektoren haben keinen Imaginär-Anteil.

Die *TPS-Daten* auf den Trägern sind identisch und bitsynchron. Sie enthalten 15 bits (S_{23}... S_{37}) mit den Informationen nach Tabelle 4.2-1.

Zu den DVB-T-Übertragungsparametern kommen das Initialisierungsbit (S_0), das Synchronisationswort mit 16 bit ($S_1 - S_{16}$), der Längenindikator mit 6 bit ($S_{17} - S_{22}$), die 14 Reservebits ($S_{38} - S_{51}$) und der 16-bit-Fehlerschutz im BCH-Code ($S_{52} - S_{67}$).

Der TPS-Block entspricht somit einem OFDM-Rahmen. Das Synchronisationswort wird zwischen gerad- und ungeradzahligen Rahmennummern im Superframe bitweise invertiert gesendet.

Tabelle 4.2-1 TPS-Daten der DVB-T-Spezifikation

Modulationstyp	QPSK, 16QAM, 64QAM (1 x Reserve)
α-Wert	$\alpha=$ 1 nicht-hierarchisch, $\alpha=$ 1, 2, 4 (hierarchisch) (4 x Reserve)
Schutzintervall	$1/4$, $1/8$, $1/16$ $1/32$
Coderate für nicht-hierarchische Codierung bzw. HP-bits	$1/2$, $2/3$, $3/4$, $5/6$, $7/8$ (3 x Reserve)
Coderate für LP-bits	$1/2$, $2/3$, $3/4$, $5/6$, $7/8$ (3 x Reserve)
Rahmen-Nummer im Superframe	1, 2, 3, 4

In Abhängigkeit der Modulationshöhe, der Coderate und des Schutzintervalls errechnen sich die übertragbaren Nettobitraten im Bereich 5,0 Mbit/s (QPSK, Coderate 1/2, ΔT_U= 1/4) bis 31,7 Mbit/s(64QAM, Coderate 7/8, ΔT_U= 1/32).

Die erforderlichen C/N-Werte für BER = $2 \cdot 10^{-4}$ nach dem Viterbi Decoder bzw. QEF nach dem Reed Solomon Decoder (BER = $1 \cdot 10^{-11}$) sind vom angenommenen Kanaltyp (*Gaussian-, Ricean- oder Rayleigh-Kanal*) abhängig. Sie liegen im Bereich 3,1 dB (QPSK, Coderate 1/2, Gaussian-Kanal) und 27,9 dB (64QAM, Coderate 7/8, Rayleigh-Kanal).

<table>
<tr><td rowspan="6" style="writing-mode: vertical-rl">Anmerkung</td><td>

Eine Erweiterung erfährt der digitale terrestrische Rundfunk durch das Projekt *„Mobile Multimedia"* *(MMM)* von ACTS (Advanced Communication Technology Specification), der europäischen RACE-Nachfolgeorganisation [4.5].

Das Projektziel umfaßt Entwicklung und Ableitung eines mobil empfangbaren Service für TV, Daten und Multimedia, sowie deren anschließende Implementierung mit Demonstrationen, Feld- und Pilotversuchen. Mobile Multimedia verfolgt mit erster Priorität die bidirektionale (half duplex) Übertragung (Punkt zu Fläche) mit lokaler Interaktion über gespeicherte Daten. Die zweite Priorität hat ein System mit schmalbandigem Rückkanal (z.B. GSM-Telefon).

Das Projekt stützt sich auf das ab 1995 in der betriebsmäßigen Einführung befindliche DAB-System und auf die Erweiterung der DVB-T-Spezifikation für mobilen Empfang.

</td></tr>
</table>

Der Arbeitsplan sieht bereits für 1997 Tests für DAB- und DVB-T-basierende Systeme vor. In bezug auf kurzfristige Realisierbarkeit und bereits durchgeführte Feldversuche ist die DAB-gestützte Lösung im Vorteil. Dabei werden Original-DAB-Pakete mit 1,536 MHz-Bandbreite, 4DPSK-Modulation und der Brutto-Datenrate von 2,4 Mbit/s im VHF- bzw. UHF-TV-Kanal aneinandergereiht. Damit ergibt sich für einen Fernsehkanal im VHF-Band bei Anordnung von vier Pake-

Tabelle 4.2-2 Kenndaten für DVB-Modelle (abgeleitet aus DAB)

DVB/MMM	Mode I	Mode II	Mode III
Frequenzbereich	< 375 MHz	< 1,5 GHz	< 3 GHz
Applikation	SFN	lokale Versorgung	Satellit
T_S ges. Symboldauer ($= T_u + \Delta$)	1,25 ms	312,5 µs	156,25 µs
T_u aktive Symboldauer	1 ms	250 µs	125 µs
Δ Schutzintervall	250 µs	62,5 µs	31,25 µs
Frequenzbandbreite	Daten-Träger	Lücken	
B VHF	$4 \cdot 1{,}536$ MHz	$+\ 5 \cdot 0{,}17$ MHz	$=\ 7$ MHz
B UHF	$5 \cdot 1{,}536$ MHz	$+\ 6 \cdot 0{,}05$ MHz	$=\ 8$ MHz
B USA	$3 \cdot 1{,}536$ MHz	$+\ 4 \cdot 0{,}35$ MHz	$=\ 6$ MHz
Trägerzahl			
N VHF	6144	1536	768
N UHF	7680	1920	960
N USA	4608	1152	576
Brutto-Bitrate MBit/s			
4PSK 7 MHz	9,6	9,6	-
8 MHz	-	12,0	12,0

ten eine Bruttodatenrate von 9,6 Mbit/s (Tabelle 4.2-1). Legt man die Qualitätsstufe SDTV mit 4,5 Mbit/s zugrunde, kann damit bei einer Kanalcodierung 1/2
im Band III ein Gleichwellennetz für *mobilen Empfang* aufgebaut werden. Bei der
LDTV-Qualitätsstufe können drei Programme für mobilen Empfang verbreitet
werden. Im UHF-Kanal ergibt sich eine Bruttodatenrate von 12,0 Mbit/s.

4.3
Grundlegende Veränderungen gegenüber dem Stand der Versorgungstechnik

a) Prinzip des DVB-Senders und -Empfängers

Zur Vervollständigung der systemtechnischen Betrachtung werden der zweite
Teil des DVB-T-Senders (Teil 1: Abb. 4.1-1) und der DVB-T-Empfänger hier einbezogen. Im Sender erfolgt die Umsetzung des Basisbandes (BB) über den VHF-Mi-
scher zunächst in die Zwischenfrequenzlage (36,15 MHz) entsprechend dem Analog-Sender (Abb. 4.3-1). Die Frequenzanbindung geschieht über eine externe Referenzfrequenz, z. B. mit dem Global Positioning System GPS. Die Vorentzerrung
des Leistungsverstärkers wird nach dem technischen Stand in der Regel in der
ZF-Ebene vorgenommen (Precorrection). Anschließend wird das ZF-Signal in
die RF-Lage (UHF bzw. VHF) umgesetzt und mit der Tetroden- bzw. Solid-State-Technologie verstärkt. Ein Kanalfilter sorgt für die erforderliche Unterdrük-
kung der Außerbandemissionen. Die Abstrahlung über Gleichwellennetze oder
lokale Netze mit nur einem Sender erfolgt über die eingeführte Antennentechnik.
Im RF-Frontend des DVB-T-Empfängers (Abb. 4.3-2) wird das Antennensignal

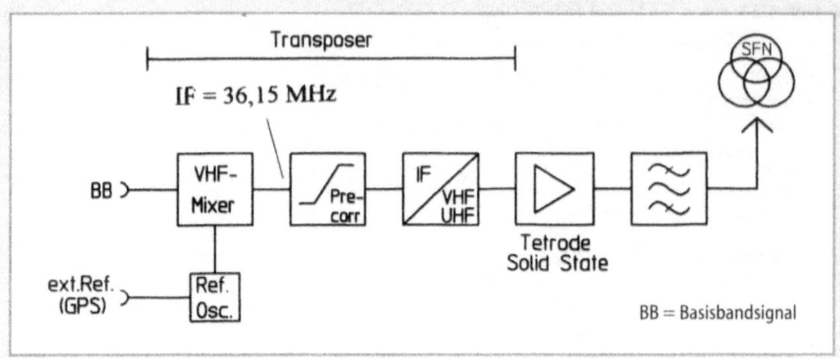

Abb. 4.3-1 DVB-T-Sender (Teil 2)

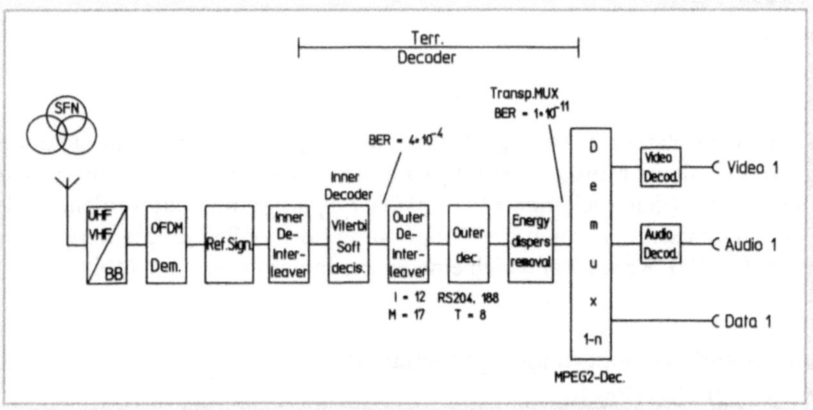

Abb. 4.3-2 DVB-T-Empfänger

in die Basisbandebene umgesetzt. Gemäß der DVB-T-Spezifikation erfolgt die kohärente Demodulation auf der Basis der Referenz-Pilotsignale. Die weiteren Prozesse mit dem Kanaldecoder und dem MPEG2-Decoder sind sinngemäß reziprok zur Senderseite, wobei über den Demultiplexer ein TV-Programm aus dem übertragenen Angebot selektiert wird.

b) Veränderungen bei der digitalen terrestrischen Versorgung

Nachstehend werden die grundlegenden Veränderungen der digitalen terrestrischen Sende- und Empfangstechnik gegenüber dem Stand der gemischt analog/digitalen Fernsehtechnik dargelegt, und zwar mit Bezug zu den Blockschaltbildern Abb. 2.2-1, 2.2-2 und 2.2-3 (PAL-Sender und -Empfänger) sowie Abb. 4.1-1, 4.3-1 und 4.3-2 (DVB-T-Sender und -Empfänger).

Tabelle 4.3-1 Hierarchische Qualitätsstruktur für Video und Audio [4.2, 4.6]

	Qualitäts-Kategorie	HDTV High	EDTV Enhanced	SDTV Standard	LDTV Limited
Video 4/3 und 16/9	vergleichbar mit	2 x CCIR 601	CCIR601 MPEG2 MP@ML	PAL SECAM NTSC	VHS MPEG1
	ca. Datenrate nach Quellen- codierung	30 Mbit/s	11 Mbit/s	4-6 Mbit/s	1,5 Mbit/s
Audio	CD/ NICAM728/ Kommentar- Kanäle KK (64 kbit/s)		5 Kanäle in CD (Surround Sound) + 6 KK	1 x Stereo (NICAM728) + 3 KK	1 x Stereo (NICAM728)

Die digitale Fernsehübertragung hat im Unterschied zum Stand der analogen Technik nicht die 1:1-Abbildung des Studioausgangssignals im Heimempfänger zum Ziel. Es wird vielmehr am Beginn der digitalen Übertragungsstrecke eine *Informationsreduktion* vorgenommen. Sie beruht auf psychovisuellen und psychoakustischen Phänomenen. Es werden dabei Datenreduktionsfaktoren erzielt, die beim bewegten Bild, ausgehend vom z. B. studiointernen CCIR-601-Signal, bei 30:1 liegen. Dabei wird das heutige Qualitätsniveau am Empfängerbildschirm beibehalten. Beim Audiosignal erfolgt die Datenreduktion z.B. um den Faktor 8, unter Aufrechterhaltung der CD-Qualität.

Desweiteren ermöglicht die digitale Fernsehübertragung die Versorgung mit mehreren Programmen in einem TV-Übertragungskanal. Die Anzahl der Programme hängt von der übertragenen Qualitätsstufe ab.

Über den Grad der digitalen Kompression läßt sich eine hierarchisch geordnete Bild- und Tonqualitätsstruktur realisieren (Tabelle 4.3-1):
- HDTV bezeichnet ein Qualitätspotential, das mit dem HDTV-Studiostandard vergleichbar ist (besser als HD-MAC).
- EDTV-Qualität (Enhanced Definition TV) ist vergleichbar mit dem Studiostandard nach CCIR Recommendation 601.
- SDTV (Standard Definition TV) bezeichnet einen Qualitätsstandard, der PAL oder SECAM entspricht.
- LDTV (Limited Definition TV) definiert einen Standard entsprechend dem MPEG1-System und ist vergleichbar mit der VHS-Qualität bei den Videorecordern.

Die Anzahl der übertragbaren Programme hängt auch von der Wahl des stationären, portablen oder robust portablen Empfangs ab. Danach werden die Modulationshöhe und der Fehlerschutz und somit die Nettodatenrate bestimmt (Tabelle 4.3-2).

Tabelle 4.3-2 Modelle für DVB-T entsprechend der DVB-T-Spezifikationen

	QPSK		16QAM		64QAM	
bit/Symbol	8K 13634	2K 3410	8K 27628	2K 6820	8K 40902	2K 10230
(bit/Symbol)/T_S (Brutto, Mbit/s) (Δ/T_U= 1/4)	12,2		24,4		36,6	
Convol. Code	1/2		2/3		7/8	
Netto (Mbit/s) (Δ/T_U= 1/4)	5,0		13,3		26,7	
Anz. Progr. in PAL-Qualität (4-6 Mbit/s)	1		2-3		4-6	
Empfang	robust portabel		portabel		stationär	

Mit der Kombination mehrerer Programme in einem Datenmultiplex im
Zusammenhang stehend, folgt die digitale TV-Technik dem Containerprinzip.
Dabei wird der MPEG2-Transport-Stream im Basisband und in der Modulati-
onsebene als anonymer Datenstrom gesehen. Der Datenstrom wird als *ein* Signal betrachtet und nicht – wie bei der analogen Fernsehtechnik – als Summe von
Teilelementen im FBAS-Signal und dem in FM-Technik (Zweitonträgerverfahren)
bzw. QPSK-Technik (NICAM) in der Frequenzebene addierten Tonsignal. Entsprechend dem einen digitalen Signalzug (Besonderheit: hierarchische Kanalcodierung) gestalten sich die Betriebs- und die zugehörige Meßtechnik.

Die Programmzuführung vom Studio zur TV-Sendestation entwickelte sich
beim analogen Fernsehen von der Leitungstechnik mit Kupferkoaxial-Kabel und
Lichtwellenleiter über die Mikrowellentechnik mit Richtfunkstrecken bis hin zur
Satellitentechnik. Insbesondere aus betriebswirtschaftlicher Sicht wird zunehmend der Satellit als technisches Zuführungsmedium eingesetzt. Satellitendirektempfang und Programmzuführung können mit der Nutzung *eines* Transponders
erfolgen.

Bei der digitalen Fernsehversorgungstechnik ist zwischen der Zuführung zu
Lokalsendern und zu regionalen/landesweiten Versorgungsflächen mit Gleichwellennetzen zu unterscheiden.

Bei lokaler Zuführung kommen die herkömmlichen Medien Leitung und Richtfunk mit digitaler Übertragungstechnik in Betracht. Bei Gleichwellennetzen sprechen neben betriebswirtschaftlichen Argumenten auch technische Gründe für die
Satellitenzuführung. Die Bedingung bitsynchroner Abstrahlung der Sender im
Netz bis zu der Genauigkeit von einigen Mikrosekunden (abhängig von der FFT-

Länge und dem gewählten Schutzintervall) ist über die Satellitenzuführung, verglichen mit den Alternativen, gut zu lösen. Dazu kommt noch die Möglichkeit, den Satellitendirektempfang und die Programmzuführung über denselben Transponder zu realisieren.

Die digitale Modulation erfordert wegen des Signalcharakters bei OFDM, entsprechend dem weißen Rauschen, die teilweise Neudimensionierung, insbesondere die adaptierte Entzerrung der Hochleistungsverstärker. Es stehen zudem beim Multiträgersignal keine Zeitpunkte zur Klemmung, also zur Festlegung der Arbeitspunkte im Verstärker des DVB-Senders zur Verfügung, wie dies beim FBAS-Signal der Fall ist.

Die OFDM-Technik mit dem Schutzintervall schließt herkömmliche Netzstrukturen ohne die Nutzung der Gleichwellenfähigkeit nicht aus, eröffnet aber die Möglichkeit der Realisierung von Gleichwellennetzen mit hoher Frequenzeffizienz. Die Kombination von landesweiten und lokalen Gleichwellennetzen sowie die Planung von regionalen und lokalen Einzelsender-Strukturen bewirkt den ökonomischen Einsatz der Ressource Frequenz. Dies führt aber auch zu einer stark veränderten Frequenzplanung und zu einer adaptierten und teilweise neuen Versorgungsmeßtechnik.

Aus diesen grundsätzlichen Veränderungen, die auf dem Weg von der analogen zur digitalen Versorgungstechnik nötig sind, ergeben sich folgende technische Komponenten für die Realisierung eines landesweiten/regionalen Gleichwellennetzes:
- MPEG2-Coder und -Transportmultiplexer
- Programmzuführung über Satellit
- Terrestrischer DVB-Sender mit Kanalcodierung, OFDM-Modulation und Leistungsverstärkung
- DVB-Sendermeßtechnik
- Sendersynchronisation im Gleichwellennetz
- Versorgungsmeßtechnik

Mit Ausnahme des MPEG2-Betriebscoders, der für das digitale Fernsehen über alle technischen Versorgungsmedien gilt und industriell verfügbar ist sowie des terrestrischen Kanalcoders, der gegenüber dem Satelliten-Kanalcoder lediglich den Inner Interleaver zusätzlich enthält, werden die oben genannten Komponenten in den Kap. 5 – 9 behandelt.

Dabei werden pragmatische Ansätze entwickelt, die zum Teil von ähnlich gelagerten Problemstellungen abgeleitet sind. Sie zielen auf eine stufenweise systemtechnische Realisierung des digitalen terrestrischen Fernsehens, über weitere Forschungs- und Entwicklungsprojekte sowie Feld- und Pilotversuche zur Vorbereitung des Regelbetriebes.

5 Programmzuführungen zu den digitalen terrestrischen Sendestationen

Als Zuführungsmedium für terrestrische Gleichwellennetze gilt der Satellit als technisch und betriebswirtschaftlich beste Lösung. Alternativen sind Richtfunk- und Glasfaserstrecken. Die Aufgabenstellungen – insbesondere hinsichtlich bitsynchroner Ausstrahlung – sind gleich oder ähnlich, bei geschalteten Netzen z.B. mit ATM-Strukturen erhöhen sich jedoch die Anforderungen.

In diesem Kapitel erfolgt nun die systemtechnische Darlegung der Satellitenzuführungsstrecke mit der MPEG2-Schnittstelle am Studioausgang sowie dem MPEG2-Übergabepunkt an den DVB-T-Sender der terrestrischen Sendestation.

Das Ziel bei der abgeschlossenen DVB-T-Implementierung ist die Übergabe der TV-Programme in Form der Basisbandcodierung an den terrestrischen Sender. Es kann damit der Transportmultiplex für die terrestrische Übertragung aus dem Angebot eines Transponders, eines Satelliten oder mehrerer Satelliten komponiert werden. Zur Erreichung dieses Ziels ist das bei diesem Konzept besonders erschwerte Problem der bitsynchronen Abstrahlung im Gleichwellennetz zu lösen. Zudem müssen alle Komponenten der autarken Satelliten- und der terrestrischen Übertragung zeitgleich verfügbar sein.

Aus diesen und weiteren Gründen werden Alternativen der Programmzuführung aufgezeigt. Sie können weiteren Forschungs- und Entwicklungsprojekten, die vornehmlich den terrestrischen Übertragungskanal im Gleichwellennetz zum Untersuchungsobjekt haben, zunächst als Hilfestellung dienen. Es lassen sich mit den dargelegten Alternativen aber auch Feld- und Pilotversuche auf nationaler und internationaler Ebene durchführen.

5.1
MPEG2-Signalzuführung

Bei Einhaltung der C/N- und C/I-Grenzen sichert die FEC-Technik (Forward Error Correction) ein Übertragungssystem mit einer QEF-Qualität (Quasi Error Free), d.h. weniger als ein nichtkorrigiertes Fehlerereignis pro Übertragungsstunde. Dies entspricht einer BER $= 1 \cdot 10^{-11}$ am Eingang des MPEG2-Demultiplexers. Am Ausgang des inneren Decoders bzw. Eingang des äußeren Decoders liegt gemäß der Systemforderung eine BER $< 2 \cdot 10^{-4}$ an, bei einer für den Betrieb zulässigen Satelliten-Kanalfehlerrate („hard decision" BER) von 10^{-2} bis 10^{-1} [5.1].

a) Satellitensendeseite

Die Abb. 5.1-1 zeigt die Funktionsblöcke der Uplink-seitigen Satellitenzuführung zu den terrestrischen Sendestationen.

Die Generierung des MPEG2-Multiplexes ist im Abschn. 3.3 dargelegt. Die Satellitenkanalcodierung ist von der MPEG2-Adaption bis einschließlich des Inner Coder funktionsgleich dem terrestrischen Kanalcoder (zeitlich gesehen wurde die Satelliten-Kanalcodierung Ende 1993 festgelegt und danach in die Spezifikation für die Terrestrik übernommen (Abschn. 4.1 und 4.2)).

Vor der Modulation werden die I-Q-Signale am Ausgang des Inner Coder zur Einhaltung der Bandbereichsgrenzen des Modulationssignals einer Wurzel-Cosinus-förmigen Filterung mit einem Roll-off-Faktor (0,35) unterworfen.

Das System setzt eine konventionelle *Gray-codierte QPSK-Modulation* mit absolutem Mapping, d.h. keine differentielle Modulation, ein. Das Bit-Mapping zeigt Abb. 5.1-2. Das trägerfrequente Signal konstanter Amplitude hat demnach vier Phasenzustände, in denen jeder Modulationspunkt eine 2-bit-Information, ein Dibit, trägt. Das QPSK-modulierte Signal auf der Zwischenfrequenz-Ebene 70 MHz bzw. 140 MHz wird dem Sendeumsetzer der Satellitenbodenstation zugeleitet.

Unter der Annahme des Verhältnisses der Satelliten-Transponder-Bandbreite BW zur Symbolrate $R_S = 1/T_S$ von $BW/R_S = 1{,}28$ gibt Tabelle 5.1-1 Beispiele der Kapazität an Netto-Bitrate Ru. Dabei korrespondieren Ru mit der Rate nach dem MPEG2-Transportmultiplex und R_S mit der 3-dB-Bandbreite des modulierten Signals [5.2].

Die vorgenannten Datenraten beziehen sich auf ein Transponder-Sharing im Zeitmultiplex (TDM – *Time-Division-Multiplex*). Die Alternative dazu ist die Mo-

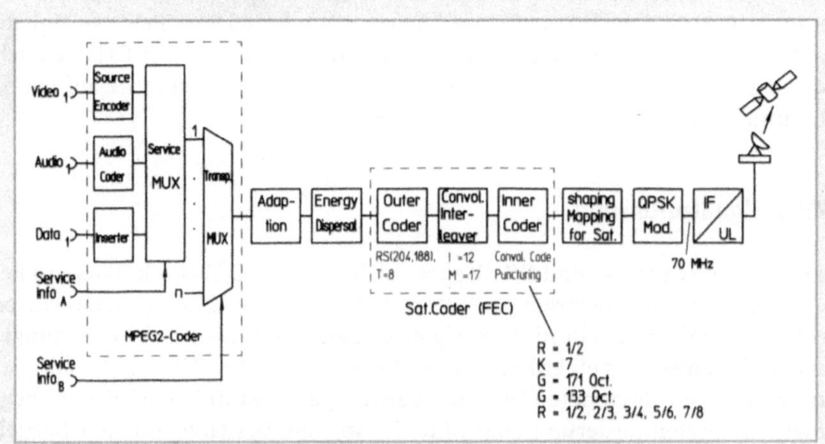

Abb. 5.1-1 Basisbandcodierung und UPLINK bei der Programmzuführung über Satellit

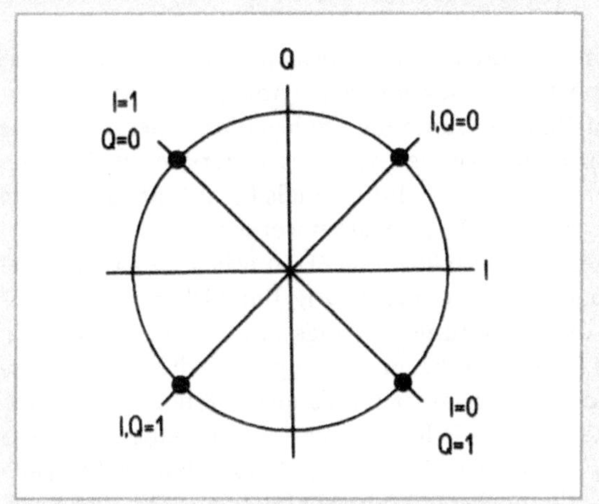

Abb. 5.1-2 QPSK-Konstellation der Modulationspunkte

Tabelle 5.1-1 Die Bitraten bei den Grenzcoderaten 1/2 und 7/8 in Abhängigikeit der Transponderrate

BW (bei −3 dB) [MHz]	BW (bei −3 dB) [MHz]	Rs (für BW/Rs = 1.28) [Mbaud]	Ru (für QPSK + 1/2 convol) [Mbit/s]	Ru (für QPSK + 7/8 convol) [Mbit/s]
54	48,6	42,2	38,9	68,0
46	41,4	35,9	33,1	58,0
40	36,0	31,5	28,8	50,4
36	32,4	28,1	25,9	45,4
33	29,7	25,8	23,8	41,6
30	27,0	23,4	21,6	37,8
27	24,3	21,1	19,4	34,0
26	23,4	20,3	18,7	32,8

dulation von mehreren digitalen Trägern im Frequenzmultiplex-Verfahren (FDMA – *Frequency Division Multiple Access*). Dabei können die Programme dem Satelliten von verschiedenen Orten zugeführt werden, und dieses Verfahren stellt eine Flexibilität beim Uplink her. Dies kommt insbesondere der regionalen Struktur europäischer Rundfunkanstalten entgegen, denn die Satellitensendestation kann studionahe im Rundfunkhaus positioniert werden.

Die Satellitenübertragungen erfolgen im Fernmelde-Satellitenband (FSS – Fixed Satellite Service) zwischen 10,7 GHz und 11,7 GHz sowie im Rundfunksatellitenband (BSS – Broadcast Satellite Service) zwischen 11,7 GHz und 12,5 GHz. Die Satelliten-EIRP (effektive Strahlungsleistung, bezogen auf den fiktiven Rundstrahler) liegt im Bereich von 49 dBW bis 61 dBW.

b) Satellitenempfang an der terrestrischen Sendestation

In dieser Betrachtung wird der Satellitenkanal als transparente Übertragungsstrecke für den MPEG2-Transport-Multiplex dargelegt (Abb. 5.1-3). Durch die Dimensionierung der Satelliten-Empfangsantenne (Spiegeldurchmesser) sowie die Auswahl der Empfangseinrichtung (Rauschzahl des Tuners) muß sichergestellt sein, daß die BER-Forderungen des Satellitenkanals ($4 \cdot 10^{-4}$ für das innere Signal, $1 \cdot 10^{-11}$ für den MPEG2-Multiplex) eingehalten werden.

Es wird zunächst das RF-Satellitensignal über das ZF-Interface dem QPSK-Demodulator für die kohärente Quadraturdemodulation zugeführt. Über das angepaßte Empfängerfilter ergibt sich die Gesamtübertragungsfunktion nach Abb. 5.1-4.

Die durch die senderseitige Faltungscodierung erzeugten Redundanzen werden im inneren Decoder über den *Viterbi-Algorithmus* ausgewertet. Dabei durchlaufen fehlerhafte Daten die Register des Faltungsdecoders und haben eine feste Einflußlänge im Datenstrom. Der Viterbi-Decoder spielt denkbare Fehlervarianten durch und findet die mit der höchsten Wahrscheinlichkeit. Die systematische Analyse komplexer Fehlereinflüsse baut auf dem Spalier- oder Trellis-Diagramm auf. Darin beschreibt die x-Achse die Codierungsschritte und stellt somit die Zeitachse dar. Die y-Achse weist die Zustände auf, die alle Kombinationen der Registerinhalte des Faltungsdecoders repräsentieren. Nach jeder Symboldauer stellt sich ein neuer Registerzustand ein. Von einer fehlerfreien Anfangssituation ausgehend gibt es nach jedem Symbolschritt mehrere Möglichkeiten des Übergangs zum nächsten. Über die Berechnung der Metrik zur Ermittlung eines Maßes für die Wahrscheinlichkeit der diversen Spalierwege erfolgen die Bewertung der Pfade und die Auswahl des günstigsten Weges.

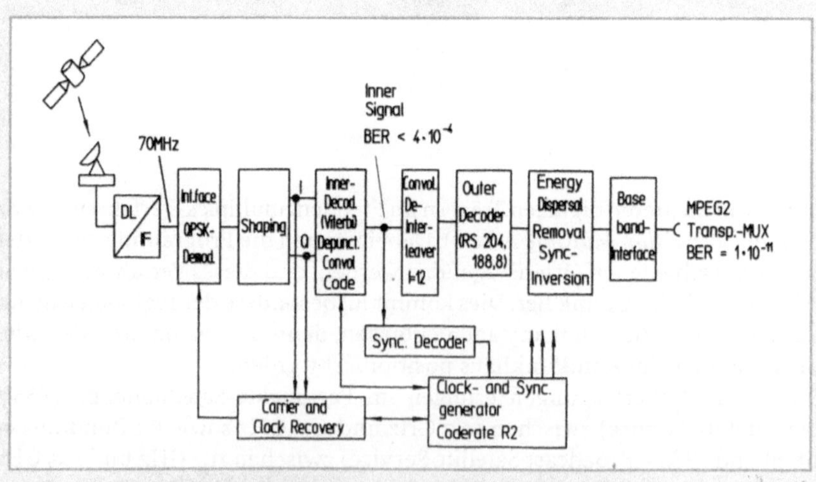

Abb. 5.1-3 Blockdiagramm für den Satellitenempfang an der terrestrischen Sendestation

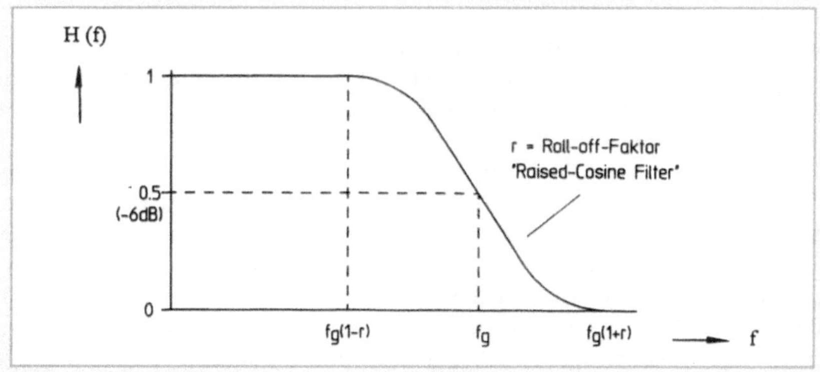

Abb. 5.1-4 Gesamtübertragungsfunktion bei der Programmzuführung über Satellit

Das Viterbi-Verfahren kann durch einen Soft-Entscheidungsdecoder verfeinert werden. Dabei gehen in die Metrikberechnung Zwischenwerte ein, die sich aus der Betrachtung des demodulierten Signals mit analogen physikalischen Grenzen ergeben. Im Beispiel nach Abb. 5.1-5 kann ein Abtastpunkt entsprechend dem logischen Wert Null oder Eins acht Werte der Wahrscheinlichkeit annehmen. Die Soft-Entscheidungsinformation wird im QPSK-Demodulator über A/D-Umsetzung gewonnen und als I/Q-Information an den inneren Decoder übergeben.

Der Viterbi-Decoder mit angeschlossener Steuereinheit ermittelt die Faltungs-Coderate R^2 ohne separaten Informationskanal, indem jene feste Coderate 1/2, 2/3, 3/4, 5/6 oder 7/8 mit der geringsten Bitfehlerrate festgestellt wird.

Ebenso spielt die Steuereinheit die folgenden Kombinationen durch:
– Referenzphase des QPSK-Demodulators
– Punktierungsschema
– Punktierungsphase

Der innere Decoder verarbeitet am Eingang eine Fehlerrate von $1 \cdot 10^{-1}$ bis $1 \cdot 10^{-2}$, abhängig von der eingesetzten Coderate. Die Ausgangsfehlerrate von $\leq 4 \cdot 10^{-4}$ korrespondiert mit einem QEF-Service nach der äußeren Code-Korrektur.

Der MPEG2-Syncbytedecoder liefert die Synchronisationsinformation für den Deinterleaver und für die π-Zweideutigkeit des QPSK-Demodulators, die vom Viterbi-Decoder nicht detektierbar ist.

Der *Convolutional Deinterleaver* führt die Verwürfelung der Fehlerbursts am Ausgang des inneren Decoders auf Bytebasis durch. Damit wird das Korrekturpotential des äußeren Decoders erhöht.

Der äußere Decoder stellt die zweite Ebene des Fehlerschutzes dar, für ein QEF-Signal ($1 \cdot 10^{-11}$) bei Eingangsfehlerbursts bis zu $7 \cdot 10^{-4}$. Die Rückwandlung der UPLINK-seitigen Verwürfelung und Sync-Invertierung liefert das originale MPEG2-Transport-MUX-Signal in der QEF-Qualität.

c) Programmübergabe mit der Basisbandcodierung

In der in diesem Abschnitt zunächst gegebenen Darstellung wird bei der digitalen Programmzuführung über Satellit der MPEG2-Transportmultiplex unverändert mit QEF-Qualität an den terrestrischen Gleichwellensender übergeben. Das bedeutet, daß sich die MPEG2-Zuführung an den terrestrischen Erfordernissen (z.B. 2-3 Programme in SDTV pro TV-Kanal bei portablem Empfang (Abschn. 4.3, Tabelle 4.3-2)) orientieren muß. Die optimierte Übertragung dieses – terrestrischen – MPEG2-Signals über Satellit mit einer Satelliten-bezogenen Kanalcodierung (z.B. Coderate 7/8) führt zu einer nur teilweisen Nutzung der Transponderbandbreite (Programmkapazität pro Transponder sechs- bis siebenmal SDTV). Bei der Nutzung der vollen Bandbreite des Transponders leitet dies zu einem zweiten Satellitensignal im Frequenzmultiplex (z.B. *SCPC-Technik – Single Channel per Carrier*). Damit würde in Folge der nötigen Frequenzselektion im Empfänger der parallele Satellitendirektempfang verlorengehen.

Die konsequente und jeweils optimierte Nutzung der technischen Übertragungswege Terrestrik und Satellit führt zu einem System, in dem der Transport-Multiplex an der terrestrischen Sendestation neu aufbereitet wird (Abb. 5.1-6).

Dieser Ansatz hat eine Reihe von spezifischen Vorteilen:

– Der Transponder wird technisch optimal genutzt, was zu minimierten Mietkosten führt.

– Parallele Nutzung für Satellitendirektempfang SDE und Programmzuführung ist möglich.

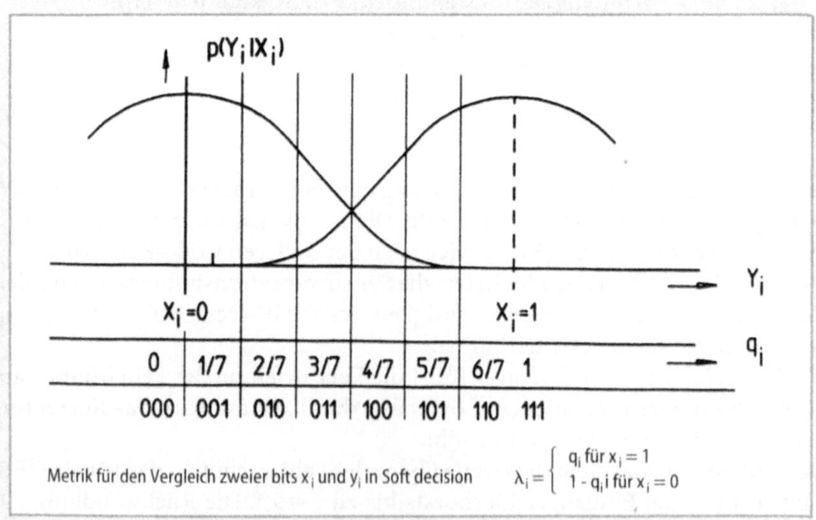

Abb. 5.1-5 Softdecision (3 bit) und Berechnung der Metrik

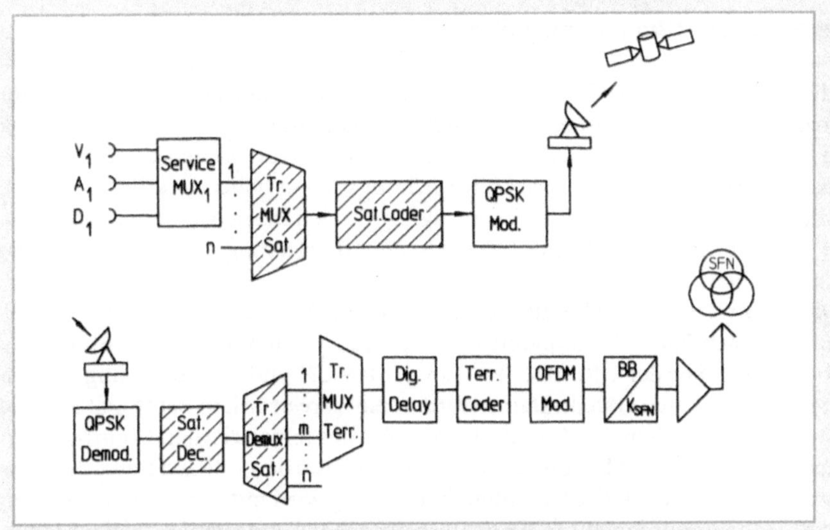

Abb. 5.1-6 Programmzuführung mit autarken Strecken (die schraffierten Blöcke werden im Abschnitt 5.2 angesprochen)

– Die Übergabe erfolgt auf der Basis des Service-Multiplexes mit QEF-Qualität $(1 \cdot 10^{-11})$.
– Es ist eine hierarchische Codierung und Modulation an der terrestrischen Sendestation möglich.
– Es ist der Freiheitsgrad in der Programmzusammenstellung an der Sendestation gegeben (auch für Programme anderer Transponder).

Dem stehen signifikante Nachteile gegenüber:
– Bereits für den Betrieb im Rahmen von Feld- und Pilotversuchen ist die gesamte komplexe Kette in Hard- und Software (Firmware) für die Satellitenübertragung und die terrestrischen Sender erforderlich. Dies führt zu einer verzögerten Erprobung.
– An allen terrestrischen Sendestationen eines SFN sind hohe Investitionen für die Satellitenempfangseinrichtung und die terrestrische Signalaufbereitung nötig.
– Der hohe gerätetechnische Aufwand führt zu entsprechenden Ausfallraten und Servicekosten.
– Die Vielzahl der komplexen digitalen Codec- und Modemprozesse an der Sendestation (insbesondere des Viterbi-Soft-Decision-Decoders) erschwert die Realisierung der bitsynchronen Abstrahlung der Sender im SFN.

Dennoch ist die Lösung mit autarken Strecken für den eingeschwungenen Betrieb des digitalen terrestrischen Fernsehens anzustreben.

5.2
Alternativen der Programmzuführung

In diesem Abschnitt werden Beiträge zu alternativen Programmzuführungen im Prinzip dargelgt. Diese pragmatischen Ansätze kommen nur zur Unterstützung von Feld- und Pilotversuchen in Betracht, die den terrestrischen Übertragungskanal im Gleichwellennetz zum Untersuchungsobjekt haben und bei denen die Komponenten der angestrebten Übertragung für den Betrieb mit autarken Strekken „Satellitenzuführung" und „terrestrischen Übertragung" noch nicht zur Verfügung stehen.

Die negativen Aspekte bei den beiden autarken Strecken – inbesondere während der ersten Phase der Implementierung – führen zu Alternative 1 (Abb. 5.2-1). Dabei werden vor der UPLINK der Transport-MUX und die Codierung für den terrestrischen Kanal erstellt. Damit werden die terrestrischen Bruttodaten – wie sie vom terrestrischen Symbolinterleaver (Teil des terrestrischen Codes) an den Mapper (Teil des OFDM-Modulators) übergeben werden – über Satellit den Sendestationen zugeführt. Die Satellitenübertragung wird mit den standardisierten QPSK-Modems durchgeführt. An der terrestrischen Sendestation erfolgen lediglich der digitale Laufzeitausgleich der Satellitenzuführung, die OFDM-Modulation, die Umsetzung der Basisbandsignale (BB) in die Sendefrequenzlage (K_{SFN}) sowie die Verstärkung und Abstrahlung.

Gegenüber der Zuführung nach Abb. 5.1-6 entfallen die in Abb. 5.1-6 schraffierten Komponenten.

Die Lösung 2 hat die Vorteile:
- Frühe Feld- und Pilotversuche sind möglich
- Geringe Investitionskosten an der Sendestation
- Die reduzierte Komplexität führt zu geringen Ausfallraten und Servicekosten
- Die UPLINK bzw. die Erdefunkstelle kann der das SFN-betreibenden Rundfunkanstalt/Telekom zugeordnet werden
- An der terrestrischen Sendestation erfolgt kein Codec- oder Faltungsprozeß, so daß die bitsynchrone Abstrahlung – den Laufzeitausgleich vorausgesetzt – à priori erfüllt wird.

Demgegenüber ergeben sich folgende Nachteile:
- Paralleler SDE mit reduzierter Programmanzahl pro Transponder ist nur möglich, wenn der Consumer-Satelliten-Empfänger die terrestrische Codierung (also auch den inneren Interleaver) verarbeitet.
- Nur teilweise Belegung der Transponderbandbreite:
  z.B. bei 16QAM, Code Rate=3/4, Δ/T_U=1/4 beträgt die Nettodatenrate 14,93 Mbit/s, die Bruttodatenrate 24,35 Mbit/s; daraus genutzte Bandbreite ca. 17 MHz (Nutzung der Restbandbreite über SCPC möglich).
- Kettenschaltung zweier technischer Medien:
  im obigen Fall beträgt S/N (Terr.) = 16,7 dB im Rayleigh-Kanal bei BER = $2 \cdot 10^{-4}$ (Ausgang Viterbi-Decoder) bzw. BER= $1 \cdot 10^{-11}$ (Transport-Multiplex).

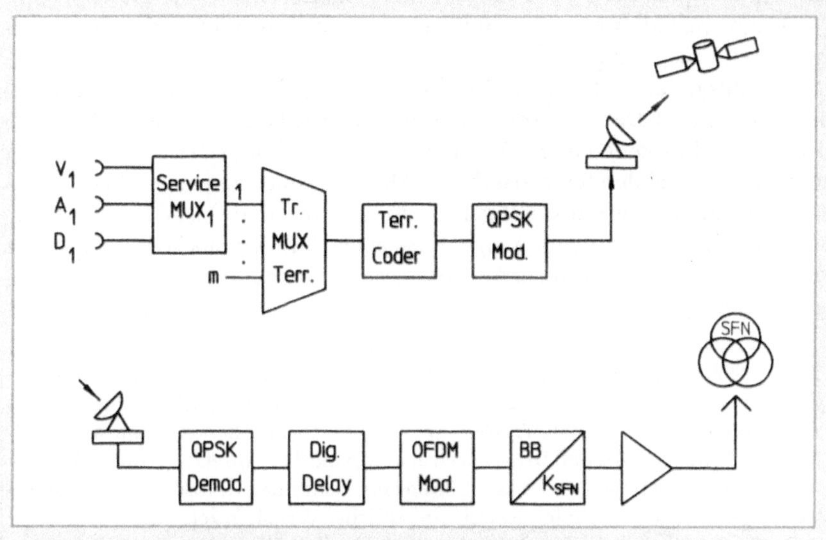

Abb. 5.2-1 Alternative 1, Programmzuführung mit der Terrestrik-Codierung vor der UPLINK

Zu der Kettenschaltung zweier technischer Medien wird darauf hingewiesen, daß dabei der Satellitenkanal speziell zur Programmzuführung ausgelegt wird; mit einer verbesserten Satelliten-Empfangsanlage (z. B. 3-m-Spiegeldurchmesser), wie sie bei Rundfunkanstalten durchaus üblich ist und entsprechenden Demodulationseinrichtungen an den terrestrischen Sendestationen des Gleichwellennetzes. Durch diese Maßnahme ist es zulässig die Satellitenstrecke im Vergleich zum terrestrischen Kanal in bezug auf die BER als Fehlerquelle 2. Ordnung anzunehmen.

Das analoge Programmzuführungsprinzip nach Abb. 5.2-2 ist insbesondere gedacht im Hinblick auf Feldversuche mit regionalen oder landesweiten Gleichwellennetzen im Vorfeld einer industriellen Entwicklung der Infrastruktur sowie der Consumer-Empfänger. Die terrestrische Codierung und Modulation erfolgt an der Erdefunkstelle. Das analoge OFDM-Signal wird als Pseudo-Video-Signal mit 8 MHz Bandbreite in herkömmlicher FM-Technik mit Pre- und Deemphase über Satellit (z. B. 30/20-GHz-Kopernikus) übertragen. An der terrestrischen Sendestation erfolgt neben dem Umsetzungs-, Verstärkungs- und Abstrahlungsprozeß lediglich der Laufzeitausgleich mit digitaler Verzögerung über A/D- und D/A-Umsetzer. Durch die vollständige zentrale Signalaufbereitung ist die bitsynchrone Abstrahlung vom Prinzip her gegeben.

Das Prinzip der Zuführung des analogen OFDM-Signals über Satellit basiert auf der herkömmlichen Übertragung des PAL-Signales in FM-Technik (Abschn. 2.2).

Durch die Hinzunahme von ADR entsteht für das analoge Basisbandsignal eine dichte spektrale Belegung mit einer Bandbreite von 9 MHz.

Das OFDM-Signal bei DVB-T hat 7,61-MHz-Bandbreite bei 8K-Transformationslänge bzw. 7,64 MHz bei 2K. Damit kann von einer ausreichenden Transponderbandbreite ausgegangen werden.

Das Verfahren der analogen OFDM-Übertragung über Satellit wurde erstmalig bei DAB erprobt. Dabei wurden im Rahmen eines Feldversuches in Deutschland vier DAB-Blöcke in einen TV-Kanal gepackt und über den Kopernikus als Pseudo-Videosignal den terrestrischen DAB-Sendestationen zugeführt.

Mit Bezug auf den betreibsmäßigen Crestfaktor (ca. 10 dB) ist das DVB-T-Signal mit demm DAB-Kombinationssignal, bestehend aus vier Blöcken, vergleichbar.

Auch bei diesem Verfahren wird die professionelle Satellitenempfangseinrichtung zugrunde gelegt.

Bei der technischen Realisierung des Laufzeitausgleiches scheiden wegen der Größe der auszugleichenden Laufzeit von ca. 3 ms analoge Laufzeitglieder aus. Als Lösung bietet sich eine digitale Verzögerung über FIFO-Speicherketten mit vor- und nachgeschaltetem A/D- und D/A-Umsetzer an. An die den Umsetzern vor- und nachzuschaltenden analogen Tiefpässe müssen keine extremen Anforderungen gestellt werden, sofern sie nur ein landesweit einheitliches Verhalten zeigen.

Da das Signal nach der Laufzeitverzögerung in digitalisierter Form vorliegt, bietet sich eine digitale Umsetzung auf eine Zwischenfrequenz im Bereich 30–40 MHz an, da für diesen Frequenzbereich A/D-Umsetzer mit der notwendigen Auflösung verfügbar sind und die Filterung digital erfolgen kann.

Es muß allerdings die Abtastfrequenz des Verzögerungsgerätes an die Umsetzfrequenz mit angebunden werden, da sie in die ZF-Frequenz eingeht [5.3]. Für die Frequenzanbindung bietet sich das GPS-System an (Abschn. 8.1).

Die technischen Parameter der digitalen Laufzeitverzögerung sind:

- *Auflösung/Wortbreite der A/D-D/A-Umsetzer und Speicher*
Unter Berücksichtigung des durch den A/D-Umsetzungsprozeß entstehenden Quantisierungsrauschens je OFDM-Einzelträger wurde eine Auflösung von 12 bit ermittelt. In diesem Wert ist berücksichtigt, daß durch das Quantisierungsrauschen die effektive Reichweite des terrestrischen Signals infolge des Empfängerrauschens am Rande des Übertragungsgebietes nicht nennenswert beeinträchtigt wird.

- *Abtastfrequenz*
Die Abtastfrequenz muß mindestens das Zweifache der höchsten Signalfrequenz (8 MHz) betragen und genügend Spielraum für das analoge Vorfilter bieten. Dazu ist ein Overhead von 20 % anzusetzen, so daß sich 20 MHz als Mindestwert ergeben. Andererseits soll die Abtastfrequenz nicht zu hoch liegen, um den notwendigen Speicher nicht unnötig zu vergrößern.

- *Speichergröße*
Die Speichergröße errechnet sich aus:

$$M = W \cdot T \cdot f_a$$

und ergibt sich mit

W = Wortbreite (12 bit)
T = Signalverzögerung (3,2 ms)
f_a = Abtastfrequenz (20 MHz)

zu M = $12 \cdot 64$ kbit = 0,8 Mbit

– *Digitales Filter*
Bei Abtastung mit 20 MHz läßt sich die erste Wiederholung des Basisbandspektrums (0,4 bis 8 MHz) im Bereich von 32 bis 39,6 MHz in Kehrlage relativ leicht vom Basisband und oberen Seitenband trennen und über einen 40-MHz-D/A-Umsetzer als ZF-Signal ausgeben (digitale ZF-Modulation von Videosignalen) [5.4].

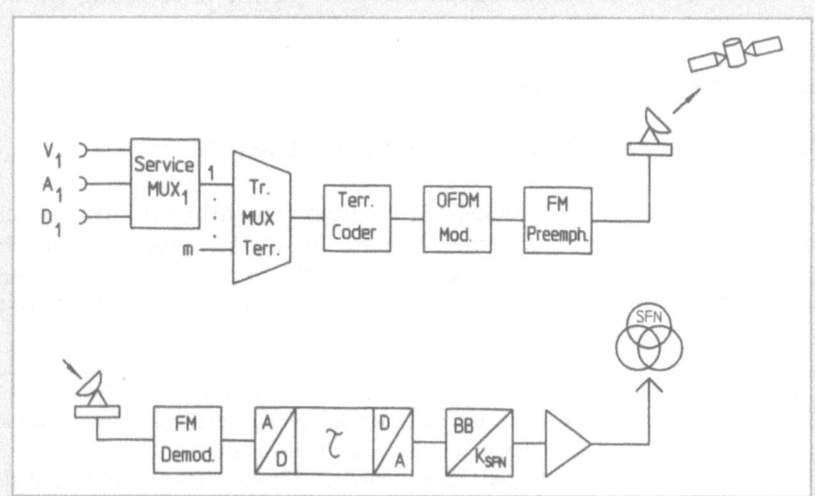

Abb. 5.2-2 Alternative 2, Analoge Programmzuführung des OFDM-Signals über Satellit

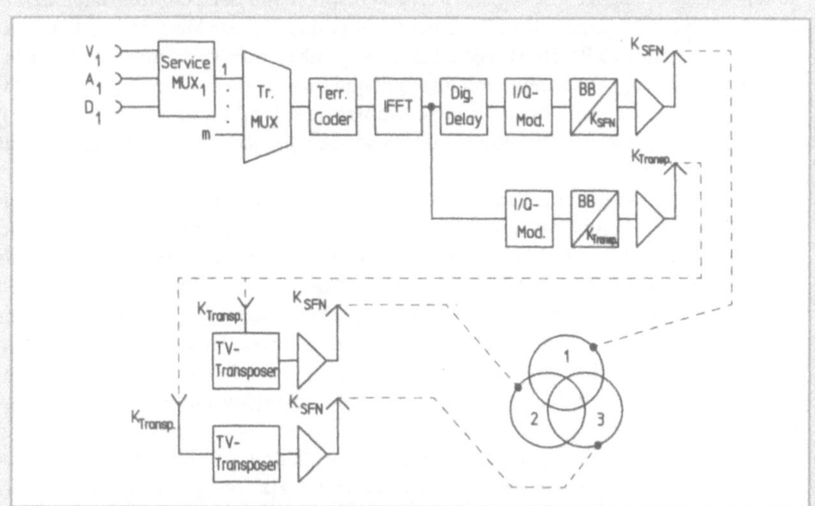

Abb. 5.2-3 Alternative 3, Programmzuführung über analoge TV- Umsetzertechnik

Ohne zweites technisches Medium kommt die Alternative 3 für Feldversuche mit lokaler Versorgung (z.B. drei Gleichwellensender) aus (Abb. 5.2-3). Die digitale und analoge Aufbereitung erfolgt zentral, die Programmzuführung über die herkömmliche analoge Umsetzertechnik. In den gegebenen TV-Umsetzern muß lediglich die Leistungsregelung auf das OFDM-Signal adaptiert werden. Der digitale Laufzeitausgleich erfolgt einmalig in der direkten Strecke zu K_{SFN} unter der Voraussetzung, daß die beiden Umsetzerstrecken gleiche Verzögerung haben.

5.3
Pragmatische Realisierungsansätze

a) Systemtechnische Basis des eingeführten DSR-Verfahrens

Ein kurzfristig realisierbares Modell zur Programmzuführung zu Gleichwellennetzen im Rahmen der landesweiten (europaweiten) Unterstützung von Feld- und Pilotversuchen (nach den Lösungen gemäß Abschn. 5.1, Abb. 5.1-6 und Abschn. 5.2, Abb. 5.2-1), ist der Einsatz der in Teilen Europas eingeführten DSR-Technik (Digital Satellite Radio).

Der Betrieb des digitalen Hörfunks wurde 1990 über die Erdefunkstelle der Telekom in Usingen bei Frankfurt und den Direktempfangssatelliten TV-SAT2 sowie den Kommunikationssatelliten KOPERNIKUS für die Bundesrepublik Deutschland aufgenommen (ab 1995 nur noch Kopernikus). Die Programmanbieter beim digitalen Hörfunk sind ARD und private Programmveranstalter. Das Programmsignal wird am Studioausgang im Basisband übergeben und mit dem DS1-Coder (Digital Sound 1 Mbit/s [5.5, 5.6]) in einen seriellen Datenstrom gemäß der DS1-Spezifikation gewandelt. Zwei solcher DS1-Signale werden entsprechend der 2-Mbit/s-Datenhierarchie der Telekom in einem DS2-Datenkanal über das digitale Modulationsleitungsnetz zur Erdefunkstelle übertragen. Ein Datenmultiplexer verkämmt dort 16 DS1-Signale und erzeugt zusammen mit Rahmensynchronworten zwei 10,24-Mbit/s-Datenströme. Diese werden über einen Scrambler dem Modulator zugeführt, der den ZF-Träger mit 4-PSK-Modulation abgibt. In der Satellitensendeeinrichtung wird das 4-PSK-Signal in die Sendefrequenzlage umgesetzt.

Die Satelliten-Rundfunk-Empfangseinrichtung für den Direktempfang des digitalen Hörfunks besteht aus einer Außen- und einer Innenbaugruppe. Die Außeneinheit enthält die Parabolantenne und den Umsetzer in die 1-GHz-Ebene (950 bis 1350 MHz). Die 1-GHz-Verteilung zum Empfänger wird bei Einzelempfang und kleinen Gemeinschaftsantennenanlagen eingesetzt. Sonst erfolgt die Frequenzumsetzung auf 118 MHz zentral in der Inneneinheit durch ein Vorsatzgerät. Neben dem Direktempfang der Satelliten-Signale über Einzel- oder Gemeinschaftsantennenanlagen sind natürlich der Empfang in einer Kabelkopfstation und die Signalverteilung über das Breitbandkommunikationsnetz von Bedeutung. Die Telekom hat für die direkte Zuführung des 14-MHz-breiten digitalen 4-PSK-Signals zum Empfänger zwei TV-Sonderkanäle (S2 + S3, 118 ± 7 MHz) festgelegt. Durch Einsatz eines Datenreduktionsverfahrens wie z.B. MUSICAM kann die Kapazität bei DSRplus auf z.B. 64 Programme ohne Qualitätseinbuße erhöht werden.

Das Standard-DSR-Verfahren mit professionellen Sende- und Empfangsgeräten kann als transparentes Punkt-zu-Fläche-Versorgungssystem mit der Kapazität 20 Mbit/s betrachtet werden (Schnittstelle 2 · 10,24 Mbit/s). Reicht diese Kapazität für den Einsatz zur Versorgung von terrestrischen Gleichwellennetzen nicht aus, kann per Modifikation der Sende- und Empfangsgeräte die Datenrate und damit die Bandbreite erhöht werden.

b) Erhöhte Datenkapazität über Modulationsarten mit 4 bit pro Symbol

Ein zweiter Ansatz zur Datenkapazitätserhöhung folgt dem Ziel der ökonomischen Transpondernutzung beim professionellen Einsatz der Programmzuführung zu terrestrischen Gleichwellennetzen. Dabei wird mit der Modulationshöhe 4 bit/Symbol – statt 2 bit/Symbol wie bei QPSK – bei gleicher Frequenzbandbreite die doppelte Bruttodatenrate übertragen. Die damit verbundene S/N-Degradation wird über eine verbesserte Satelliten-Empfangsanlage (z.B. 3 m Spiegeldurchmesser) und professionelle Demodulations- und Decodiereinrichtungen an den terrestrischen Sendestationen des Gleichwellennetzes kompensiert. Dabei müssen sich die erhöhten Investitionsaufwendungen an den Sendestationen gegen die verringerten Datenübertragungskosten rechnen [5.7].

Es erhebt sich die Frage nach der Modulationsart in Verbindung mit der nichtlinearen Übertragungskennlinie des Transponders.

Der nächste Schritt zu QPSK ist der Einsatz der 8PSK- oder 16PSK-Modulation. Der Nachteil bei 8PSK liegt darin, daß die resultierende Datenrate lediglich

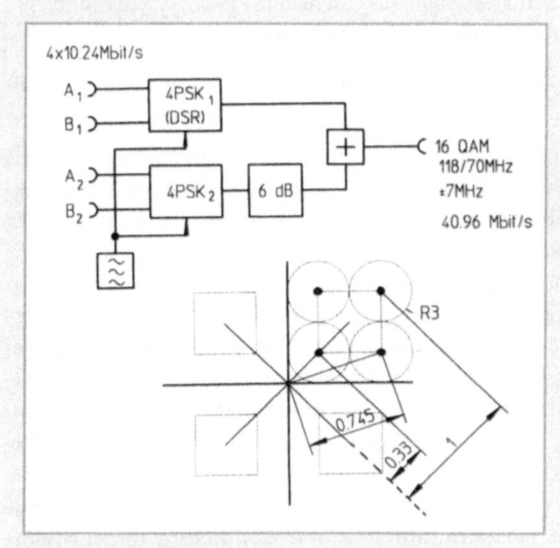

Abb. 5.3-1 Blockschaltbild und Vektordiagramm für 16 QAM, im Beispiel für doppelte DSR-DAtenrate

dem 1,5fachen Wert entspricht. Bei 16PSK erzielt man die doppelte Datenrate, jedoch ergibt sich ein etwa um 3,5 dB höherer Anspruch an C/N gegenüber einer 16QAM-Modulation. Abbildung 5.3-1 zeigt die Realisierung der 16QAM im Beispiel für doppelte DSR-Datenrate (40,96 Mbit/s). Es werden zwei 4PSK-Modulatoren benötigt, wobei das Ausgangssignal eines 4PSK-Modulators um 6 dB gedämpft wird. Über die Addierstufe entsteht das Vektordiagramm nach Abb. 5.3-1 unten, wobei die Modulationspunkte innerhalb eines Quadranten und zum benachbarten Quadranten äquidistant sind.

Eine Alternative zu 16QAM stellt die sogenannte *8PSK/2AM-Modulation* dar. Sie ergibt sich durch einfache vektorielle Addition der Ausgangssignale zweier 4PSK-Modulatoren nach dem DSR-Prinzip (Abb. 5.3-2) [5.8]. Am Ausgang der Addierstufe entsteht ein Signal mit acht Phasenlagen und zwei Amplitudenstufen, entsprechend dem Amplitudenverhältnis der beiden Diagonalen in einem gleichseitigen Parallelogramm mit den Winkeln 45° und 135° (Abb. 5.3-3). Das Vektordiagramm für die 8PSK/2AM ist in Abb. 5.3-4 dargestellt. Der innere Modulationskreis ist gegenüber dem äußeren um 7,66 dB, entsprechend 20 log (tan 22,5°) gedämpft.

<table>
<tr><td rowspan="1" style="writing-mode: vertical-rl">Anmerkung</td><td>

– Die Pegelrelation der beiden Modulationskreise läßt sich durch ein geschaltetes Dämpfungsglied für die Modulationspunkte auf dem äußeren Kreis variieren.
– Die 8 PSK/2 AM-Modulation läßt sich in eine reine 8PSK durch eine vorgeschaltete Logik überführen, über die z.B. nur die Modulationspunkte auf dem äußeren Kreis angesprochen werden.
– Die 8 PSK/2 AM läßt sich in eine reine 16PSK wandeln, indem am Signalausgang ein geschalteter Phasenschieber mit 22,5°und ein geschaltetes Dämpfungsglied mit 7,66 dB Dämpfung eingefügt werden. Der geschaltete Phasenschieber und die Dämpfung werden nur bei den äußeren Modulationspunkten wirksam (in Abb. 5.3-2 gestrichelt eingezeichnet).

</td></tr>
</table>

Wie in Abb. 5.3-4 angegeben, haben die Modulationspunkte auf dem äußeren Kreis gegenüber denen auf dem inneren Kreis unterschiedlich große Entscheidungskreise. Dies kann bei der Datenübertragung ausgeglichen werden, indem die der Modulation vorgeschaltete Kanalcodierung die Modulationspunkte auf dem inneren Kreis mit einem höheren Fehlerschutz versieht, als jene auf dem äußeren Kreis. Beträgt der Fehlerschutz FEC z.B. 3/4, so beträgt bei einer Nettodatenübertragungskapazität von 15 Mbit/s die Kapazität für den Fehlerschutz 5 Mbit/s. Zwei Drittel davon, entsprechend 3,3 Mbit/s, könnten für den inneren Kreis, und ein Drittel, entsprechend 1,7 Mbit/s, für den äußeren Kreis eingesetzt werden. Diese – im Sinne der Modulationspunkte – „Unequal Error Protection" benötigt für die zwei Klassen von Modulationspunkten nur einen geringen Anteil an Organisationsbits.

Die Realisierung der 8PSK/2AM-Modulation kann für Labor- und Feldversuche in einfacher Weise mit zwei Serienmodulen Coder/Modulator, mit der Ergänzung eines 45°-Phasenschiebers für die Trägerfrequenz sowie mit einer einfachen Additionsstufe für die Vektoren in den beiden um 45°-gedrehten Vektordiagram-

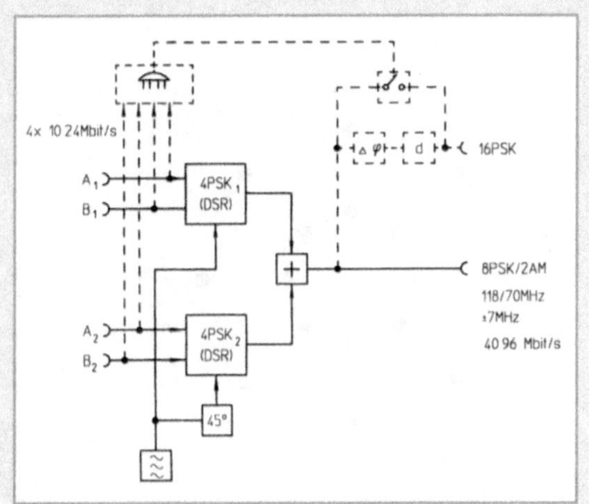

Abb. 5.3-2 Die 8PSK/2AM-Modulation, im Beispiel für doppelte
DSR-Datenrate

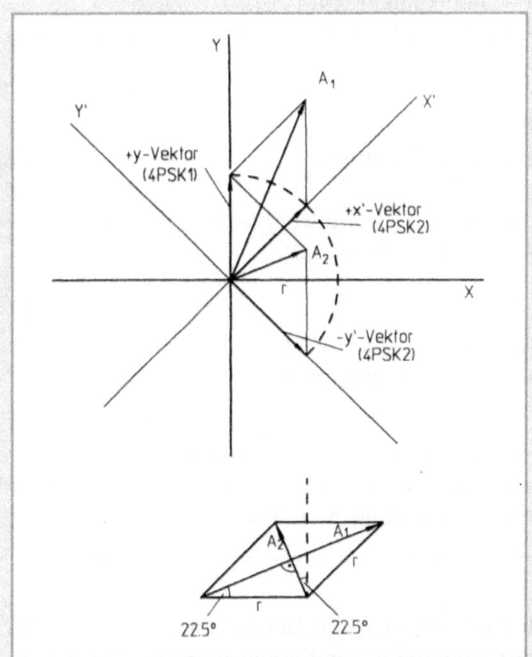

Abb. 5.3-3 Ableitung des Vektordiagramms für 8 PSK/2 AM

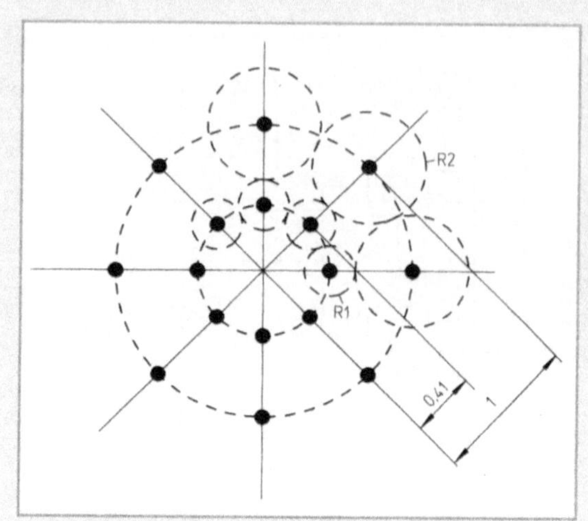

Abb. 5.3-4 Vektordiagramm mit Entscheidungskreisen für 8 PSK/2 AM

men durchgeführt werden. Für den professionellen Betrieb ist eine nach dem Schaltungsaufwand optimierte Lösung angebracht [5.9].

Beim Vergleich von 16QAM und 8PSK/2AM müssen zumindest drei Kriterien berücksichtigt werden:
– das notwendige C/N
– die Echoempfindlichkeit und
– die Aussteuerung der Leistungsverstärkerstufen

Ein Vergleich der 8PSK/2AM mit der 16QAM ergibt hinsichtlich des notwendigen „C/N" einen geringen Vorteil für die 16QAM [5.10]:
– 16 QAM   =   20,5 dB
– 8 PSK/ 2AM =   21,2 dB
                 18,9 dB äußere Modulationspunkte
                 26,5 dB innere Modulationspunkte

<table>
<tr><td>Anmerkung</td><td>Natürlich kann die 8 PSK/2 AM auch als reine 8PSK mit entsprechender C/N-Verbesserung gegenüber 16 QAM und einem zusätzlichen Datenkanal gleicher Kapazität mit um ca. 7,5 dB geringerem C/N angesehen werden.</td></tr>
</table>

Hinsichtlich der Echoempfindlichkeit läßt sich ein Nachteil des QAM-Verfahrens erkennen, da dabei 12 Phasenzustände und 3 Amplitudenzustände vorliegen, gegenüber 8 Phasenzuständen und 2 Amplitudenzuständen bei 8 PSK/2 AM (Tabelle 5.3-1).

Ein weiteres Kriterium für den Vergleich der beiden Modulationsarten ist das Verhalten bei der nichtlinearen Übertragung über die Wanderfeld-Röhre des Leistungsverstärkers in einem Transponder (*TWTA: Travelling Wave Tube Amplifier*). Aus Abb. 5.3-5 ist zu entnehmen, daß bei 16QAM die TWTA nicht voll ausgesteuert werden kann. Selbst bei Aussteuerung mit halber maximaler Eingangsleistung ergibt sich eine nichtlineare Übertragung nach Abb. 5.3-6.

Tabelle 5.3-1 Digitale Modulationsverfahren im C/N-Vergleich [5.10, 5.11]

	Amplituden-Zustände	Phasen-Zustände	Modulations-punkte	"C/N" in dB praktisch für $p_e = 10^{-6}$	
2PSK	1	2	2	10,7	
4PSK	1	4	4	13,7	
8PSK	1	8	8	18,8	
16PSK	1	16	16	24,0	
16QAM	3	12	16	20,5	
32QAM	5	28	32	24,0	
64QAM	9	52	64	27,0	
8PSK/2AM	2	8	16	18,9	äußere 8PSK
				26,5	innere 8PSK

p_e = mittlere Bitfehlerwahrscheinlichkeit

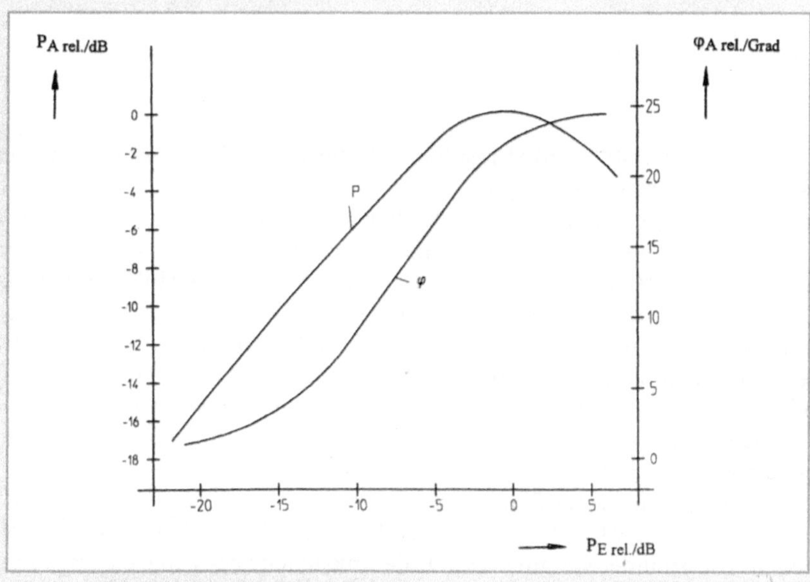

Abb. 5.3-5 Leistungs- und Phasenkennlinie eines TWTA

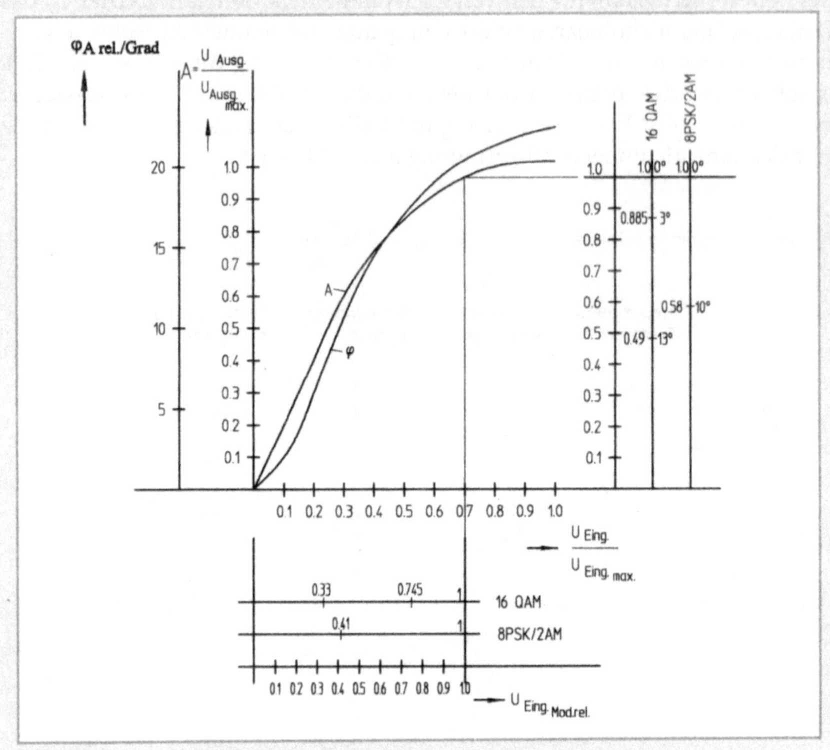

Abb. 5.3-6 T16QAM- und 8PSK/2AM-Signal über Transponder mit TWTA bei halber maximaler Eingangsleitung

Bei der Modulation 8PSK/2AM resultiert ein besseres Übertragungsverhalten nach Betrag und Phase (Abb. 5.3-6) [5.12].

Dem nichtlinearen Übertragungsverhalten kann natürlich durch Kompensationsmaßnahmen entgegengewirkt werden. Eine Möglichkeit ist die Vorentzerrung in der Satellitensendeeinrichtung unter der Annahme stabiler Verhältnisse. Bei einer Drift der Transponder-Nichtlinearität ist eine automatische Regelung der Vorentzerrung über einen Satelliten-Empfänger einzusetzen. Dennoch hat ein Modulationsverfahren mit weniger Amplituden- und Phasenstufen im nichtlinearen Übertragungskanal Vorteile. Dies ist auch aus den Abb. 5.3-7 und 5.3-8 ersichtlich, in welchen die Entscheidungskreise bei nichtentzerrter Übertragung abgeleitet sind.

Zur Versorgung mehrerer Gleichwellennetze über einen Transponder kann die SCPC-Technik (Single Channel per Carrier) angewendet werden. Dabei wird ein Satelliten-Transponder von mehreren Erdefunkstellen angesteuert. Dies kommt der heutigen Föderalstruktur der Rundfunkanstalten mit weitgehend autarken Netzen zwischen Programmquellen und den TV-Teilnehmern entgegen.

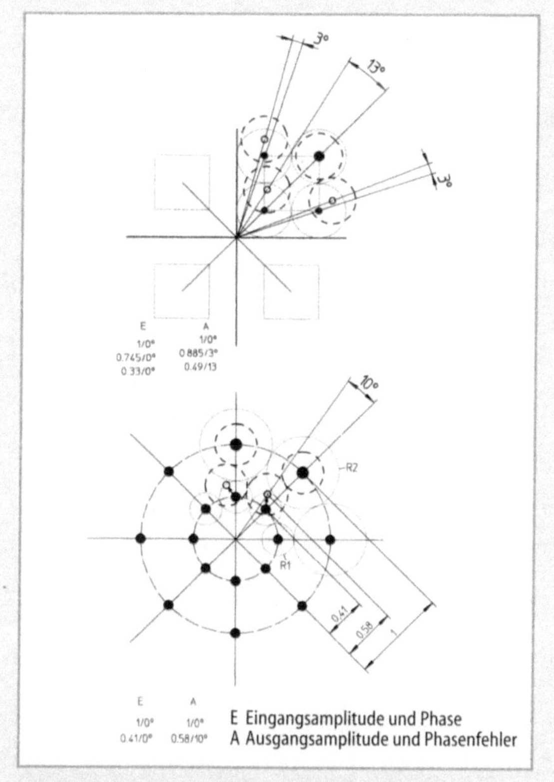

Abb. 5.3-7 und 5.-8 16 QAM udn 8 PSK/2 AM nach Transponder mit TWTA (oben, 16 QAM)

Die Basiskapazität für ein SCPC-Signal kann dann im Beispiel der Anwendung des DSR-Prinzips 10,24 Mbit/s oder 20,48 Mbit/s sein. Statt des Transponders mit 27-MHz-Bandbreite kann auch eine breitbandigere Version eingesetzt werden (z.B. 36 MHz oder 70 MHz).

Im Rahmen einer systemtechnischen Darlegung der Programmzuführung zu terrestrischen Gleichwellennetzen über Satellit wurden in diesem Kapitel zum einen Zielvorstellungen für den DVB-T-Regelbetrieb aufgezeigt, zum anderen pragmatische Modelle und ihre Einsatzmöglichkeit bei der sukzessiven Implementierung vorgestellt. Diese Modelle können mit der eingeführten bzw. in Richtung einer effizienten Nutzung des Kanals noch verbesserten Satellitenübertragungstechnik durchaus realisiert werden.

Damit entsteht der Freiraum, sich in der weiteren Forschungs- und Entwicklungsarbeit auf die Problemstellungen zu konzentrieren, die sich im Bereich des terrestrischen Kanals ergeben.

6 Technik terrestrischer DVB-Sender

Zur Vorbereitung von Feld- und Pilotversuchen – insbesondere mit Versorgungs-flächen im Gleichwellenbetrieb – werden DVB-Sender benötigt, die noch nicht im Rahmen industrieller Fertigung zur Verfügung stehen. Vielmehr werden die-se Sender, vornehmlich was den Leistungsverstärker betrifft, von vorhandener Technik abgeleitet. Es wird deshalb in diesem Kapitel die Adaption und Ent-zerrung der Tetroden- und Solid-State-Verstärker aus der analogen Fernsehsen-dertechnik für OFDM-Signale dargelegt. Des weiteren werden Voruntersuchun-gen zur Entwicklung des OFDM-Modulators gemäß der DVB-T-Spezifikation so-wie für Patterndiagramme nach neuen Optimierungskriterien durchgeführt. Da-bei wird ein Ansatz zur Realisierung des digitalen I/Q-Modulators gezeigt.

Weiter wird die hierarchische Codierung/Modulation bei 64 QAM hinsichtlich der Bitfehlerrate analysiert, und schließlich werden Dimensionierungskriterien abgeleitet.

6.1
Entwurf zur Entwicklung des OFDM-Modulators

a) 8K-/2K-IFFT und digitale I/Q-Modulation

Eine IFFT-Prozessorschaltung, die eine 8K-Transformation in der zugeordneten Symboldauer realisiert, verarbeitet auch den 2K-Algorithmus in einem Viertel der 8K-Symboldauer. Die Datenmenge und Clockrate am Ausgang des IFFT-Prozes-sors ist bei beiden Übertragungsmodi gleich. In der folgenden Vordefinition zur Ent-wicklung des OFDM-Modulators für DVB-T wird daher die 8K-Transformations-länge zugrunde gelegt und damit der spezifizierte 2K-Modus implizit erarbeitet.

Der OFDM-Modulator, dessen Prinzip in Abb. 3.4-2 dargestellt ist, mit *8K-IFFT*, kann durch Parallelisierung in Form von vier 2K-Modulatoren mit der 8K-Sym-boldauer realisiert werden. Die zugehörigen Frequenzblöcke sind dabei im TV-Kanal aneinander zu reihen.

Geeignete FFT-Bausteine für 2K sind der Signalprozessor DSP 56001 von Mo-torola, der Typ PDSP 16510 von Plessey sowie die beiden Bausteine HDSP 66110 und HDSP 66210 von MicroARRAY (früher Honeywell). Als Digital/Analog-Con-verter kommt der Typ HDAC 52160 von SPT in Frage, der 16-bit-Auflösung be-sitzt, wobei in dieser Anwendung 12 bit ausreichend sind.

Durch die Wahl von N = 6817 statt 8K-Träger kann analog bei einer 2K-IFFT am Ausgang des D/A-Umsetzers ein Aliasing-Tiefpaßfilter mit unkritischer Flankensteilheit eingesetzt werden. Allerdings müssen die Aliasing-Filter für I und Q gleiche Charakteristik haben. Auch bei Einsatz von SAW-Filtern ist der Phasengleichlauf kritisch. Ein möglicher Ausweg ist die adaptive Entzerrung mit Hilfe von Trainingssequenzen oder die Eingabe des jeweiligen Phasen-Offsets am FFT-Baustein.

Die frequenzmäßige Lage des OFDM-Paketes am Ausgang des Modulators kann mit der Oszillatorfrequenz des I/Q-Modulators zur einfachen Addition und Aneinanderreihung z. B. der vier OFDM-Pakete bestimmt werden.

Der Ansatz über 4 · 2 K-IFFT gestattet es, auch den I/Q-Modulator digital aufzubauen. Dabei wird als Trägerfrequenz das Äquivalent der vierfachen Abtastrate benutzt. Dann ergeben sich für die Cosinus-Komponente des Trägers die Zahlenfolgen 1,0,-1,0... und für die Sinus-Komponente 0,1,0,-1.... Die Modulation im I- und Q-Zweig sowie die nachfolgende Addition können damit durch eine Multiplikation mit 0, 1 und -1, d. h. durch eine Umschaltung zwischen beiden Pfaden und in den Fällen -1 durch eine Invertierung des Ausgangswertes abgebildet werden.

Die digitale Lösung vermeidet die Nachteile des analogen I/Q-Modulators: Die auf die IFFT folgende D/A-Umsetzung, die Alias-Filterung und die Mischung und Addition der Signale von Inphase- und Quadraturpfad müssen mit hohem Abgleich- und Regelaufwand symmetrisch erfolgen, um Störmischprodukte zu unterdrücken.

Bei der digitalen Modulation ergibt sich über die in jedem Fall nötige Umsetzung in den ZF-Bereich ein unerwünschtes Seitenband, das aber mit SAW-Filtern unterdrückt werden kann.

Der digitale I/Q-Modulator hat aber auch nachteilige Konsequenzen: Um für jeden Multiplikator des Trägersignals auch den korrespondierenden Wert der IFFT zu haben, müssen eine vierfache IFFT und die D/A-Umsetzung mit 8,192-MHz-Taktrate durchgeführt werden.

Die direkte 8K-Realisierung wird durch die jüngste FFT/DSP-Technologie der Firma *Sharp* mit dem *Prozessor Typ LH 9124* (Tabelle 6.1-1) ermöglicht. Er führt eine komplexe 1K-Transformation in $<$ 100 µs und eine komplexe 4K-Transformation in $<$ 400 µs durch. Der Prozessor realisiert eine 8K-IFFT über den sogenannten Mixed-Radix-Algorithmus in vier Durchläufen in 820 µs. Die Ergebnisse der Transformationen werden in einem Ausgangsregister zwischengespeichert. Am Ende des Modulationsschrittes stehen die äquidistanten Abtastwerte der Zeitebene parallel zur Verfügung.

Mitte 1995 kündigte CNET (Centre National d'Etudes des Télécommunications) die Prototypen des ersten Single Chip für die FFT bis zu 8K-komplexen Punkten an [6.2]. Der *Baustein HCMOS5* in CMOS-0,5 µ-Technologie enthält auch den Speicher für 16K-Worte und verarbeitet bei einer Eingangsabtastfrequenz bis zu 20 MHz die 8K-FFT mit einer Pipeline-Architektur in 410 µs (2K in 103 µs). Es können die Betriebsarten Direct-FFT (X_n) und Inverse-FFT ($-1^n X_n$) gewählt werden. Der Einsatz im OFDM-Modulator für die professionelle Senderapplika-

Tabelle 6.1-1 Benchmark für die Durchführungszeit einer komplexen 1K-FFT [6.1]

Prozessor	Zeit	Genauigkeit	Faktor
80386 (20 MHz)	200 ms	16-Bit-Festkomma	1
TMS 320C25	15,8 ms	16-Bit-Festkomma	12,6
TMS 320C30	2,5 ms	32-Bit-Fließkomma	80
ADSP2100 (8 MHz)	7 ms	16-Bit-Festkomma	28,6
M 56001	5 ms	24-Bit-Festkomma	40
M 96001	2 ms	32-Bit-Fließkomma	100
CRAY X-MP	1 ms	64-Bit-Fließkomma	200
SHARP LH 9124 (40 MHz)	80 μs	24-Bit-Festkomma	2500

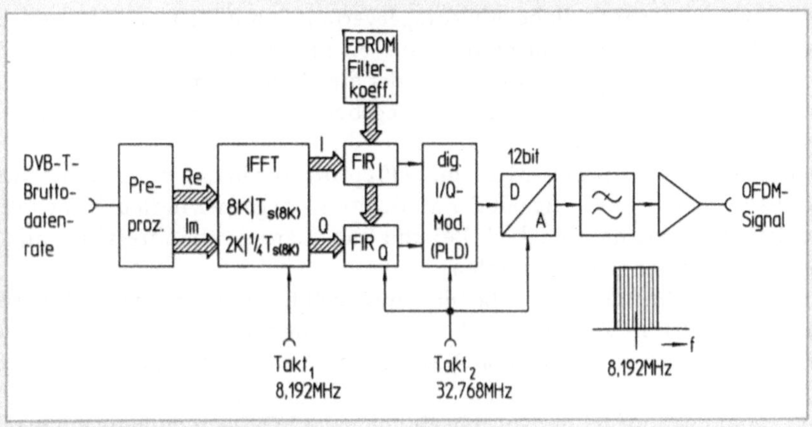

Abb. 6.1-1 Erzeugung des OFDM-Signals mit Oversampling-Verfahren und digitaler I/Q-Modulation

tion ist Gegenstand künftiger Untersuchungen (z.B. im Zusammenhang mit digitaler Entzerrung).

Der dargelegte Entwurf zur Realisierung einer 8K-IFFT mit digitaler I/Q-Modulation ist wegen der vierfachen Kaskadierung des IFFT-Prozessors sehr aufwendig. Ein neuer Ansatz mit einem Oversampling-Filter ist weniger komplex und somit kostengünstiger (Abb. 6.1-1).

Der Multiträger-Modulator enthält dabei *einen* 8K-IFFT-Prozessor (LH 9124 von Sharp), der entsprechend dem gewählten Übertragungsmodus die spezifizierte 8K- oder 2K-Transformation durchführt. Die Ausgangstaktrate beträgt 8,192 MHz.

Über ein Oversampling-Filter in Form eines FIR-Prozessors (Finite Impulse Response, z. B. L64245 von LSI Logic, [6.13]) werden in der Zeitebene die Zwischenwerte für eine 32K-Transformation interpoliert und eine spektrale Begrenzung durchgeführt.

Die Filterkoeffizienten sind in einem EPROM (Electrical Programmable Read Only Memory) gespeichert. Die Taktrate beträgt 32,768 MHz. Die nachfolgende digitale Quadraturmodulation wird in Form eines PLD's (Programmable Logic Device) ausgeführt. Über den 12-bit-D/A-Umsetzer und die analoge Aliasing-Filterung wird das verstärkte OFDM-Signal erzeugt.

b) Modulator für optimierte Patterndiagramme

Alternativ zu QAM sind Patterndiagramme möglich, die nach neuen Kriterien optimiert werden.

Beispiele für Konstellationsdiagramme ergeben sich aus der Optimierung nach der *Fläche der im Pattern-Diagramm resultierenden Entscheidungskreise* oder der sich aufgrund der Konstellationspunkte ergebenden *mittleren Sendeleistung*. Im folgenden wird die Grundlage hierzu erläutert:

Die Übertragungstechnik bei Multiträgerverfahren mit IFFT und FFT erlaubt die freie Wahl der Modulationspunkte (Abb. 6.1-2) [6.3]. Die Bedingung ist lediglich, daß die Schrittlänge, d. h. die Zeit, in der die Modulationspunkte der einzelnen Träger stabil sind, der Rechenzeit von gegebenenfalls kaskadierten DSP-Schaltungen für eine FFT entspricht.

Der serielle Datenstrom wird in einem Preprozessor in der Weise aufbereitet, daß entsprechend der Wertigkeit der Modulation die gespeicherten, komplexen Modulationspunkte nach Realteil (Re) und Imaginärteil (Im) adressiert und an den IFFT-Prozessor gegeben werden.

Entlang der Schrittlänge wird die IFFT durchgeführt und liefert in der Zeitebene die Abtastwerte in äquidistanten Schritten. Die digitalen I- und Q-Signale werden D/A-gewandelt und in einem I/Q-Modulator in die Hochfrequenzlage umgesetzt.

Die Demodulation im Empfänger beginnt mit der I/Q-Demodulation mittels eines referenzgesteuerten Generators. Die Frequenz- und Phasenreferenz ist im Modulationssignal zeitdiskret enthalten (Referenzsymbol) oder wird aus dem Modulationssignal über eine Mittelung gewonnen.

Die Signale I_A und Q_A werden nach D/A-Umsetzung dem FFT-Prozessor zugeführt. Der FFT-Algorithmus ergibt die komplexen Modulationspunkte der Einzelträger eines Multiträgerpaketes mit äquidistanten Frequenzen. Störungen entlang des Übertragungskanals führen zu einem Versatz oder einer Verwischung des Modulationspunktes innerhalb des Entscheidungskreises. Dieser wird durch die Modulationstechnik vorgegeben. Der Postprozessor ordnet die empfangenen Modulationspunkte den Entscheidungskreisen zu und bestimmt somit das entsprechende Bitmuster. Die Zusammenfügung der einzelnen Daten der Träger gemäß der Schrittfrequenz ergibt den übertragenen Datenstrom.

Die Abb. 6.1-3 zeigt die Überführung der 16- und 64QAM in die 16- und 64COM (*Circle Optimized Modulation*) mit konstanter Aussteuerung aller äußeren Modulationspunkte (*relevant für Linearverstärker-Technik*) sowie in die 16- und 64 POM (*Power Optimized Modulation*) mit – gegenüber 64 QAM – beibehaltenen Entscheidungskreisen. Die Fläche der Entscheidungskreise für die Modulationspunkte bei 16- und 64 COM gegen 16- und 64 QAM vergrößert sich in beiden Fällen um $f_V \approx 35\,\%$. Bei POM ergibt sich eine Reduktion der mittleren Sendeleistung um $P_r = 0{,}47$ dB (16 POM) und $P_r = 0{,}73$ dB (64 POM) gegenüber der 16- und 64 QAM.

Die optimierten Modulationsdiagramme, z. B. POM, verlieren nicht an Wertigkeit über den vermeintlich komplexen Decodieralgorithmus im Empfänger.

Bei 16- und 64QAM können die Zuordnungsfelder der Modulationspunkte in einfacher Form durch Quadrate oder – bei den äußeren Modulationspunkten – nach außen offene Rechtecke ausgedrückt werden. Die Zuordnung erfolgt hier über Boolesche Entscheidungen.

Auch bei POM kann der Decodierprozeß über z. B. Achtecke, die um die Entscheidungskreise gelegt sind und über eine sequentielle Zuordnung mit Look-Up-Tabellen in der geforderten Zeit erfolgen. In dem entwickelten Modell geschieht die Zuordnung der POM-Modulationspunkte in einem getakteten Pipe-Lining-Prozeß mit fünf Schritten. Die Implementierung über eine integrierte Logik führt zu keiner zu beachtenden Erhöhung der Decodierkomplexität.

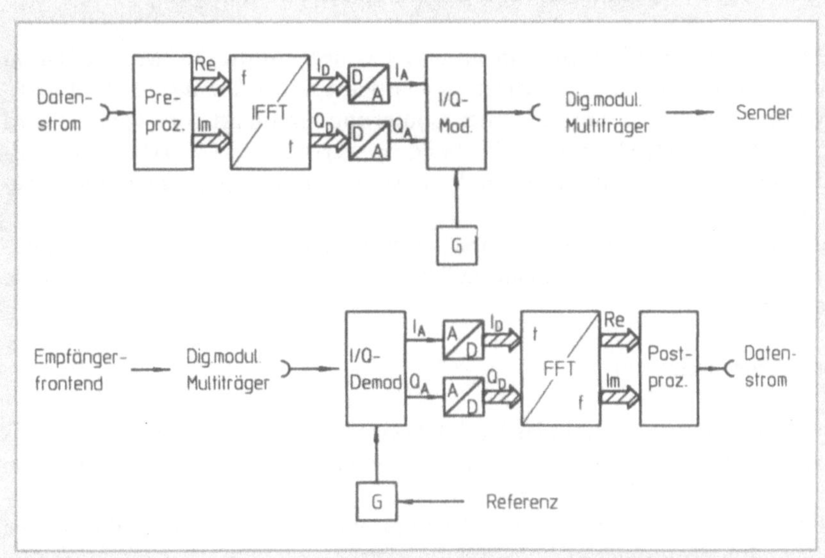

Abb. 6.1-2 Prinzip der digitalen Modulation bei Multiträger-Verfahren mit freier Wahl der Modulationspunkte (Preprozessor)

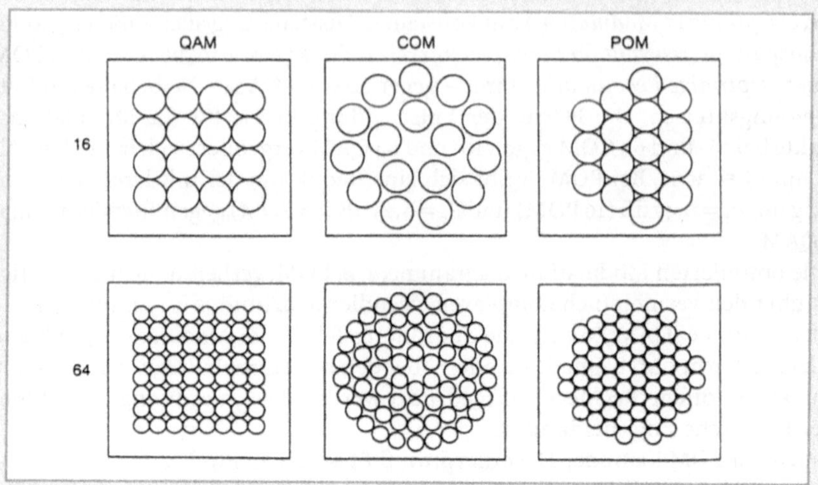

Abb. 6.1-3 Neue Modulationsarten wie COM und POM bei 16- und 64-wertiger Modulation im Vergleich mit QAM (bei CAM und POM sind die dargestellten Entscheidungskreise mit denen der QAM identisch; die vergrößerten tatsächlichen Entscheidungskreise bei COM ergeben sich mit der Einbeziehung der erhöhten Mittelpunktsabstände)

6.2
Dimensionierungsparameter für die hierarchische Übertragung

Die DVB-T-Spezifikation (Abschn. 4.1 und 4.2) sieht für die OFDM-Modulation QPSK, 16 QAM und 64 QAM vor. Daneben wird *Multi-Resolution-QAM* (MR-QAM) zum Zwecke der hierarchischen Codierung vereinbart. Im folgenden wird am Beispiel der 64 QAM eine vergleichende Bewertung von MR-QAM und Standard-QAM hinsichtlich der BER auf der Basis Tool-gestützter Simulation vorgenommen.

Zu diesem Abschnitt wurden die Ansätze in [6.11] in Hinsicht auf die im Dezember 1995 verabschiedete Spezifikation DVB-T überarbeitet und neue Ergebnisse abgeleitet.

a) Simulationsprogramm

Die 64-MR-QAM ist ein digitales Modulationsverfahren, bei dem jedes Signal einen Informationsgehalt von 6 bit besitzt. Der eingehende Datenstrom wird durch eine Seriell-Parallel-Umsetzung in eine Hex-bit-Folge umgewandelt. Jeder Hex-bit-Kombination wird über eine Codierungstabelle eine bestimmte Phasenlage und Amplitude zugewiesen.

Für die Generierung einer 64-MR-QAM wird das Prinzip der Superpositonsmethode angewendet (Abb. 6.2-1).

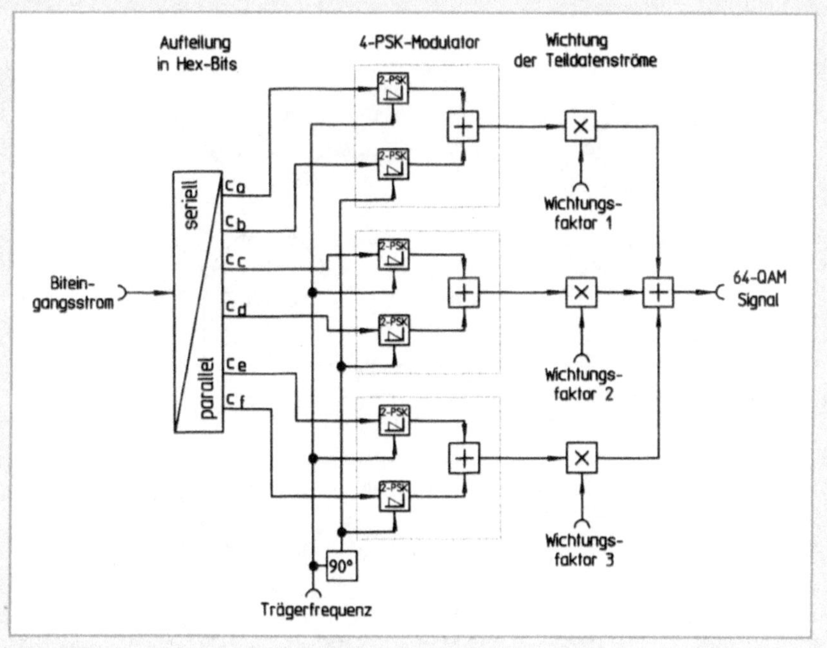

Abb. 6.2-1 Erzeugung der 64-MR-QAM nach Superpositionsmethode

Zunächst werden aus dem Eingangsdatenstrom sechs parallele bit-Sequenzen $c_a(t)$, $c_b(t)$, $c_c(t)$, $c_d(t)$, $c_e(t)$ und $c_f(t)$ gebildet und jeweils zwei einem 4-PSK-Modulator zugeführt. Die Modulationsprodukte werden gewichtet, wobei das erste die höchste Priorität mit dem Wichtungsfaktor 1 besitzt. Das zweite Modulationsprodukt wird gegenüber dieser Wichtung um mindestens 6 dB gedämpft, wie auch das dritte gegenüber dem zweiten. Die gewichteten Modulationsprodukte werden additiv überlagert und ergeben das 64-MR-QAM-Signal im Beispiel nach Abb. 6.2-2.

Die resultierenden Vektoren setzen sich zusammen aus dem ersten Modulationsprodukt mit den Komponenten

$$c_a + c_b = \pm\frac{2}{3} \pm j\frac{2}{3},$$

dem um 9,5 dB abgeschwächten zweiten Modulationsprodukt mit den Komponenten

$$c_c + c_d = \pm\frac{2}{9} \pm j\frac{2}{9},$$

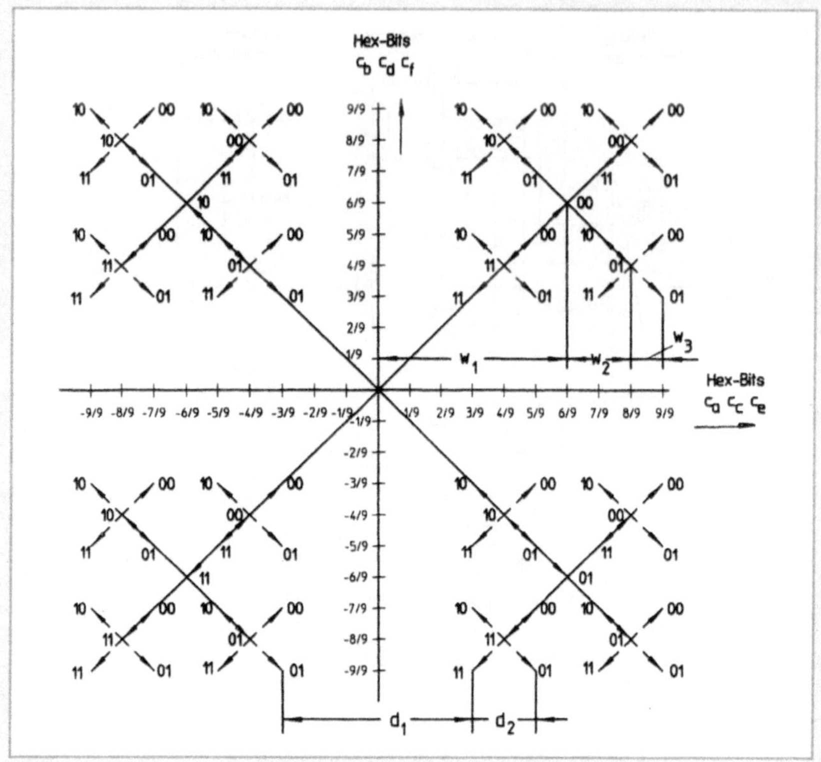

Abb. 6.2-3 Zeigerdiagramm einer 64-MR-QAM beim Verfahren der Superpositionsmethode

und dem um weitere 6 dB abgeschwächten dritten Modulationsprodukt mit den Komponenten

$$c_e + c_f = \pm\frac{1}{9} \pm j\frac{1}{9}.$$

Aus dieser Konstellation wird deutlich, daß die Hex-bits $c_a(t)$ und $c_b(t)$ den Quadranten festlegen, während die Hex-bits $c_c(t)$, $c_d(t)$, $c_e(t)$ und $c_f(t)$ lediglich die Position innerhalb des Quadranten festlegen.

Bei der Standard-64-QAM sind die Komponenten der Modulationspunkte:

- Modulationsprodukt 1: $c_a + c_b = \pm\dfrac{2}{3} \pm j\dfrac{2}{3}$

- Modulationsprodukt 2: $c_c + c_d = \pm\dfrac{1}{3} \pm j\dfrac{1}{3}$

- Modulationsprodukt 3: $c_e + c_f = \pm\dfrac{1}{6} \pm j\dfrac{1}{6}$

Bei der 64-MR-QAM konzentrieren sich die Signalamplituden in bestimmten Gebieten der komplexen Ebene, den „Wolken". Dadurch ist die Detektion der vier Quadranten und damit die Decodierung der höchstwertigen Hex-bits relativ unkritisch, selbst für den portablen Empfang. Der Empfänger würde diese Modulation als eine 4-PSK mit überlagertem Rauschen auffassen. Stehen jedoch bessere Empfangsbedingungen zur Verfügung, so können auch die anderen Hex-bits, die höhere Störabstände benötigen, decodiert werden. Darin liegt die besondere Bedeutung dieser Modulationstechnik, mit der sich eine hierarchische Übertragung von digitalen Videosignalen realisieren läßt. Für die Systemverifizierung ist es wichtig, Kenntnisse über das Verhalten des Modulationsverfahrens gegenüber Störeinflüssen zu besitzen.

Der umfassende Parameter dabei ist die Bitfehlerhäufigkeit (BER), die sich aus dem Vergleich der empfangenen Bitfolge mit einer gesendeten Referenz-Bitfolge ergibt:

$$\text{Bitfehlerhäufigkeit:} \quad \frac{\text{Zahl der fehlerhaft empfangenen bits}}{\text{Gesamtzahl der empfangenen bits}}$$

Die rechentechnische Umsetzung erfolgt mit Hilfe des Programmpaketes MATLAB der Firma MATHWORKS. Hinsichtlich der zu untersuchenden Störgrößen wurde festgelegt, daß für die Ermittlung der Bitfehlerhäufigkeit nur Störungen durch Rauschen zu berücksichtigen sind. In das Simulationsprogramm sind somit folgende Unterpunkte zu integrieren:
– Erzeugung der QAM und MR-QAM
– Bildung eines komplexen, Gaußschen Rauschgenerators
– Berechnungsroutine zur Ermittlung der Bitfehlerrate

Bei dem Simulationsprogramm der allgemeinen QAM wird auf das erläuterte Prinzip der Superpositionsmethode zurückgegriffen. Im ersten Schritt werden vom Benutzer die folgenden Eckdaten eingegeben, nach denen die Simulation ablaufen soll:
Eingabe
– der Anzahl der zu generierenden Modulationssignale
– des gewünschten Signal-Rausch-Abstandes
– der Anzahl der gewünschten Programmdurchläufe
– der Wichtungsfaktoren für die Modulationsprodukte

Die 64-MR-QAM-Signale werden durch drei parallel arbeitende Signalgeneratoren gebildet, die die Funktion der 4PSK-Modulatoren übernehmen (Abb. 6.2-3). Die 4PSK-Signale werden anschließend mit den bei der Eingabe definierten Wichtungsfaktoren multipliziert und ergeben durch additive Überlagerung das gewünschte 64-MR-QAM-Signal.

Um die Effektivität des Programms zu erhöhen, erfolgt die gleichzeitige Berechnung für eine Folge von q verschiedenen 64 QAM-Signalen. Die Größe des Wer-

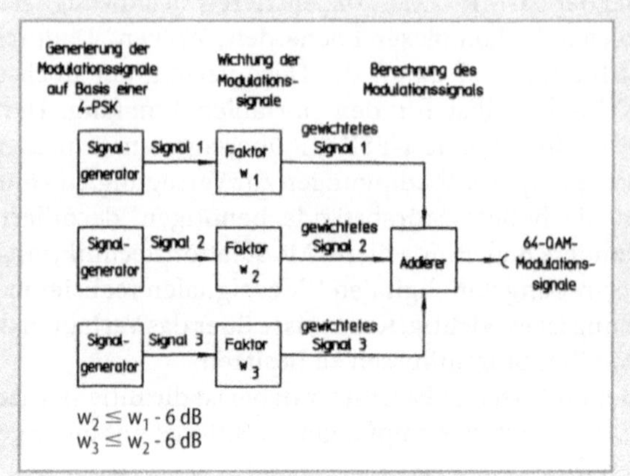

Abb. 6.2-3 Blockschaltbild zur Erzeugung von 64QAM-Symbolen

tes q richtet sich dabei nach der Länge der zu verwendenden IFFT, mit der die folgende Berechnung durchgeführt wird.

Nach der Erzeugung der Symbole wird aus diesem Vektor durch die IFFT ein Zeitsignal erzeugt. Gleichzeitig wird durch den Rauschgenerator ein zufälliges, komplexes, Gaußsches Rauschsignal gebildet. Dabei ist die Länge beider Signale identisch. Um das Rauschsignal an das Zeitsignal anzupassen, ist es notwendig, für beide Signale die Effektivwerte zu bestimmen. Es kann dann über den Ansatz

$$\text{Pegelrelation} = \left(\frac{\text{Effektivwert des Zeitsignals}}{\text{Effektivwert des Rauschsignals}} \right) \cdot 10^{-\left(\frac{S/N}{20}\right)}$$

der Korrekturwert bestimmt werden, mit der das Rauschsignal durch multiplikative Verknüpfung angepaßt wird.

Das angepaßte Rauschsignal wird dem Zeitsignal additiv überlagert und stellt nach der Rücktransformation durch eine FFT das benötigte Vergleichssignal zur Ermittlung der Bitfehlerrate dar.

Die mathematische Grundlage für die Bestimmung der Maße für den Effektivwert und die Gesamtleistung bilden die Gleichungen 6.2-1.

Aus dieser Betrachtung können für verschiedene 64-MR-QAM-Formen die benötigten Werte bestimmt werden (Tabelle 6.2-1).

Im Simulationsprogramm werden die in Tabelle 6.2-1 dargestellten Werte durch die IFFT in den Zeitbereich transformiert, in welchem auch das Signal verrauscht wird. Bei der Transformation ist zu beachten, daß sich die berechneten Leistungswerte gleichmäßig auf die Anzahl der verwendeten Unterträger aufteilen. Durch diese Überlegung ergeben sich die für die Simulation benötigten festen Bezugswerte.

$$\text{Effektivwert:} \quad U = \sqrt{1/N \sum_{i=1}^{N} (\underline{y_i})^2}$$

$$U = \sqrt{1/N \sum_{i=1}^{N} \left(\sqrt{\text{Re}(\underline{y_i})^2 + \text{Im}(\underline{y_i})^2} \right)} = \sqrt{1/N \sum_{i=1}^{N} \left(|\underline{y_i}| \right)^2}$$

$$\text{Gesamtleistung} \quad P_{ges} = U^2 = 1/N \sum_{i=1}^{N} \left(\sqrt{\text{Re}(\underline{y_i})^2 + \text{Im}(\underline{y_i})^2} \right) = 1/N \sum_{i=1}^{N} \left(|\underline{y_i}| \right)^2$$

Gleichungen 6.2-1 Effektivwert und Gesamtleistung für die allgemeine 64 QAM

Tabelle 6.2-1 Effektiv- und leistungswerte der verschiedenen 64-MR-QAM-Typen

Form der 64-QAM Wichtungsfaktoren w_1, w_2, w_3	Standard 4 : 2 : 1	Multi-Resolution Typ 1 5 : 2 : 1	Multi-Resolution Typ 2 6 : 2 : 1	Multi-Resolution Typ 3 6 : 3 : 1
d1	2	4	6	6
d2	2	2	2	-
α-Wert	1	2	3	-
Leistungswert	42	60	82	92
Effektivwert	6,481	7,745	9,055	9,592

Effektivwert nach der Transformation:

$$\text{Effektivwert:} \quad \sqrt{\frac{\text{Leistungswert der gewählten 64-MR-QAM}}{\text{Trägeranzahl der verwendeten IFFT}}}$$

$$\text{Leistungswert:} \quad \frac{\text{Leistungswert der gewählten 64-MR-QAM}}{\text{Trägeranzahl der verwendeten IFT}}$$

Mit diesen beiden Gleichungen werden innerhalb der Simulationsroutine die benötigten Eckwerte ermittelt, die für die Anpassung des Rauschsignales erforderlich sind.

Die Bitfehlerrate wird durch einen bitweisen Vergleich des Ausgangsdatenstromes des ungestörten Signals mit dem des verrauschten Signals ermittelt.

Dabei werden zuerst die verrauschten Signale getrennt nach Real- und Imaginärteil eingelesen. Innerhalb einer Vergleichsroutine werden nun die Zustände

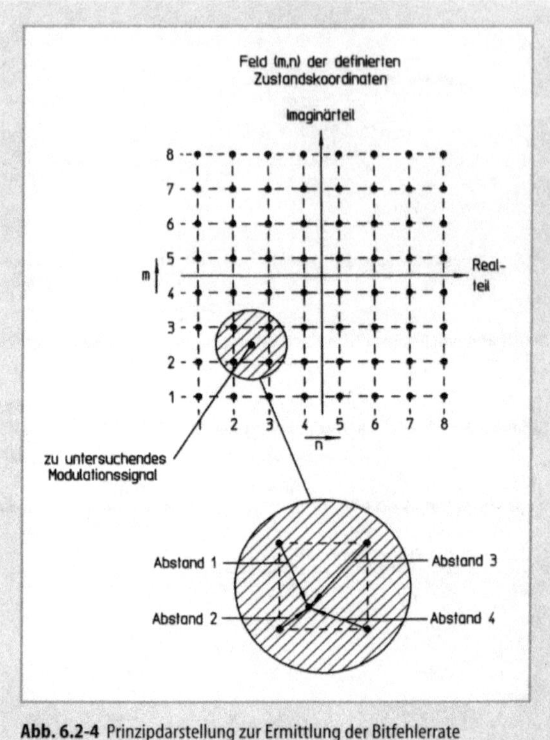

Abb. 6.2-4 Prinzipdarstellung zur Ermittlung der Bitfehlerrate

des Matrixfeldes bestimmt, die das zu untersuchende Signal einschließen (Abb. 6.2-4). Sollte sich das Signal außerhalb des definierten Feldes befinden, so werden nur die zwei äußersten Zustände ermittelt, die ihm am nächsten liegen. Zu den ermittelten Zuständen werden nun die Abstände errechnet, und über einen Vergleich wird der minimale Abstand bestimmt. Die Koordinaten dieses Zustandes werden dem Signal zugewiesen.

Die auftretenden Bitfehler werden dann summiert und im Hauptprogramm als „BER" in Prozent ausgegeben. Durch die Option „Anzahl der gewünschten Durchläufe" kann definiert werden, wie oft das Programm zu durchlaufen ist. Damit kann die Datenmenge und somit die Auflösung bei der Bitfehlermessung auf Kosten der benötigten Rechenzeit erhöht werden. Der Anwender kann anhand bekannter Eckdaten die für ihn optimale Variante auswählen.

Bei der Simulation wurden die 64QAM-Formen nach Tabelle 6.2-1 auf ihre Störfestigkeit gegenüber Rauscheinflüssen bei der Übertragung untersucht.

Als Vergleichskenngrößen wurden dazu die Bitfehlerhäufigkeit (BER) und die Bitfehlerraten der einzelnen Modulationsprodukte in Abhängigkeit vom Signal-Rausch-Abstand ermittelt. Dabei wird das Modulationsprodukt 1 aus den höchstgewichteten Hex-bits c_a und c_b gebildet. Das zweite Modulationsprodukt wird aus den Hex-bits c_c und c_d und das dritte Modulationsprodukt aus den am niedrigsten gewichteten Hex-bits c_d und c_f erzeugt.

Für die Datenmenge wurde festgelegt, daß eine Untersuchung von ungefähr 100000 bit für statistische Aussagen ausreichend ist. Diese Forderung wird durch die Eingabe folgender Parameter realisiert: Anzahl der Durchläufe: 4; Anzahl der zu generierenden Signale: 4096 (Anmerkung: Die BER-Auswertung kann auch analytisch erfolgen, wenn für das Rauschen ein Gauß-Prozeß angesetzt wird).

b) Auswertung der Meßergebnisse

Zum Vergleich der Meßergebnisse der verschiedenen 64 QAM-Formen werden die entsprechenden Bitfehlerkurven in Diagrammen dargestellt. Die weitere Evaluierung wird im folgenden auf die Applikation bezogen.

Bei nicht-hierarchischer Codierung/Modulation (ein Transport-Multiplex) hat aufgrund der Betrachtung der Gesamtbitfehlerrate die Standard-64QAM die besten Eigenschaften (Abb. 6.2-5).

Mit der Annahme, daß eine BER von 10^{-2} erforderlich ist, um Fernsehbilder mit der benötigten Qualität decodieren zu können, würde bei Standard-64QAM ein Störabstand von 21 dB ausreichen. Bei den anderen 64QAM-Formen muß der Störabstand mindestens um 1 dB besser sein. Bei diesem Vergleich kommt die MR-QAM vom Typ 3 dem Kurvenverlauf der Standard-64QAM am nächsten, während die MR-QAM vom Typ 2 die größte Differenz aufweist.

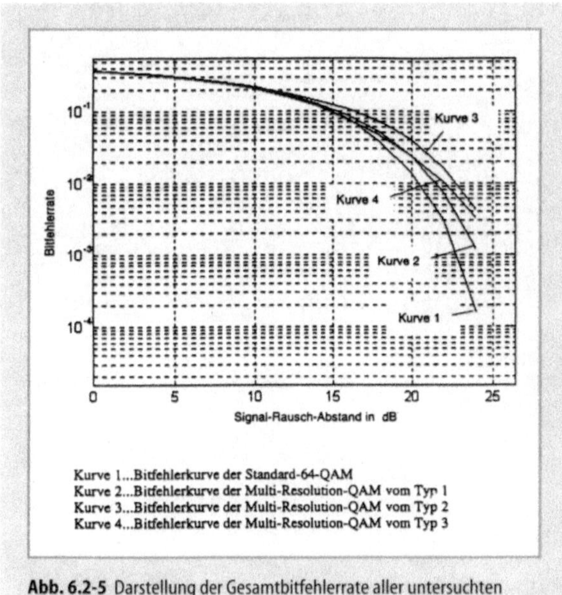

Abb. 6.2-5 Darstellung der Gesamtbitfehlerrate aller untersuchten 64QAM-Formen

Bei hierarchischer Kanalcodierung mit zwei Ebenen ist das erste Modulationsprodukt, in dem eine niedrige Datenrate (2 bit pro Symbol) mit hoher Robustheit übertragen wird, getrennt zu behandeln von der Kombination des zweiten und dritten Modulationsproduktes, in der eine hohe Datenrate (4 bit pro Symbol) mit geringerer Robustheit übertragen wird.

Bei der Betrachtung der Hex-bits mit der höchsten Priorität (Abb. 6.2-6 oben), die im ersten Modulationssymbol verschlüsselt sind, wird sichtbar, daß die MR-QAM vom Typ 2 die besten Eigenschaften besitzt, obwohl sie die schlechteste Gesamtbitfehlerrate hat. Eine Bitfehlerhäufigkeit von 10^{-2} läßt sich bereits mit

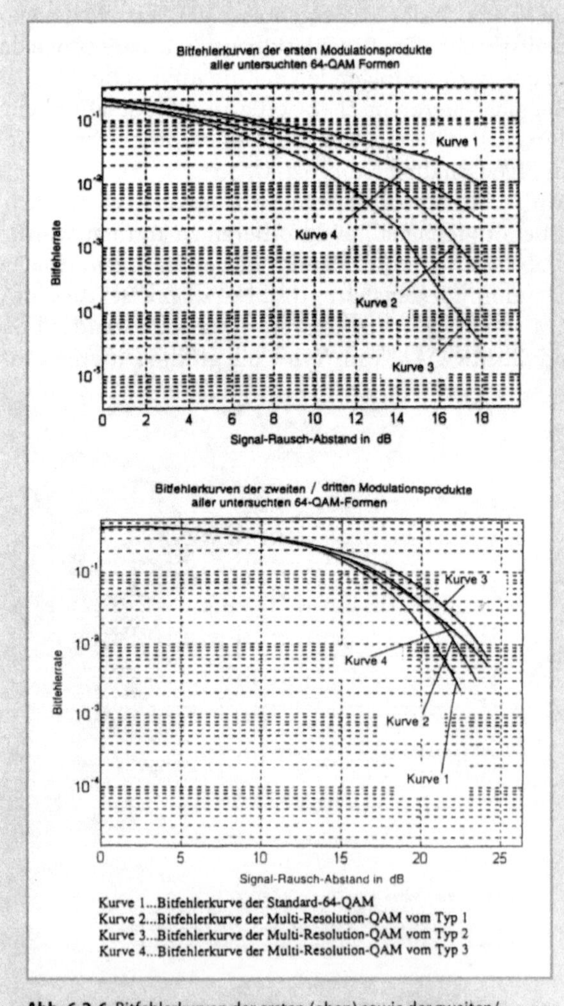

Abb. 6.2-6 Bitfehlerkurven der ersten (oben) sowie der zweiten/dritten Modulationsprodukte aller untersuchten 64QAM-Formen

einem S/N von 11 dB erzielen, während bei der MR-QAM vom Typ 1 13,5 dB und bei der MR-QAM vom Typ 3 15 dB erforderlich sind. Bei diesem Vergleich schneidet die Standard-64QAM am schlechtesten ab, da sie für die erforderliche BER ein S/N von 18 dB benötigt.

Der zweite Datenstrom resultiert aus der Summe des zweiten und dritten Modulationsproduktes (Abb. 6.2-6 unten). Die zugehörige BER ergibt sich aus dem arithmetischen Mittel der Einzel-BER's. Bei der 10^{-2}-BER-Betrachtung stellt sich die Standard-64QAM mit 21 dB als beste heraus (Typ 1 22 dB, Typ 3 23 dB, Typ 2 23,5 dB), die Abweichungen untereinander im Vergleich zum ersten Datenstrom

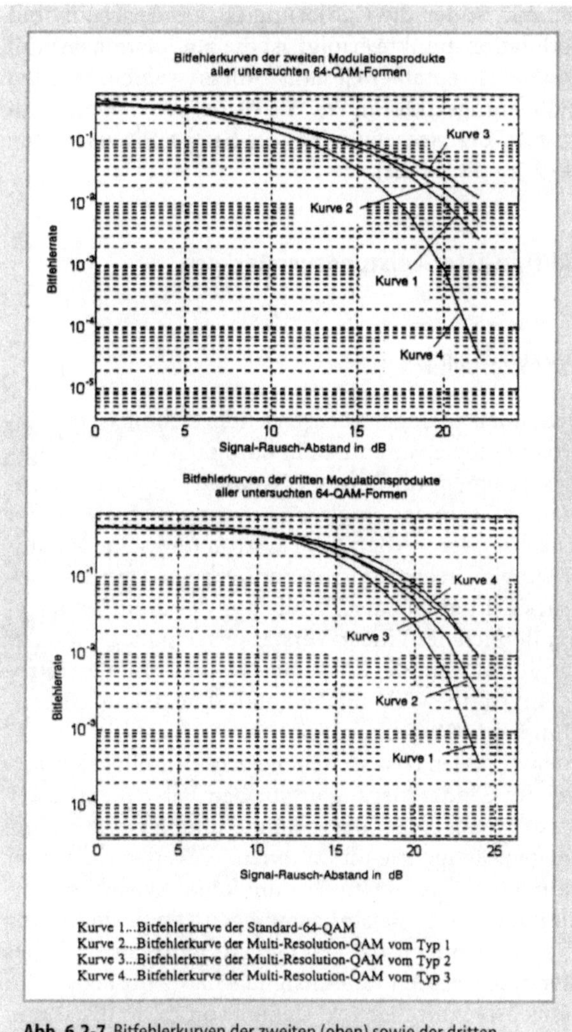

Abb. 6.2-7 Bitfehlerkurven der zweiten (oben) sowie der dritten Modulationsprodukte aller untersuchten 64QAM-Formen

sind aber gering. Auch in Anbetracht der Priorisierung der BER für Datenstrom 1 ist als Ergebnis für die Zwei-Layer-Codierung/Modulation die 64MR-QAM vom Typ 2 ($\alpha = 3$, Wichtungsfaktoren 6:2:1) zu sehen.

Als Sonderfall, abseits der bestehenden Spezifikation, wird die *Drei-Layer-Codierung* einbezogen (Abb. 6.2-6 oben und Abb. 6.2-7). Hierbei entsprechen die unabhängigen Datenströme 1, 2 und 3 den Prioritäten innerhalb der QAM. Wiederum als abhängig von der Applikation erweist sich die Modulationsart mit den besten Eigenschaften. Bei der Übertragung dreier unabhängiger Datenströme mit optimal angenäherter BER ist die Standard-64 QAM zu wählen (10^{-2}-BER: Priorität 1, 2, 3: 18 dB, 20 dB, 21 dB).

Bei einer Übertragungstechnik, in der die Codierung (zumindest zum Teil) über eine Zuordnung der Modulationspunkte erfolgt, ist die Modulationsart mit den deutlichsten Abstufungen bei akzeptabler Gesamt-BER zu wählen. Hier hat die MR-64 QAM vom Typ 3 (Wichtungsfaktoren W_1, W_2, W_3: 6:3:1, α-Wert nicht definiert, da dafür $W_2 : W_3 = 2:1$ vorausgesetzt wird) die besten Eigenschaften (10^{-2}-BER: Priorität 1, 2, 3: 15 dB, 17 dB, 24 dB).

6.3
Entzerrung von Röhren- und Transistor-Leistungsverstärkern für OFDM-Signale

a) Einflüsse nichtlinearer Verstärkerkennlinien

Das Hauptmerkmal der bestehenden analogen Fernsehsendertechnik ist die eingesetzte Leistungsverstärkertechnologie. Sie enthält in Europa in den Leistungsklassen bis 20 kW als Verstärkerelement für Band IV/V das Klystron, die Tetrode oder die Solid-State-Technik in Form des bipolaren Leistungstransistors. Für künftig zu beschaffende Fernsehsender werden das Klystron und seine Modifikation mit ABC-Steuerung (Annular Beam Control) zur Verbesserung des Wirkungsgrades nicht mehr berücksichtigt. Bei der Einführung des digitalen terrestrischen Fernsehens wird im Bereich der Linear-Verstärkertechnologie auf der der Analog-Sender aufgebaut. Somit steht die Röhrentechnologie mit der Tetrode (ggf. ab 1996 der Diacrode) im Wettbewerb mit der Solid-State-Technik (Bipolar-Transistor, ab 1996 zunehmend MOS-Technologie).

Eine Abschätzung der für den digitalen terrestrischen Fernsehrundfunk erforderlichen effektiven Leistung am Senderausgang ergibt den *Bereich 0,4 – 2 kW (5 kW)* bei Berücksichtigung der jetzigen Senderabstände und Versorgungsgebiete, also Beibehaltung der gegenwärtigen Sendestationen. Dies entspricht einer äquivalenten TV-Senderleistung der klassischen Terminologie (Synchron-Spitzenleistung) von 1–5 kW (10 kW). Bei der leistungsmäßigen Dimensionierung des DVB-Verstärkers ist zu berücksichtigen, daß das OFDM-Signal als zeitliches Summensignal den Charakter eines weißen Rauschsignals hat (Abb. 6.3-1 Teil 1 und 2). Es ergibt sich ein betriebstechnischer Crestfaktor von ca. 10 dB. Damit müssen lineare Leistungsverstärker bei DVB auf mehr als die doppelte Nennleistung, abhängig von der gewählten Verstärkertechnologie und dem verlangten Nebenwellenabstand, ausgelegt sein, um die geforderte Spektrum-Maske einzuhalten (Abb. 6.3-2). Die Verstärker müssen einen hohen Linearitätsgrad aufweisen, denn Nichtlinearitäten bedingen Oberwellen- und Außerbandsignale.

Daher ist zur Angabe der DVB-T-Leistung entsprechend der mittleren thermischen Leistung des OFDM-Signals die Angabe des Schulterabstandes erforderlich.

Ein weiterer kennzeichnender Parameter ist der Backoff (oder Margin), bei dem die OFDM-Leistung erzielt wird. Er beschreibt den Abstand in dB zum Ausgangs-

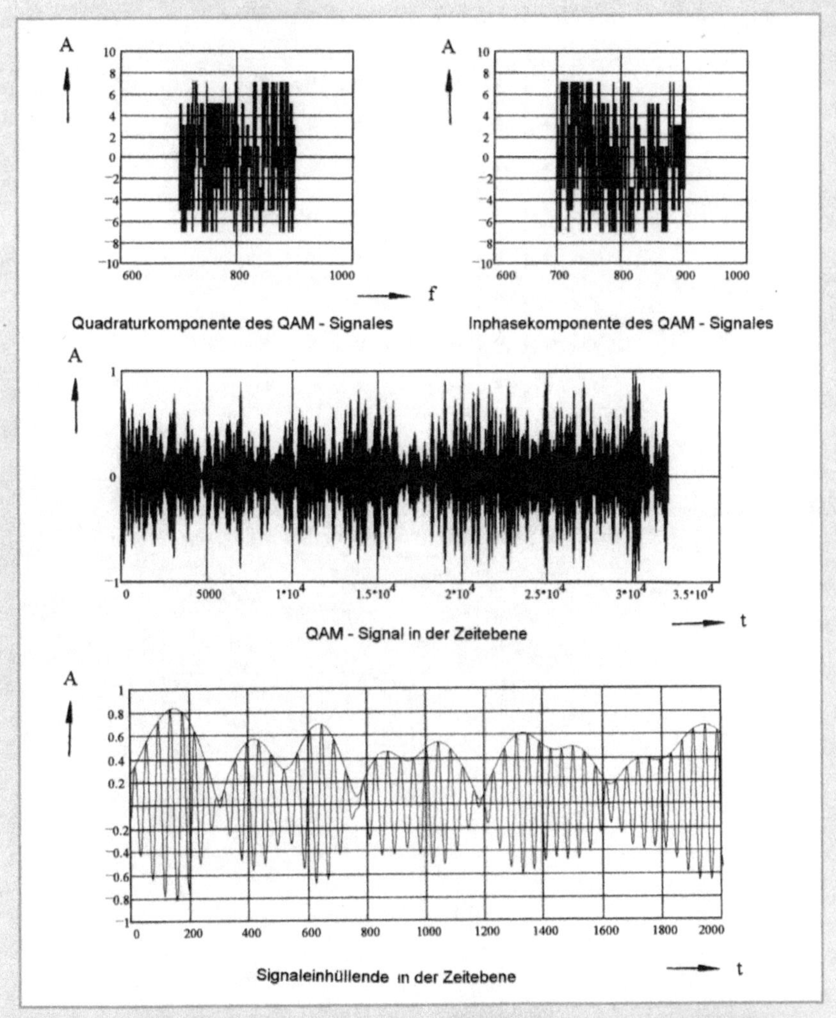

Abb. 6.3-1 Teil 1 Simulation eines 64QAM-OFDM-Signales zur Darstellung der Inphase- und Quadraturkomponente in der Frequenzebene sowie des I/Q-Signales und der Signalhüllenden in der Zeitebene (normierte Werte)

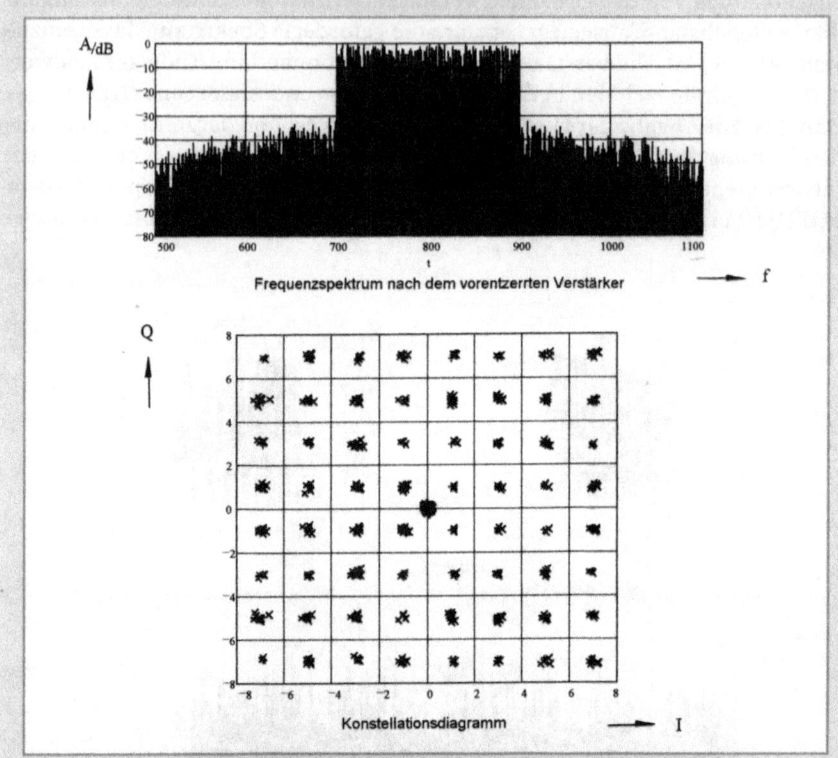

Abb. 6.3-1 Teil 2 Simulation des Einflusses der Nichtlinearität des Leistungsverstärkers auf das Spektrum (Außerband- und Inband-Intermodulationsprodukte) sowie auf das Konstellationsdiagram [6.12] (normierte Werte)

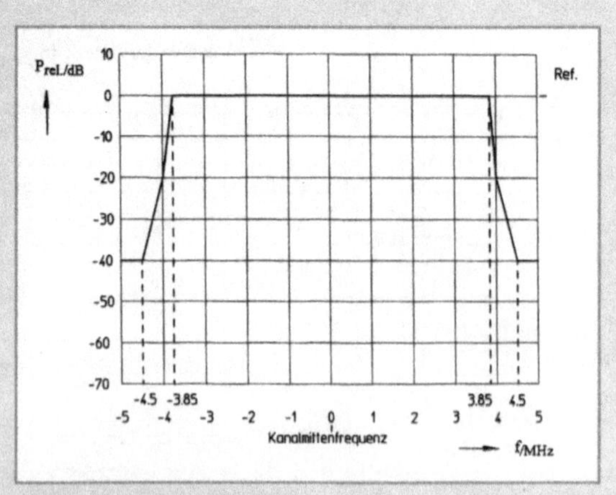

Abb. 6.3-2 Spektrumsmaske für DVB-T-Signal

leistungspegel, bei dem im Verstärker ein begrenzender (nicht korrigierbarer) Effekt eintritt.

Unter diesen Gesichtspunkten beträgt die typische DVB-T-*Strahlungsleistung* *1,5 – 7 kW ERP*. Sie ergibt sich bei Berücksichtigung des Antennengewinns, der Summen-Dämpfung durch das Antennenkabel und des gegebenenfalls erforderlichen steilen Kanal-Filters.

Dabei sind positiv wirkende Einflüsse wie die virtuelle Leistungsverstärkung im Gleichwellennetz (2 – 3 dB) und kurzzeitig zulässige Unterschreitungen von Mindestfeldstärken (z.B. in 1 % der Zeit dürfen 50 dB(μV) unterschritten werden) nicht berücksichtigt.

Zur Vermeidung der rauschähnlichen Signalform à priori läuft ein Forschungsvorhaben „*OFDM mit konstanter Hüllkurve*" an der Technischen Hochschule Darmstadt [6.4]. Das Ziel ist, den bei Vielträgersignalen entstehenden hohen Spannungsspitzen durch geeignete Modulation zu begegnen bzw. sogar für eine konstante OFDM-Hüllkurve zu sorgen. Damit können die Linearverstärker der DVB-Sender etwa bis zu ihrer CW-Nennleistung, mit dem Erfolg entsprechend geringerer Investitions- und Betriebskosten ausgesteuert werden.

Der Grundgedanke dabei ist, einen Teil der Informationsübertragung für die Kompensation von Hüllkurvenspitzen durch die Variation von Trägern in der Amplitude und Phase zu nutzen. Der Kompensationsalgorithmus wird zunächst rechnergestützt simuliert und dann für den praktischen Einsatz in Echtzeit implementiert.

Dem Nachteil des Verfahrens mit der Reduktion der Datenübertragungskapazität, die letztlich durch den Grad der höherstufigen Modulation bestimmt wird, steht ein Modulationsgewinn in Form höherer Sendeleistung gegenüber.

Zur Minimierung der Außerbandstrahlung von OFDM-Verstärkern mit nichtlinearen Amplituden- und Phasenkennlinien wird im folgenden das in der analogen TV-Sendertechnik schwerpunktmäßig eingesetzte Linearisierungsverfahren mit der Vorentzerrung in der ZF-Lage (Abb. 4.3-1) dargelegt.

Dabei erfolgt die Vorentzerrung des Verstärkereingangssignales über zu den Verstärkerkennlinien invers gekrümmte Amplituden- und Phasenkennlinien in der ZF-Ebene.

Die erreichbaren Qualitätsverbesserungen hängen bei diesem Verfahren von der Genauigkeit der Nachbildung der inversen Amplituden- und Phasenvorentzerrungskennlinien ab. Die Genauigkeit der Nachbildungen wiederum ist eine Frage der Anzahl der jeweiligen Vorentzerrungsstellglieder und damit des Aufwandes und der Beherrschbarkeit.

Außerdem wird die Entzerrung von Bandbreitenbeschränkungen und Laufzeitfehlern zwischen der Vorentzerrungsschaltung und dem Verstärkereingang beeinflußt.

Die Leistungsverstärker mit Röhren- bzw. Solid-State-Technologie haben prinzipiell unterschiedlichen Verlauf ihrer Leistungsübertragungskennlinien. Die Röhre, als *Eintakt-Klasse-A-Verstärker* geschaltet, hat ein hohes Grundlinearitätsmaß

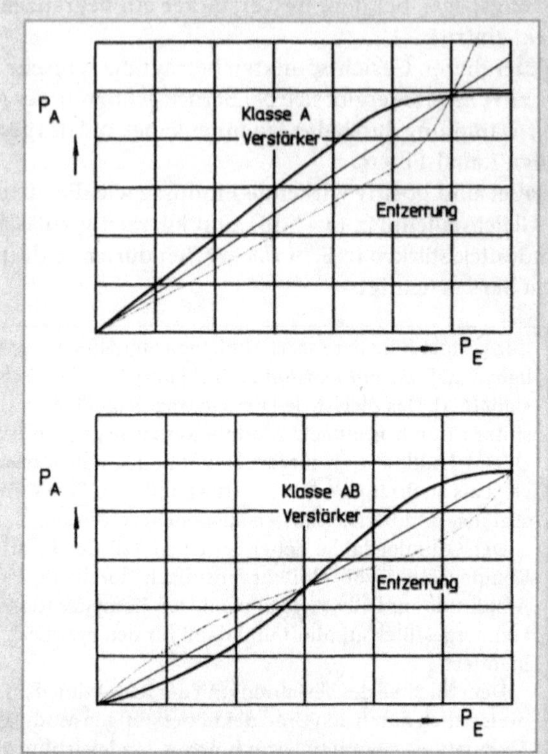

Abb. 6.3-3 Die Ausgangsleistung in Abhängigkeit von der Eingangsleistung bei Klasse-A- (oben, hier Tetrode) und -AB- Verstärkern
(Solid State)

($>$ 90 %, ohne Entzerrung) und ein weiches Begrenzungsverhalten (Abb. 6.3-3, oben).

Die Solid-State-Technologie – als Klasse-A-Verstärker konzipiert – ergäbe in der Hochleistungstechnik Ergebnisse mit unvertretbar hohem Investitions- und Energiekostenaufwand. Es wurden deshalb *Gegentakt-Klasse-AB-Verstärker* entwickelt, die eine prinzipielle Leistungsübertragungskurve nach Abb. 6.3-3, unten zeigen. Bei der Entzerrung muß der Tatsache Rechnung getragen werden, daß Nichtlinearitäten nicht nur bei Leistungsspitzen, sondern auch bei sehr geringen Leistungen erscheinen (S-förmige Leistungsübertragungskurve).

Ein zweiter wesentlicher Aspekt bei Leistungsverstärkern ist die Forderung nach geringen Änderungen der *Phase* zwischen Eingangs- und Ausgangssignal im gesamten Amplitudenaussteuerbereich. Dieser aussteuerungsabhängige Phasenunterschied hat seine Hauptursache in den bei beiden Verstärkertechnologien vorhandenen kapazitiven Rückkopplungen vom Verstärkerausgang auf den Verstärkereingang, bei Transistorverstärkern verursacht durch die spannungsabhängige Kollektor-Basis-Kapazität (Bipolar-Transistor) bzw. Drain-Gate-Kapazität (MOS-FET), bei Senderöhren durch die Anoden-Steuergitterkapazität.

b) Meßergebnisse an adaptierten Multiträger-Leistungsverstärkern

Im folgenden werden typische Leistungsverstärker in Tetroden- und Bipolar-Transistor-Technik, die sich in PAL-Sendern im Einsatz befinden, auf ihre Verwendbarkeit als DVB-Verstärker analysiert. Bipolar-Transistor-Technik ist hier im Leistungsverstärkermodul enthalten, das durch Kaskadierung mit Wilkinson-Kopplern ohne Qualitätseinbußen zu den benötigten Leistungsklassen führt.

Für den *1-kW-PAL-Sender* Band IV/V (NT 315, kana/44 = 655,25 MHz) [6.8] ergibt sich als Schulterabstand bei 400 W DVB-Leistung ein typischer Wert von 46 dB. Bei Einhaltung der Forderung von 40 dB für den Schulterabstand kann der Sender 520 W DVB-Leistung abgeben. Für die Messungen wurde ein Signal mit 1024 Trägern erzeugt, die jeweils 64QAM-moduliert sind.

In beiden Betriebsarten, PAL und DVB, nimmt der Sender mit der Verstärkerröhre Tetrode TH347 ungefähr die gleiche Leistung aus dem Netz auf. Die mittlere abgegebene RF-Leistung ist beim PAL-Sender die Summe aus RF-Leistung für den Bildanteil (ca. 320 W bei mittlerem Grauwert) und der RF-Leistung der beiden Tonträger (50 W plus 10 W bei einem 1-kW-Sender und Zweitonbetrieb). Diese liegt etwas unter der abgegebenen RF-Leistung des DVB-Senders. Daraus ergibt sich, daß der Wirkungsgrad der Sendeanlage im DVB-Betrieb höher ist als im PAL-Betrieb.

Die Messungen an einem *Tetroden-TV-Sender für 5-KW-Bildleistung* in Combined-Technik (Röhre TH382 von Thomson Tube Electronics, auch Treiberverstärker mit Röhre) ergaben ohne besondere schaltungstechnische Anpassung und Optimierung an das DVB-Signal bei 2-kW-OFDM-Leistung im Kanal 53 einen Schulterabstand von 40,5 dB.

Ein weiteres Beispiel ist ein *5-kW-Einröhrensender* für gemeinsame Bild-/Ton-Verstärkung mit der Tetrode TH382 von Thomson [6.5]. Für die DVB-Applikation wurde die Anodengleichspannung durch entsprechende Wahl des Abgriffs am Hochspannungstransformator erhöht. Dadurch wurde die maximale DVB-Leistung von 3,3 kW bei 40-dB-Schulterabstand erreicht (Abb. 6.3-4). Dabei beträgt die Leistungsaufnahme inklusive der Lüfter 21,2 kW. Der Back-off des Leistungsverstärkers ist nur 4,8 dB, wobei in Betracht gezogen ist, daß der Röhrenverstärker 10-kW-Spitzenleistung liefern kann. Der Wirkungsgrad über alles beträgt 15,6 % und ist damit höher als der Wert bei analogen TV-Signalen: Bei einem APL von 50 % liefert der 5-kW-PAL-Sender 1,55 kW Bildleistung und 250 W plus 50 W für die Zweitonträger. Die Leistungsaufnahme in diesem Fall beträgt etwa 17 kW. Diese Werte ergeben einen äquivalenten Wirkungsgrad von 10,9 %.

Für geringere Ausgangsleistungen reduzieren sich die Intermodulationsprodukte (IMP) auf ca. -46 dB bei -3 dB Leistung (Abb. 6.3-4 unten), -52 dB bei -6 dB (Abb. 6.3-5 oben) und bleiben bei -52 dB bei -10 dB-Leistung. Dabei wurde die Entzerrung bei jedem Ausgangspegel neu optimiert.

Da die Entzerrungsdaten im Mikroprozessor der Vorstufe gespeichert werden können, ist es möglich, bei Umschaltungen der Ausgangsleistung jeweils automatisch die optimale Linearität einzustellen.

Mit Bezug auf die *Weitabselektion* ergibt sich, daß lediglich die dritte Harmonische mit 60-dB-Dämpfung sichtbar ist (der Wert gemäß Abb. 6.3-5 unten muß wegen des Amplitudenfrequenzganges des Richtkopplers am Senderausgang um 9,5 dB korrigiert werden). Der Röhrensender benötigt kein Ausgangsfilter, da der Topfkreis selbst entsprechend frequenzselektiv ist.

> **Anmerkung**
>
> In [6.6] wurden auf der Basis der BER die Vakuum-Technologien von Thomson Tube Electronics Tetrode (TH563 und TH382), IOT (TH760) sowie Diacrode (TH680) untersucht. Dies erfolgte bei OFDM-Ausgangsleistungen bis zu 5 kW bzw. 10 (12) kW!

Der für DVB untersuchte *5-kW-Transistorsender* hat getrennte Bild-Ton-Verstärkung mit Klasse-AB-Verstärkern. Die Linearität der AB-Verstärker in Transistorsendern ist ein gegenüber A-(Röhren-)Verstärkern gesondertes Problem, da hier Nichtlinearitäten nicht nur bei Leistungsspitzen, sondern auch bei sehr geringen Leistungen erscheinen. Mit herkömmlicher Entzerrung wird nur ein Schulterabstand bis zu 34 dB erreicht (ohne Entzerrung: 28 – 30 dB).

Deshalb wurde die Entzerrerschaltung auf die S-förmige Leistungsübertragungskurve angepaßt. In Abb. 6.3-6 und 6.3-7, oben, sind die Ergebnisse bei verschiedenen Ausgangsleistungen für das Modul (300 W, 150 W und 75 W) dargestellt. Es ergeben sich bei jeweiliger optimierter Entzerrung Schulterabstände zwischen 35 und 37 dB.

In Abb. 6.3-7, unten, ist die Weitabselektion gezeigt. Als signifikantes Außerband-Signal ergibt sich die erste Oberwelle mit 62 dB plus 6 dB Korrekturwert wegen des Meßrichtkopplers.

Der Wirkungsgrad des Transistorsenders bei der DVB-Ausgangsleistung von 3,3 kW ist etwa 18 % ohne Lüfter. Beim Transistorsender ist ein zusätzliches Ausgangsfilter zur Unterdrückung des Umsetzoszillators und des anderen Seitenbandes erforderlich. Das Tiefpaßfilter hat eine Dämpfung von < 0,1 dB, so daß es nicht spezifikations-, sondern nur kostenrelevant ist.

In Abb. 6.3-8 sind die Abhängigkeiten der Intermodulationsprodukte von der Ausgangsleistung zusammengefaßt. Beim Klasse-A-Verstärker (hier Tetrode) verbessern sich die Intermodulationsabstände in dB proportional der Leistungsrücknahme in dB. Die Begrenzung bei -52 dB resultiert aus dem Generatorsignal. Dabei wird bei jeder Leistungsklasse die Entzerrung neu optimiert.

Dies gilt auch für den äquivalenten Vorgang bei Klasse-AB-Verstärkern (Solid State), und dennoch wird hier keine signifikante Veränderung der Linearität erzielt. Trotzdem kann abgeschätzt werden, daß die erreichten Werte für die ersten Phasen der DVB-Einführung ausreichend sind [6.7].

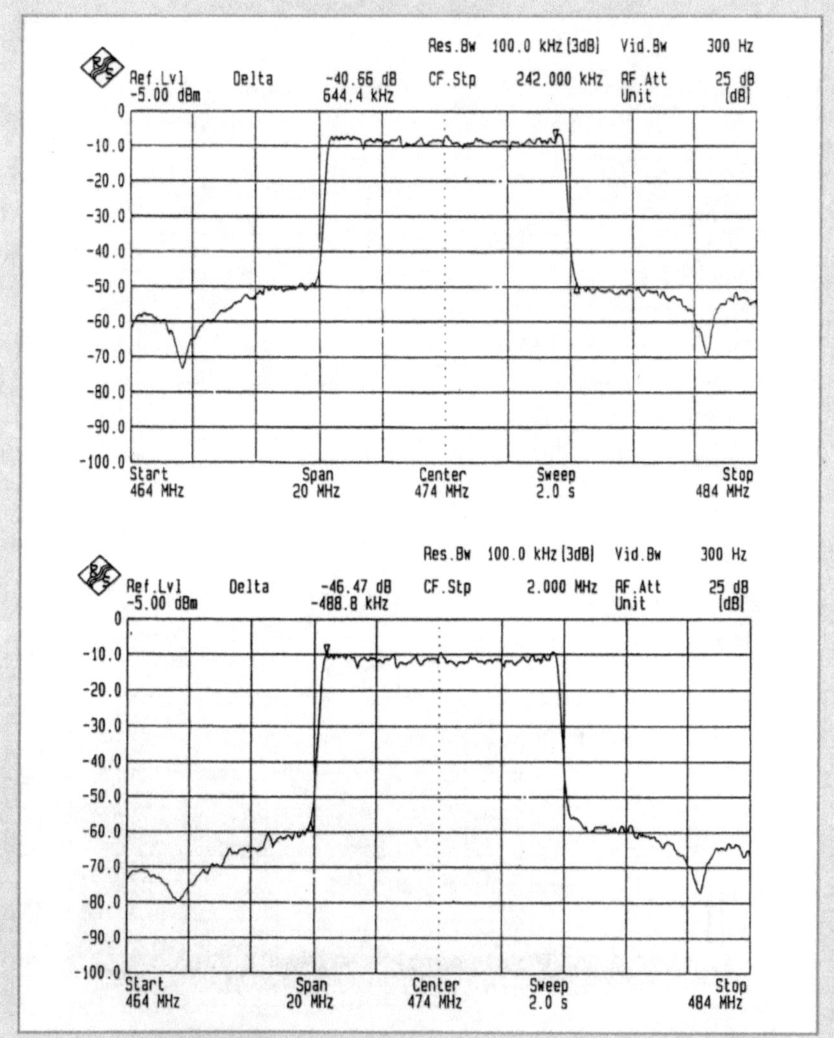

Abb. 6.3-4 IM-Verhalten des DVB-Röhrensenders (TH 382) bei 3,3-kW-DVB-Leistung (oben) und bei 1,6 kW

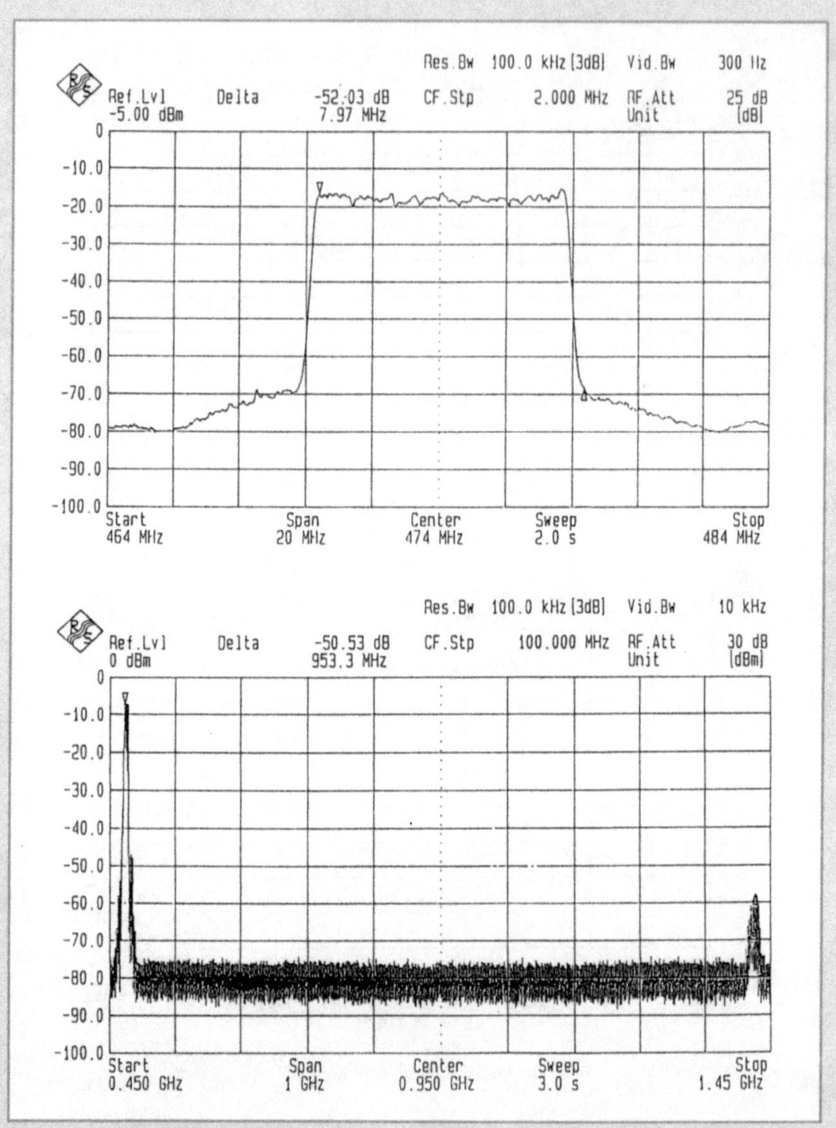

Abb. 6.3-5 IM-Verhalten des DVB-Röhrensenders (TH 382) bei 0,8-kW-DVB-Leistung (oben) und Weitabselektion (3. Harmonische: Korrektur 9,5 dB)

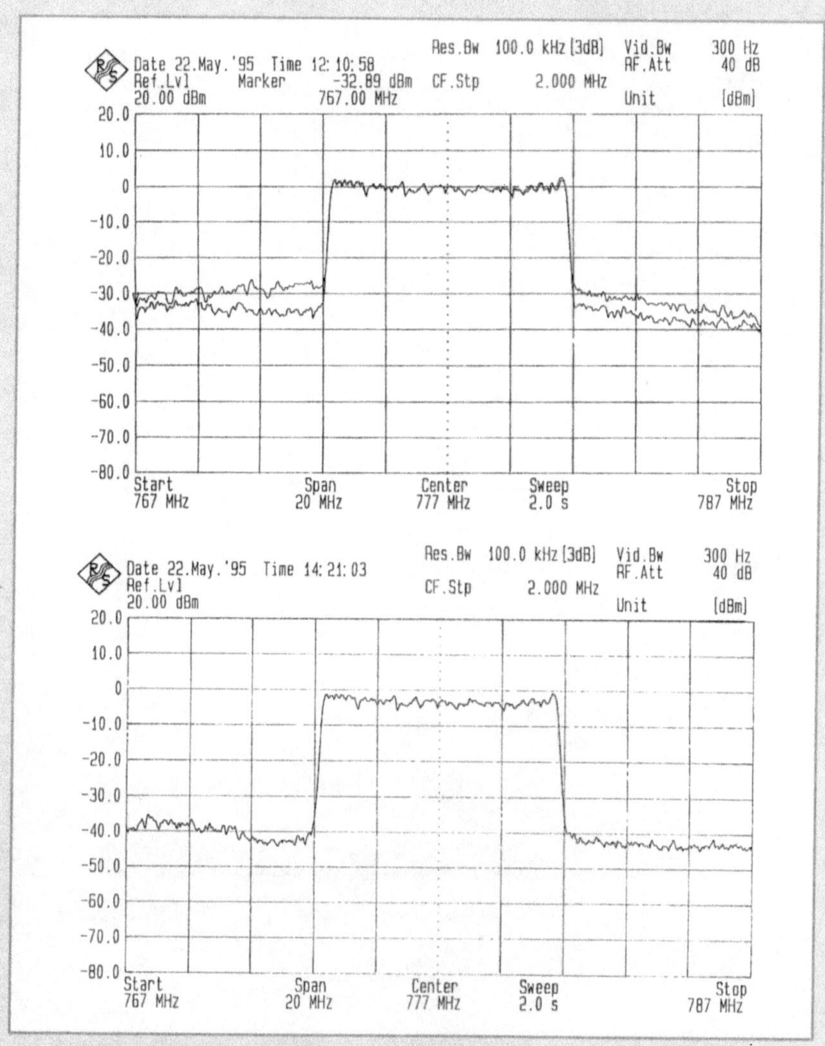

Abb. 6.3-6 oben: DVB-Spektrum bei Solid-State-AB-Verstärker (Typ VH135, Pout = 300 W/DVB-Leistung) (obere Kurve: unentzerrt, untere Kurve: entzerrt); unten: 150 W (entzerrt)

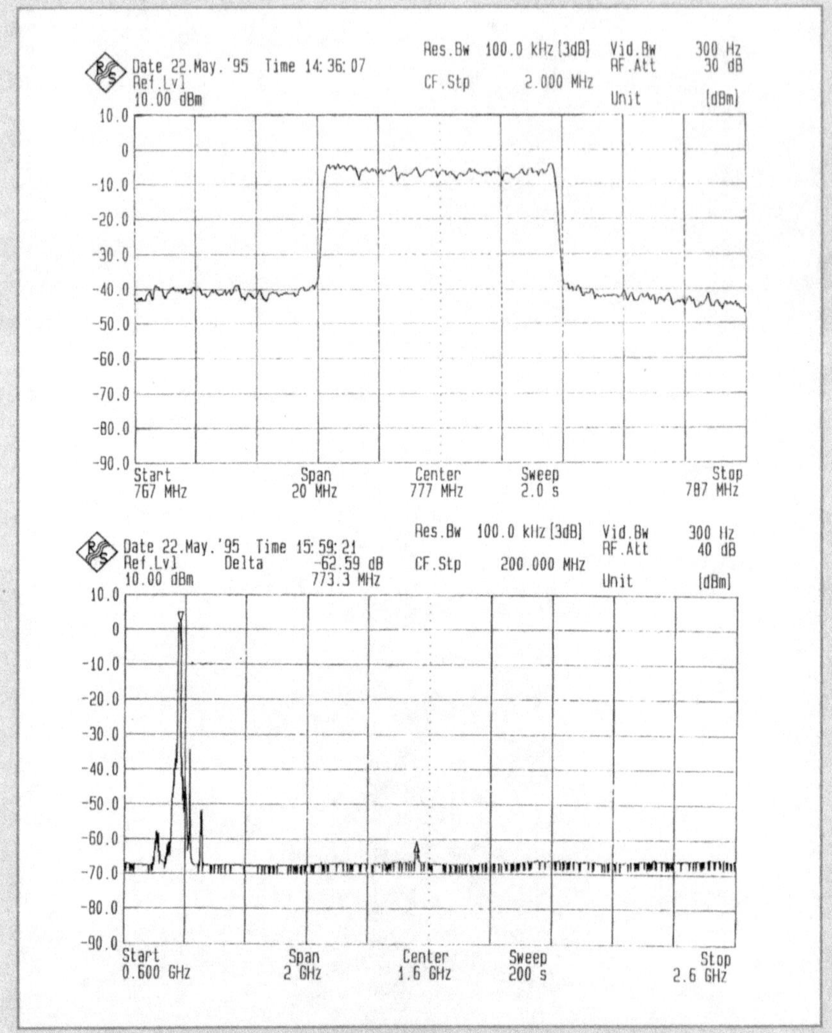

Abb. 6.3-7 oben: DVB-Spektrum bei Solid-State-AB-Verstärker (Typ VH135, Pout = 75 W/DVB-Leistung)
unten: Erste Oberwelle (Addition zum Abstand „Delta" von +6 dB wegen Meßrichterkoppler)

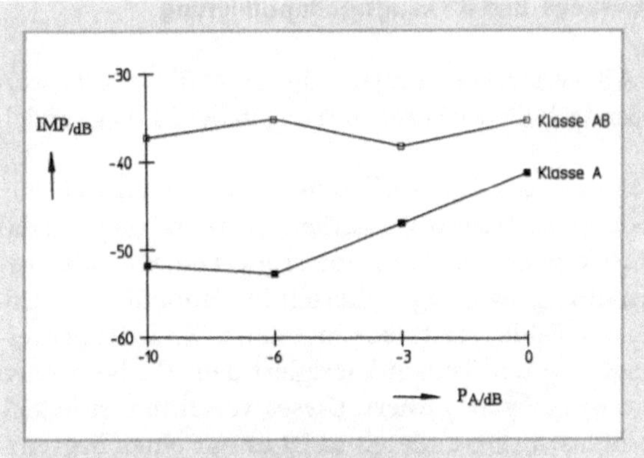

Abb. 6.3-8 Intermodulationsprodukte (IMP) in Abhängigkeit der zur Nennleistung bezogenen Ausgangsleistung

Zusammenfassend und zukünftig ergeben sich für den DVB-Röhrensender eine höhere Linearität und ein besserer Wirkungsgrad als für den entsprechenden Transistorsender.

Besonderes Merkmal der Röhre ist die hohe Robustheit gegenüber Leistungsspitzen, wenngleich diese ohnehin durch begrenzende Elemente in der Übertragungskette (z. B. D/A-Umsetzer im OFDM-Modulator) limitiert werden.

Der DVB-Transistorsender in AB-Technik mit Bipolartransistoren hat etwa denselben Wirkungsgrad wie der Röhrensender, jedoch eine um 3 – 5 dB geringere Linearität, ausgedrückt im Schulterabstand. Zur Einhaltung der geforderten Spektrumsmaske sind steilflankige Kanalfilter mit Polen an den Schultern erforderlich.

In [6.10] werden im Wege der Simulation (Software „Mathcad 3.1") die durch die Leistungsverstärkung entstehenden Störspektren untersucht. Dabei werden gemessene Amplituden- und Phasenübertragungskennlinien am Beispiel eines IOT's (Abschnitt 2.3) mit Standardgleichungen approximiert. Diese Gleichungen erhalten Parameter, damit die Kennlinien und daraus resultierende Störspektren eines jeden Verstärkertyps (Röhren- oder Transistorverstärker) berechnet werden können.

Zur Minimierung der Störanteile im Spektrum am Ausgang des Sendeverstärkers wird das Verfahren der Vorverzerrung angewandt. Es werden für die nichtlinearen Amplituden- und Phasenübertragungskennlinien Vorverzerrungsfunktionen in Form der Umkehrfunktionen zu den Betriebskennlinien ermittelt und diese durch Polygonzüge angenähert. Dabei wird vor allem auf den Einfluß der Reduzierung der Segmente der Polygonzüge in bezug auf die entstehenden Störanteile am Verstärkerausgang geachtet. Des weiteren wird auf die Abhängigkeit des Störspektrums (Schulterabstand) vom Aussteuergrad des Leistungsverstärkers eingegangen.

c) Fortentwicklung bei der Entzerrungs- und Wirkungsgradoptimierung

Inbesondere bei Solid-State-AB-Verstärkern müssen die Ergebnisse verbessert werden, die gegenwärtig mit der Technik der Vorentzerrung in der ZF-Lage erzielbar sind.

Ein Ansatz hierzu ist die bekannte *Feed-Forward-Technik.* Das Prinzip sieht vor, das mit Intermodulationsprodukten behaftete Verstärkerausgangssignal und das fehlerfreie Eingangssignal auszukoppeln und laufzeitkorrigiert einem Differenzverstärker zuzuführen. Die an dessen Ausgang isolierten Intermodulationsprodukte werden einem hochlinearen Fehlerverstärker zugeführt. Das leistungsverstärkte IM-Signal wird gegenphasig und laufzeitkorrigiert dem IM-behafteten Hauptsignal über einen Leistungskoppler addiert. Dieses Verfahren ist jedoch zum einen besonders kostenintensiv, zum anderen weist es nur einen begrenzten Wirkungsgrad in der IM-Entzerrung auf (Laufzeitkorrekturen).

Ein weiteres Modell für eine optimierte *Entzerrung* ist dadurch bestimmt, daß diese in der *digitalen I/Q-Ebene* vor der D/A-Umsetzung zum analogen I/Q-Modulator durchgeführt wird. Die Chance dabei besteht in der *Optimierung der Gesamtentzerrung* sowie der Einführung von Regelungskriterien (Temperatur, Leistung) über die Signalprozessortechnik. Als Konsequenz daraus kann sich eine weitere Verbesserung in Form der jetzt möglichen Direktumsetzung durch den I/Q-Modulator in die Sendefrequenzlage ergeben (unter Umgehung von ein oder zwei ZF-Ebenen).

Nach der Entzerrung der Hochleistungsverstärker spielt dessen *Wirkungsgrad* eine wichtige Rolle. Er ist maßgebend für den Energieverbrauch des Senders. Die *Energiekosten* des Sendernetzes gewinnen neben den Investitions- und Servicekosten für den Netzbetreiber zunehmend an Bedeutung.

Die Auslegung der Verstärker für Multiträgersignale erfolgt entsprechend der Spitzenleistung des OFDM-Signals mit dem Charakter des weißen Rauschsignals. Der Verstärker ist folglich für häufiger auftretende Anteile geringerer Amplituden überdimensioniert. Aus diesem Grund werden bei Leistungsverstärkern für Multiträgersignale relativ geringe Wirkungsgrade zwischen 10 % und 20 % erreicht. Aufgrund ökonomischer und ökologischer Gesichtspunkte sowie aus Wettbewerbsgründen heraus ist es notwendig, den Wirkungsgrad zu verbessern.

Zur Verbesserung des Wirkungsgrades wurde in [6.9] ein Verfahren untersucht, bei dem die Versorgungsspannung des Solid-State-Leistungsverstärkers mit dem RF-Transistor MRF151G (Motorola) abhängig von der Signalspannungsamplitude treppenförmig umgeschaltet wird. Die Simulation dieses Verfahrens wurde mit dem Schaltungsanalyseprogramm Micro Cap IV (MC IV) durchgeführt (Abb. 6.3-9).

Die Simulation ergab, daß sich der erzielbare Wirkungsgrad mit steigender Stufenzahl der Versorgungsspannung erhöht. Bei einer dreistufigen Umschaltung der Versorgungsspannung (50 V/40 V/30 V/23 V) ergibt sich für den Wirkungsgrad eine annähernde Verdoppelung (auf 32 %), bezogen auf einen Multiträgerleistungsverstärker mit konstanter Versorgungsspannung (17 %). Aufgrund der Umschaltung der Versorgungsspannung verringern sich die Ausgangsleistung

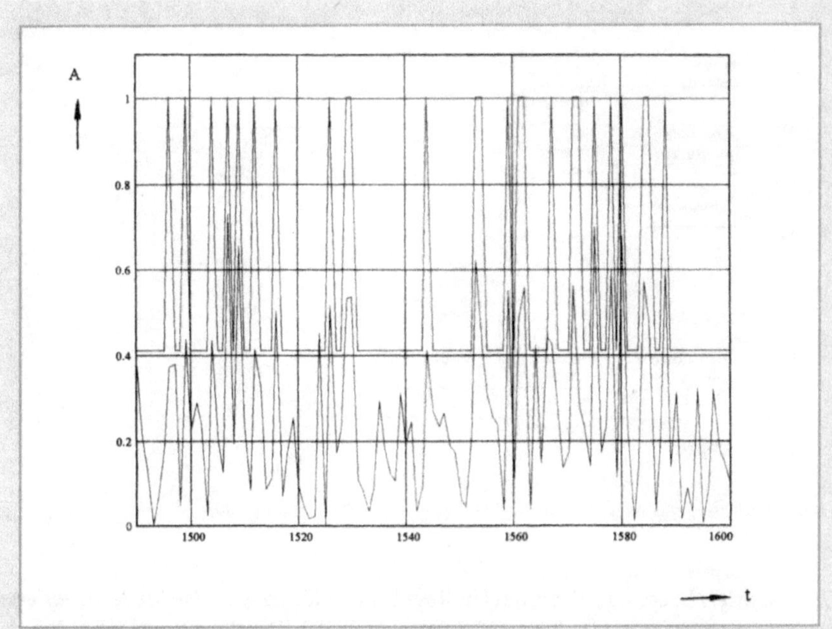

Abb. 6.3-9 Simulation der Wirkungsgradverbesserung bei Multiträger-Verstärkern mit Solid-State-Technologie durch treppenförmige Umschaltung der Versorgungsspannung;
oben: Versorgungsspannung des OFDM-Verstärkers, unten: Umhüllende des OFDM-Signales (normierte Werte)

(um 8 %) und der Intermodulationsabstand (um 3,5 dB). Diese Nachteile können jedoch durch weitere Maßnahmen ausgeglichen bzw. verringert werden.

6.4
Kombinierte TV-Sender für DVB- und PAL-Signale

Zur Unterstützung von Forschungsprojekten, Feld- und Pilotversuchen sowie für eine erhöhte betriebswirtschaftliche Planungssicherheit, wurde ein umschaltbarer Sender für digitales und analoges Fernsehen entwickelt. Das Konzept ist weitestgehend unabhängig von der eingesetzten Verstärkertechnologie und ist für die geforderten Leistungsklassen z. B. 0,4 bis 2 kW DVB-Leistung realisierbar [6.8].

Der PAL/DVB-Sender (Abb. 6.4-1) basiert im ersten ausgeführten Beispiel auf einem 1-kW-TV-Tetrodensender für PAL-Signale (Abschnitt 6.3). Er wird durch eine zweite für die DVB-Anwendung modifizerte Vorstufe und einen Meßstellenwahlschalter ergänzt.

Der PAL/DVB-Sender ist auf alle Kanäle im Band IV/V einstellbar. Die Schnittstellen für die beiden Betriebsarten PAL und DVB sind:
– *PAL-Sender:* Eingang Video und Audio, Ausgang RF-Kanal im Band IV/V, Bandbreite 8 MHz.

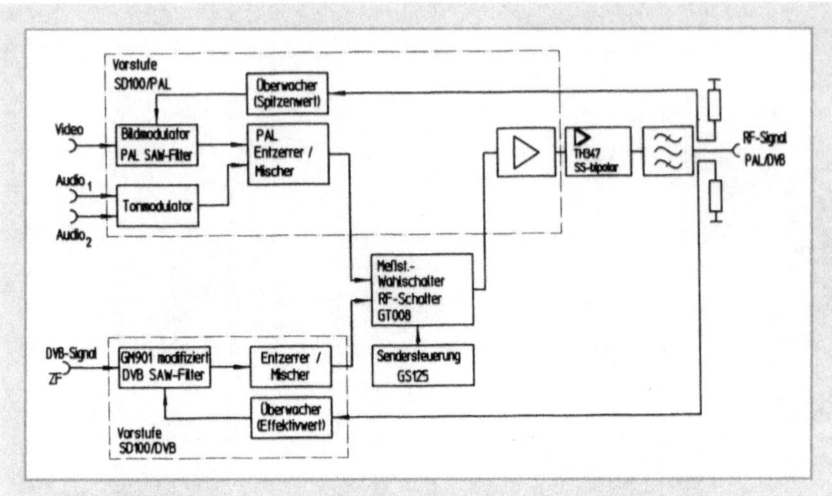

Abb. 6.4-1 Blockschaltbild des TV-Senders für DVB-Signale, umschaltbar für PAL-Signale

– *DVB-Sender:* Eingang ZF-Signal (in Regel- oder Kehrlage), ZF-Mittenfrequenz
  von beispielsweise 34,7 oder 36 MHz, Ausgang RF-Kanal im Band IV/V, Bandbreite 8 MHz.

Die zweite Vorstufe, die für den DVB-Betrieb modifiziert wurde, besteht aus An-
zeigeneinheit, Netzgerät, Prozessor, Synthesizer und Filter. Diese sind baugleich
mit der Ausführung für PAL-Sender. Zusätzlich sind drei Baugruppen eingebaut:

Die *DVB-ZF-Baugruppe* basiert auf einer Bildmodulatorbaugruppe, bei der der
Modulatorteil entfallen ist, denn das DVB-Eingangssignal ist bereits in der ZF-
Lage. In der ZF-Baugruppe wird ein SAW-Filter verwendet, dessen Bandbreite
für das DVB-Signal passend ist. Hier gibt es eine Auswahl möglicher Filter, die im
wesentlichen nur durch die mechanische Ausführung der SAW-Filter (Baugröße,
Pin-Belegung etc.) begrenzt ist.

In der *Baugruppe Mischer* kann nach Bedarf das untere oder das obere Seitenband selektiert werden. Damit wird erreicht, daß ein DVB-ZF-Signal, das entweder in Kehrlage oder in Regellage am ZF-Eingang der DVB-Vorstufe anliegt,
am RF-Ausgang in jedem Fall in Regellage abgegeben wird. Außerdem wird der in
dieser Baugruppe enthaltene ZF-Entzerrer für DVB-Signale optimal eingestellt.

In der *Baugruppe Überwacher* wird durch eine DVB-spezifische Schaltung sichergestellt, daß die Regelung der Ausgangsleistung des Gesamtsenders als Refe-
renzwert den Effektivwert des Ausgangssignals benutzt. Bei einem PAL-Sender
ist das Regelkriterium der Spitzenwert der Ausgangsleistung (Synchron-Spit-
zen-Wert).

Die Umschaltung zwischen PAL- und DVB-Betrieb geschieht mit dem Meßstellen-Wahlschalter. Er wird über die Sendersteuerung oder über den IEC-Bus an-

gesteuert. Das Ausgangsfilter des Senders eignet sich für beide Betriebsarten, PAL und DVB.

Die Einstellungen des ZF-Entzerrers sind als Daten gespeichert und können bei Bedarf über den Prozessor abgerufen und geändert werden. Vier komplette Einstellungen sind speicherbar, so daß in der DVB-Vorstufe für vier Ausgangsleistungen jeweils der optimale Entzerrungszustand abgelegt und wieder aufgerufen werden kann.

Für Feldversuche ist es nützlich, wenn man zwischen verschiedenen optimal entzerrten Ausgangsleistungen reproduzierbar umschalten kann (z. B. 0/-3/-6/-10 dB). Diese Umschaltung der Ausgangsleistung kann auch von fern über ein Modem erfolgen, etwa vom Meßfahrzeug aus über Mobiltelefon.

Ebenfalls über ein Modem ist der Meßstellen-Wahlschalter fernbedienbar und so eine Fernumschaltung zwischen PAL- und DVB-Betrieb möglich.

Bei Versorgungsmessungen ist damit eine direkte Vergleichsmöglichkeit von PAL- und DVB-Betrieb gegeben, und zwar unter gleichen Ausbreitungsbedingungen, da die Umschaltung schnell erfolgt. Änderungen im Übertragungskanal aufgrund von Wetterwechsel u.ä. spielen dann keine Rolle mehr.

In diesem Kapitel wurden Grundlagen- und Vordefinitionsentwicklungen für terrestrische DVB-Sender dargelegt. Die Ergebnisse können als Ausgangspunkte zum Eintritt in Hauptdefinitions- und Realisierungsphasen der industriellen Entwicklungsprozesse dienen, und sie können zweitens zur Realisierung von Prototyp-DVB-Sendern herangezogen werden, die für weitergehende Forschungs-, Feld- und Pilotversuche kurzfristig benötigt werden. Mit der Verfügbarkeit von DVB-Sendern als zentrale Bausteine für digitale terrestrische Versorgungsnetze kann nach der Verabschiedung des terrestrischen DVB-Standards unmittelbar in die Implementierungsphase des digitalen terrestrischen Fernsehrundfunks eingetreten werden.

7 Meßverfahren für den digitalen terrestrischen Fernsehsender

Die wesentlichen Video-Parameter in der analogen Fernsehsender-Meßtechnik beziehen sich auf die Frequenzebene (Amplituden-, Phasen- und Laufzeit-Frequenzgang), auf die Zeitebene (lineare Verzerrungen (z. B. Dachschräge, Fahne) und nichtlineare Verzerrungen (z. B. differentielle Amplitude und -Phase)).

Für den Fernsehton (Zweitonträgerverfahren bzw. NICAM) und die dem TV-Signal assoziierten Datendienste (Videotext, Datenzeile mit VPS) sind eigene meßtechnische Mittel und Verfahren erforderlich.

Weiterhin werden am Analogsender im wesentlichen neben den Sendeleistungen (bezogen auf die effektive Leistung während des Synchronimpulses) die Reflexionen, Intermodulationen und Störsignale bzw. S/N-Abstände gemessen.

Gänzlich anders ist die meßtechnische Situation beim digitalen TV-Sender. Die Signalübertragung erfolgt dort nach dem Prinzip des Datencontainers. Der MPEG2-Transportmultiplex wird kanalcodiert, OFDM-moduliert und über den Leistungsverstärker sowie die Antenne gesendet. Demzufolge bestehen zwei Signaltypen: die Digitalsignale vor und nach dem Kanalcoder sowie die Multiträgersignale nach dem OFDM-Modulator und dem Leistungsverstärker. Daraus leiten sich Meßsignale sowie Meß- und Analyseverfahren ab.

Im ersten Abschnitt dieses Kapitels wird die Generierung von Datensignalen sowie von Multiträger-Meßsignalen mit spezifizierten Eigenschaften behandelt. Im zweiten Abschnitt werden adaptierte und spezielle Meßverfahren für den DVB-Sender nach den wesentlichen Parametern dargelegt. Abschließend werden die Meß- und Betriebsparameter zur Abnahme eines DVB-Senders zusammengefaßt.

Die Problemstellungen und Meßlösungen sind in hohem Grade neuartig, da die hier behandelte Kombination aus dem Multiträgersignal mit 8K- bzw. 2K-FFT, dem Modulationsgrad bis zu 6 bit pro Symbol, der Bandbreite 8 (7) MHz und der Leistungselektronik erstmalig Anwendung findet.

7.1 Generierung von OFDM-Signalen

a) Datenquelle und I/Q-Modulator

In dem hier vorgestellten Testgenerator-Verfahren werden die DVB-OFDM-Testsignale zur Verifikation des digitalen terrestrischen Standards mit einem *Dual*

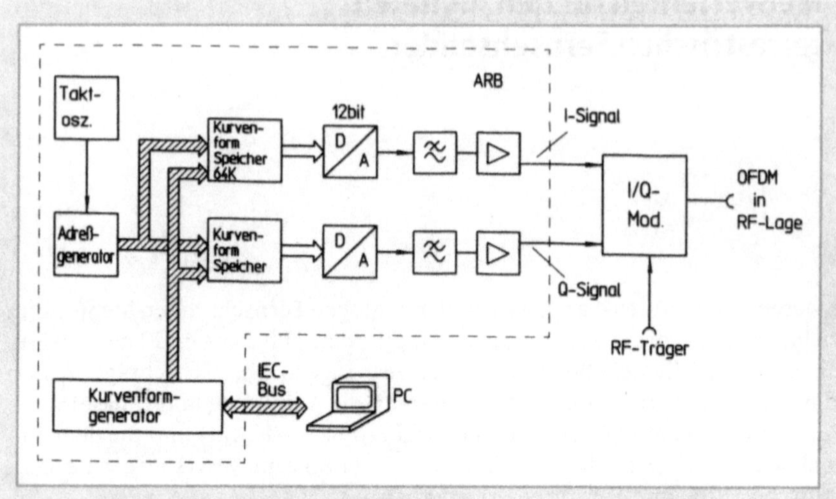

Abb. 7.1-1 Prinzipschaltung eines DVB-OFDM-Testsignalgenerators

Arbitrary Waveform Generator (ARB) [7.1] und einem *I/Q-modulierbaren Signal-generator* erzeugt (Abb. 7.1-1). Zur Berechnung und Ausgabe von Multiträgersig-nalen wurde eine *PC-Software* entwickelt und für DVB adaptiert [7.2]. Die digita-le Signalsynthese für OFDM-Signale bietet zum einen die freie Programmierbar-keit beliebiger Kurvenformen und zum anderen eine weitgehende Reproduzier-barkeit, da sich einschränkende Faktoren wie Alterung oder Temperaturdrift nur auf den analogen Teil der Synthese auswirken.

Das Ausgangssignal eines ARB entsteht durch zyklisches Auslesen und anschlie-ßende D/A-Umsetzung von zeitlich äquidistanten Abtastwerten einer Periode der gewünschten Signalform. Die Adressierung des programmierbaren Kurvenform-speichers übernimmt ein Adreßgenerator, der von einem Quarzoszillator als Takt-quelle angesteuert wird. Das Ausgangssignal des D/A-Umsetzers in Form einer Treppenkurve wird über einen Tiefpaß von unerwünschten, synthesebedingten spektralen Komponenten befreit und steht am Ausgang des Filters als kontinu-ierliches Analogsignal zur Verfügung. Der Ausgangsverstärker dient der Anpas-sung der Signalamplitude an den gewünschten Wert.

Die Eigenschaften eines ARB-Generators hängen im wesentlichen von der Am-plitudenauflösung, der Speichertiefe und der Auslesefrequenz und deren Auflö-sung ab.

Die Amplitudenauflösung wird von der Auflösung des zur D/A-Umsetzung ein-gesetzten Umsetzerbausteins bestimmt. Da der D/A-Umsetzer nur eine begrenz-te Anzahl diskreter Spannungswerte generieren kann, entsteht ein dem idealen Signal überlagertes Quantisierungsrauschen.

Dieser Wert entspricht der bei der *ARB-Synthese* unter Annahme idealer Ei-genschaften des D/A-Umsetzers erreichbaren Dynamik im Frequenzbereich bis zur halben Abtastfrequenz. Bei der 12-bit-Auflösung des eingesetzten D/A-Umsetzers beträgt die Dynamik -74 dB.

Die Speichertiefe eines ARB-Generators bestimmt die zur Verfügung stehende Anzahl an Abtastpunkten zur Darstellung einer Signalperiode. Sie stellt somit ein Maß für die zeitliche Auflösung des erzeugten Signals dar. Bei gegebener Signalperiodendauer läßt eine hohe Speichertiefe eine hohe Ausleserate der einzelnen Abtastwerte zu. Es vergrößert sich der spektrale Abstand zwischen dem Nutzsignal und den durch das Syntheseprinzip erzeugten Störprodukten. Damit lassen sich diese durch Tiefpaßfilterung effektiver unterdrücken.

Die Speichertiefe bestimmt zudem die Möglichkeiten eines ARB-Generators bei der Generierung komplexer, aus mehreren Spektralanteilen zusammengesetzten Signale. Bedingt durch das zyklische Auslesen des Kurvenformspeichers bei der Wiedergabe muß stets eine komplette Periode des gewünschten Signals gespeichert werden. Die Periodendauer eines komplexen Signals entspricht dem Kehrwert des größten gemeinsamen Teilers aller im Signalgemisch auftretenden Frequenzen. Der ARB verfügt über einen Speicher für 64 kByte pro Kanal. Der beiden Generatoren gemeinsame ARB-Sequenzbetrieb gestattet eine optimale Ausnutzung des Kurvenformspeichers. Durch Angabe einer für jede Signalform innerhalb einer Sequenz individuell definierbaren Wiederholrate sowie aufgrund der Möglichkeit, Signalformen mit reduzierter Taktrate ausgeben zu können, lassen sich im Sequenzbetrieb Signalperioden realisieren, für die ohne die Vorzüge des Sequenzbetriebs ein Vielfaches an Speicher erforderlich wäre.

Die höchste Nutzsignalfrequenz bzw. die Ausgangssignalbandbreite eines ARB-Generators wird durch die maximal zulässige Auslesefrequenz bestimmt. Gemäß dem Abtasttheorem sind mindestens zwei Abtastwerte pro Periode zur eindeutigen und vollständig regenerierbaren Charakterisierung eines Signals notwendig. Die höchste im Signalgemisch zulässige Frequenz darf maximal dem halben Wert der Auslesefrequenz entsprechen, damit keine Überlappung des Nutzspektrums mit dem synthesebedingten Störspektrum (Aliasing) entsteht. Die in der Praxis nutzbare Bandbreite liegt mit Rücksicht auf die Filterung in Abhängigkeit vom geforderten Nebenwellenabstand deutlich unter diesem Wert. Die maximale Auslesefrequenz eines ARB-Generators wird in der Regel durch die minimale Zugriffszeit des Kurvenformspeichers und die Einschwingzeit des Digital/Analog-Umsetzers begrenzt. Die typische maximale Auslesefrequenz der ARB-Generatoren beträgt 30 MHz, die maximale Signalbandbreite somit 15 MHz.

Die *Auflösung der Auslesefrequenz* zusammen mit der Anzahl der Abtastwerte bestimmt die Frequenzgenauigkeit des Ausgangssignals. Die Frequenz f eines mit Hilfe eines ARB-Generators erzeugten Sinussignals ergibt sich aus der Anzahl der gespeicherten Abtastwerte p und der Auslesefrequenz f_s zu:

$$ f = \frac{f_s}{p} $$

Die *I/Q-Modulation* wird mit einem Quadraturmodulator nach Abb. 7.1-2 ausgeführt, und zwar erfolgt eingangsseitig die Aufspaltung des RF-Signals in die bei-

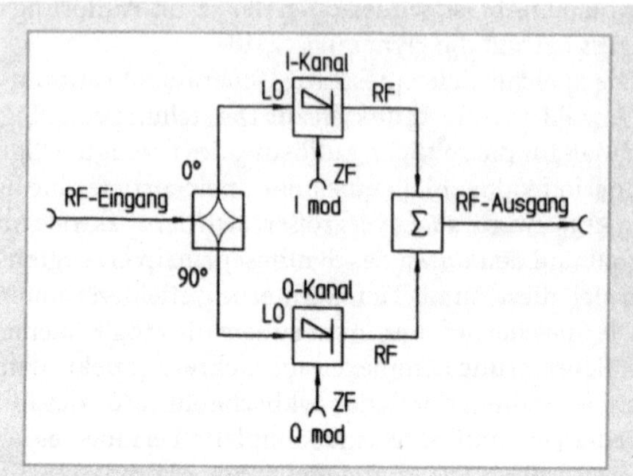

Abb. 7.1-2 Prinzipschaltung des I/Q-Modulators im Rahmen der OFDM-Testsignalerzeugung

den orthogonalen I- und Q-Komponenten. Die Mischer in den beiden Zweigen wirken als Stellglieder für Amplitude und Phase des RF-Signals. Die RF-Amplitude wird durch die Amplitude des I- bzw. Q-Modulationssignals gesteuert, wobei ein Polaritätswechsel des Modulationssignals einen 180°-Phasensprung des RF-Signals verursacht. Aus der Addition der beiden Komponenten resultiert dann ein in Amplitude und Phase beliebig steuerbares Ausgangssignal.

Der I/Q-Modulator nach [7.3, 7.4] wird in einer automatischen Kalibrierung auf geringste Amplituden- und Phasenfehler abgeglichen. Der Abgleich bringt die Verstärkungen im I- und Q-Zweig auf gleichen Wert (*I/Q-Balance*), setzt den Phasenoffset auf exakt 90° (*Quadratur*) und minimiert den Trägerrest auf unter −60 dBc. Diese drei Einstellungen sind zur Simulation nichtidealen Verhaltens des Modulators auch gezielt veränderbar (Abb. 7.1-3). Dies führt in allen Fällen zu fehlerhaften Phasen und Amplituden des modulierten Signals. Bei phasenkontinuierlichen Modulationen tritt ein Störhub auf. Durch definiert einstellbare Modulationsverzerrungen lassen sich Auswirkungen auf Bitfehlerraten feststellen oder auch Demodulatorfehljustierungen kompensieren.

Die Einstellbereiche zur I/Q-Verstimmung betragen:
- Trägerrest   0...50 %
- I ungleich Q   −12...+12 %
- Quadratur-Offset −9,9...+9,9 %

Die maximale Bandbreite des gebildeten Hochfrequenzspektrums am Ausgang des I/Q-Modulators ergibt sich aus der höchsten Modulationsfrequenz und damit aus der Taktrate, mit der der ARB sein Signal ausgibt. Bei dieser Art der Signalgenerierung entstehen außer dem gewünschten Signal die *Aliasing-Produkte* – die dem Signal, gespiegelt um die Taktfrequenz – entsprechen (Abb. 7.1-4). Diese Produkte müssen durch Tiefpässe mit endlicher Steilheit am Ausgang des ARB-

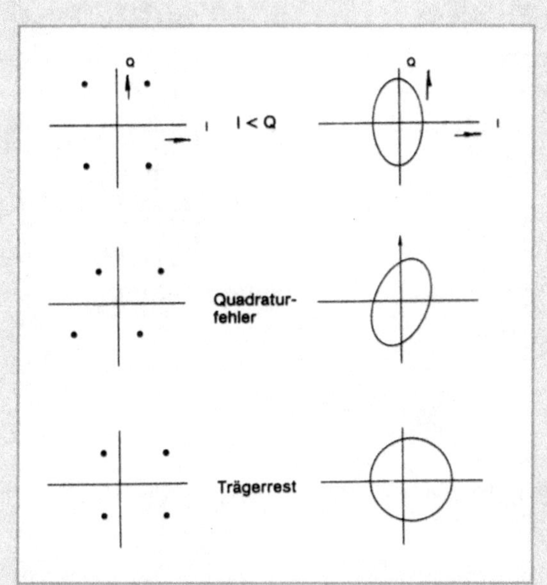

Abb. 7.1-3 Modular-Verstimmungen: I < Q, Quadraturfehler und Tägerrest

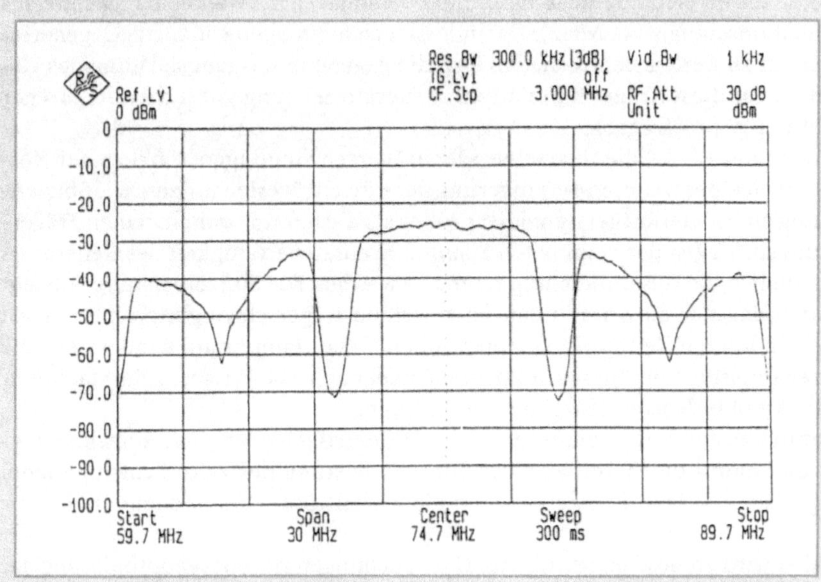

Abb. 7.1-4 Signalspektrum mit Aliasing-Prodsukten aus dem ARB-Generator (Beispiel 800 Träger, 64 QAM)

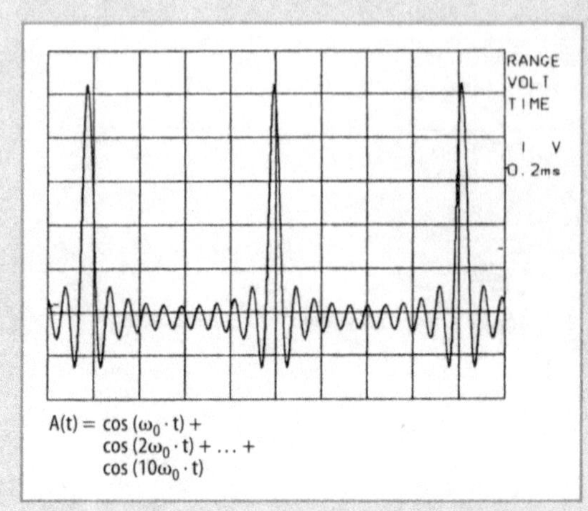

Abb. 7.1-5 Zeitverlauf eines Kosinussignals mit 9 Oberwellen gleicher Amplitude

Generators unterdrückt werden. So ergibt sich als höchste Modulationsfrequenz ca. 40 % der Taktfrequenz (0,4 · 40 MHz = 16 MHz).

Da man mit den zwei Ausgangskanälen des ARB und dem I/Q-Modulator jeweils ein unabhängiges oberes und unteres Modulationsseitenband erzeugen kann, ist die erreichbare RF-Bandbreite zweimal so groß wie die Bandbreite des Modulationssignals (32 MHz). Darin lassen sich bis über 8000 Träger generieren. Es ist zu berücksichtigen, daß sich die gegebene Ausgangsleistung des Generators auf diese Träger aufteilt (z. B. Generatorleistung von 1 mW/100 Träger ergibt 10 µW pro Träger).

Ein zweiter Effekt, die Interferenz der Trägerschwingungen, führt zu der Notwendigkeit einer weiteren Verringerung der Einzelträgerleistungen: Die Spitzenleistung eines Multiträgersignals ist größer als die Summe der einzelnen Trägerleistungen. Wegen der begrenzten Spannungsaussteuerfähigkeit des Generators muß folglich die Gesamtleistung reduziert werden. Die Spitzenleistung entsteht dadurch, daß sich die Amplituden der einzelnen Trägerschwingungen periodisch für einen kurzen Zeitpunkt zu einer hohen Gesamtamplitude summieren. Die Spitzenamplitude des Signals in dem Beispiel nach Abb. 7.1-5 ist zehnmal höher als die Amplitude jeder einzelnen Schwingung.

Damit beträgt die Spitzenleistung das Hundertfache der eines einzelnen Signals und damit das Zehnfache der Summenleistung der zehn Schwingungen. Bei größeren Trägeranzahlen werden die Verhältnisse entsprechend ungünstiger.

Daher wird vorgeschlagen, weitere Untersuchungen zur Phasenoptimierung der Einzelträgerschwingungen durchzuführen. Beiträge dazu werden im folgenden aufgezeigt.

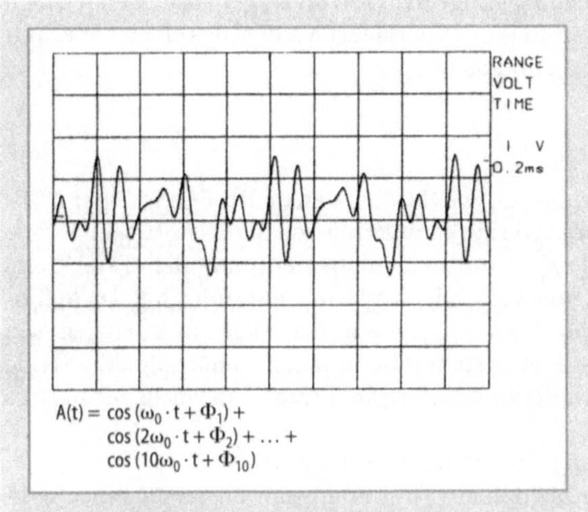

$$A(t) = \cos(\omega_0 \cdot t + \Phi_1) +$$
$$\cos(2\omega_0 \cdot t + \Phi_2) + \ldots +$$
$$\cos(10\omega_0 \cdot t + \Phi_{10})$$

Abb. 7.1-6 Zeitverlauf eines Kosinussignals von Abb. 7.1-5 mit optimierten Phasenlagen

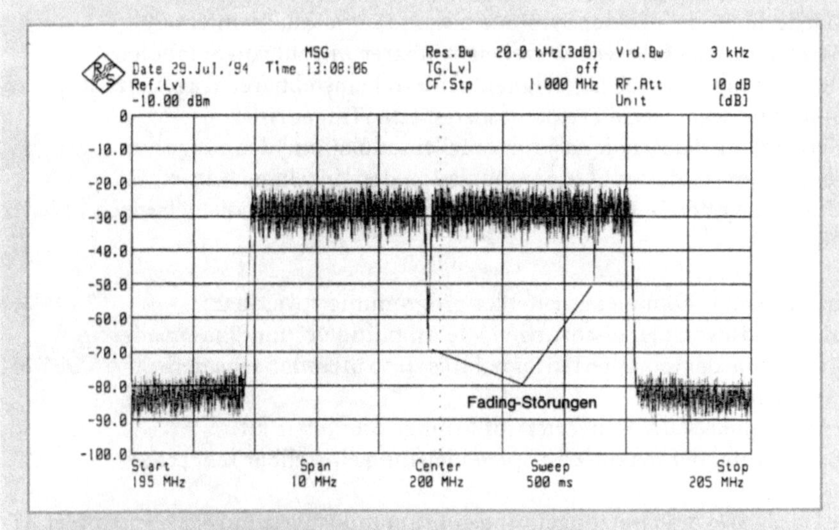

Abb. 7.1-7 Spektrum eines 64 QAM-Signals mit Fading-Störungen

Bei der Summierung der Signale sind die Phasenlagen der einzelnen Schwingungen zueinander entscheidend. Im Beispiel in Abb. 7.1-6 beträgt die Spitzenamplitude des Signals nur etwa das Dreifache der Amplitude einer Schwingung.

Mit dem ARB plus I/Q-Modulator erzeugte Testsignale können auf unterschiedliche Weise manipuliert werden. Bei dem in Abb. 7.1-7 dargestellten Spektrum wurden z. B. zur Simulation von *Fading* einige der OFDM-Träger ausgeblendet. Den Trägeramplituden könnte auch ein Profil überlagert werden, das einen fehlerhaft abgeglichenen Kanalverstärker simuliert.

b) Personal Computer-Tool

Zur rechnergestützten Erzeugung von OFDM-Signalen im RF-Bereich über ARB-Generator und I/Q-Modulator sowie zur Simulation von Signalstörungen wurde eine PC-Software entwickelt [7.2]. Damit steht ein bedienfreundliches Werkzeug zur Verfügung. Pull-down Menüs verzweigen ggf. in weiterführende Dialogboxen; alle Befehle können über Tastenkombinationen auch direkt eingegeben werden. Ein kontextsensitives Hilfesystem gibt zu jeder Menüstelle erklärende Hinweise. Die wesentlichen weiteren Leistungsmerkmale zur Verifizierung des Standards sind:
- Erzeugen von Nullsymbolen (Time Reference Symbol)
- Erzeugen von Phasenreferenzsymbolen (Time Frequency Phase Reference Symbol), CAZAC/M-Symbolen bzw. DVB-Prüfsignal-Symbolen (zur Messung und Überwachung des DVB-T-Übertragungskanals)
- Berücksichtigung von Guard-Intervallen mit wählbarer Länge
- Wiederholung einzelner Symbole mit und ohne Guard-Intervall
- Simulation von Frames mit frei einstellbarer Anzahl von Symbolen
- Berechnung von Vielträgersignalen mit frei einstellbarer Trägeranzahl (bis zu 8190) und wählbarem Frequenzabstand der Träger (1 Hz bis 1 MHz)
- Berechnung der Zeitsignale mit Zufallsmodulation oder mit gezielt einstellbarer Phasen- und Amplitudenmodulation der einzelnen Träger
- Umsetzung der OFDM-modulierten Signale in den Frequenzbereich 10 MHz bis 2 GHz

Darüberhinaus können Signalfehler programmiert werden:
- Simulation von Signalstörungen wie Amplituden- und Phasenstörungen
- Bandbreite der modulierten Signale bis zu 20 MHz bei selbstdefinierten OFDM-Signalen
- Frei wählbare D/A-Konverter-Auflösung von 1 bis 12 bit
- Begrenzung der maximalen Spitzenleistung einstellbar (clipping)

Die Hardwarevoraussetzungen sind ein zum Industriestandard kompatibler *AT-Rechner* (Betriebssystem MS-DOS ab 3.3, Arbeitsspeicher mindestens 400 kByte RAM) sowie ein Grafikadapter und Monitor (Herkules-Grafik und Monochrom-Bildschirm oder EGA/VGA mit Monochrom- bzw. Farbbildschirm).
   Beim Generieren der Modulationssignale wird in vier Schritten vorgegangen:
- Festlegen der gewünschten Modulationsparameter
- Berechnen des Zeitverlaufs eines Symbols
- Zusammenstellen einer Sequenz aus mehreren Symbolen
- Übertragen der Signale über IEC-Bus an den ARB-Generator

Tabelle 7.1-1 Ausschnitt aus einem Daten-File mit Realteil und Imaginärteil für jeden Träger

USER_FILE:rectangle	Header für eine Träger-Datei
....	Daten entsprechend der gewählten Anzahl von Trägern
86, 0.93264, 0.59231	Trägernummer, Realteil, Imaginärteil für Träger Nr. 86
87, 0.14252, 0.32878	Trägernummer, Realteil, Imaginärteil für Träger Nr. 87
88, 0.32533, 0.19367	Trägernummer, Realteil, Imaginärteil für Träger Nr. 88
89, 0.73482, 0.25278	Trägernummer, Realteil, Imaginärteil für Träger Nr. 89
90, 0.54321, 0.12345	Trägernummer, Realteil, Imaginärteil für Träger Nr. 90

Das Festlegen der Modulationsparameter erfolgt im Menü „Mode". Bei Selektion des Menüpunktes „User Defined" lassen sich die gewünschte Anzahl der Träger des OFDM-Signals, der Frequenzabstand der Träger, die Modulationsparameter der einzelnen Träger und die Dauer des Guard-Intervalls einstellen. Die zur Berechnung und zur Ausgabe des Signals notwendigen Parameter, wie Anzahl der Datenworte und Ausgabetaktfrequenz des ARB, werden automatisch passend gewählt.

Sollen Träger mit ganz bestimmten Amplituden und Phasenlagen erzeugt werden, läßt sich ein ASCII-Trägerdaten-File laden, das für jeden Träger einen Amplitudenwert und einen Phasenwert (wahlweise einen Realteil und einen Imaginärteil) enthält, die dem beabsichtigten Spektrum entsprechen. Tabelle 7.1-1 zeigt einen Ausschnitt aus einem derartigen Daten-File.

Im Menü „Calc. Symbol" wird die Berechnung des Zeitverlaufs eines Symbols gestartet. Zuvor wird eingestellt, ob Phasen- oder Amplitudenstörungen simuliert werden sollen. Zwei Trägerfrequenzbereiche können zur Simulation von Fading-Störungen ausgeblendet werden. Zur Darstellung von Begrenzungseffekten läßt sich eine obere Leistungsgrenze für die Spitzenmodulationsleistung eingeben. Das OFDM-Signal wird in der Amplitude so angepaßt, daß weder eine Übersteuerung der D/A-Umsetzers des ARB noch des I/Q-Modulators auftritt.

Die Berechnung des Zeitverlaufs des so eingestellten Symbols erfolgt mit einer IFFT. Als Ergebnis erhält man ein komplexes Zeitsignal, dessen Realteil die Daten für die I-Komponente und dessen Imaginärteil die Daten für die Q-Komponente des Modulationssignals darstellt. Die berechneten Daten lassen sich auf einer ASCII-Symboldatei speichern, so daß Manipulationen des Signals im Zeitbereich möglich sind. Im Menüpunkt „Calc. Sequence" kann ein Rahmen (Frame) mit einer Anzahl von Symbolen sowie einem Zeit- und Phasenreferenzsymbol zusammengestellt werden. Die maximale Anzahl von Symbolen hängt von der Speichertiefe des ARB (64 k) ab sowie von der Länge der Symbole.

Die Zeitdaten der berechneten Symbole und Sequenzen werden an den ARB übertragen. Hier können noch verschiedene Anpassungen vorgenommen wer-

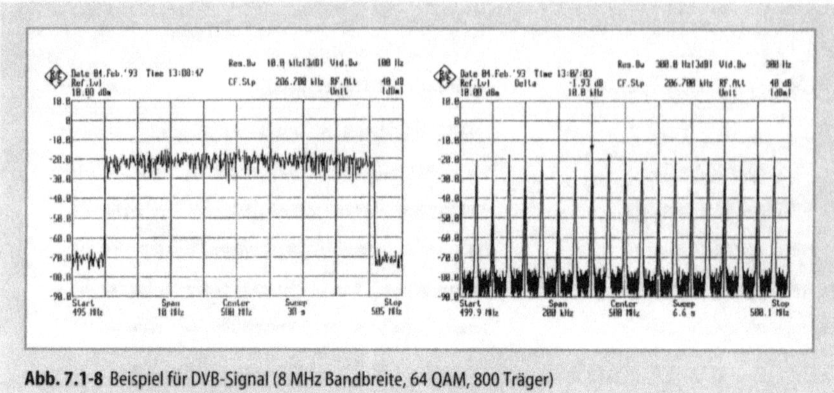

Abb. 7.1-8 Beispiel für DVB-Signal (8 MHz Bandbreite, 64 QAM, 800 Träger)

den, z.B. kann man die Auflösungsrate der D/A-Umsetzer rechnerisch verringern oder Defekte im D/A-Umsetzer simulieren, um die Auswirkungen auf das Signal zu untersuchen. Die Auflösung der im ARB eingebauten D/A-Umsetzer beträgt 12 bit, womit man ein spektral sehr reines Signal erhält (Abb. 7.1-8) [7.7]. Nach der Übertragung der Daten erfolgt die Übergabe der Analogsignale vom ARB an den I/Q-Modulator, der das OFDM-modulierte Signal mit der wählbaren Mittenfrequenz von 10 MHz bis 2 GHz liefert.

7.2
Meßparameter zur Optimierung und Abnahme von DVB-Sendern

a) Bitfehlerrate

Die Bitfehlerrate BER ist der Basisparameter für die Güte digitaler Kommunikationssysteme. Sie ist damit auch ein Maß für die Leistungsfähigkeit und Qualität von DVB-Sendern.

In den BER-Wert des Senders gehen im wesentlichen das thermische Eigenrauschen der Sender-Komponenten, die Nichtlinearität des Leistungsverstärkers, Amplituden- und Frequenzbandbegrenzungen des OFDM-Signals sowie AM- und FM-Störmodulationen ein.

Zur BER-Messung wird die Anzahl der Fehlerbits – bezogen auf die Anzahl der übertragenen Daten – akkumuliert. Die Messung der BER und daraus abgeleitete statistische Werte wie *„Error-Free Seconds", „Error Count"* und *„Availability"* werden meist mit *PRBS-Folgen* der Länge (2^{n-1}) (nach CCITT: 2^{15}-1) durchgeführt.

Die PRBS-Folgen werden als Bruttodatenrate an signifikanten Stellen (nach dem Kanalcoder) des digitalen Übertragungssystems eingespeist.

Der *BER-Meßempfänger* synchronisiert auf die demodulierte PRBS und vergleicht bitweise mit der gespeicherten Referenz-PRBS. Für statistische Aussagen sind typischerweise 100 Fehler in der Meßperiode zu akkumulieren.

Die PRBS-Folgen können auch als Nettodatenrate vor dem Kanalcoder mit den FEC-Prozessen eingespeist werden. Bezogen auf den BER-Meßempfänger sind dann zwei Fälle zu unterscheiden:

Bei der Messung vor der Fehlerkorrektur (sowie ohne Soft-Decision-Demodulation, Abschn. 5.1) wird die *Rohbitfehlerrate* ermittelt. Die Messung mit Fehlerkorrektur (und ggf. mit Soft-Decision-Demodulation) ergibt die System-BER des Übertragungskanals. Das dabei eingesetzte Meßgerät muß ein Normempfänger sein, bei dem das implementierte Fehlerkorrekturverfahren exakt spezifiziert ist. Nachdem bei dieser Messung mit betriebsgleicher Struktur des Datenrahmens verfahren wird, kann auch gemessen und überwacht werden, wie oft ganze Rahmen als fehlerhaft verworfen werden (Frame Error), wie oft sich der Empfänger neu auf das Empfangssignal synchronisieren muß, und wie lange er dazu braucht (Sync Error).

Mit Bezug zur BER-Analyse wird der terrestrische DVB-Sender (Abb. 4.1-1 und 4.3-1) nach Tabelle 7.2-1 strukturiert.

An den Ausgangsschnittstellen der Funktionselemente des DVB-Senders (Coder, Modulator, VHF- und UHF-Mischer) kann die BER gemessen und das Testsignal zur Fehleranalyse auch eingespeist werden. Als Testgenerator für alle Einspeisepunkte dient das System nach Abschn. 7.1.

Das digitale Übertragungssystem, hier der Abschnitt DVB-Sender, hat eine spezifische Degradationskurve BER über C/N bei Gauß-förmigem Rauschen. Die Abb. 7.2-1 zeigt ein typisches BER-Testergebnis mit den Verläufen des idealen, theoretischen Ansatzes bei der Messung in der ZF-Lage und in der RF-Leistungsebene [7.5].

Der Abstand der ZF- und RF-Kurve zum idealen Verlauf gibt den Implementierungsspielraum an. Gegen hohe C/N-Werte verläuft die ZF- und RF-Kurve zu den jeweiligen Background-BER-Werten hin, die durch die Imperfektion (z. B. fehlerhaft abgeglichener Modulator, Nichtlinearität des Leistungsverstärkers) und das (thermische) Eigenrauschen des DVB-Senderabschnitts gegeben ist.

Tabelle 7.2-1 Einspeise- und Meßpunkte beim DVB-Sender zur BER-Messung

Funktionseinheit des DVB-Senders	Einspeise- bzw. Meßpunkt
	Sendereingang (Nettodaten)
Terrestrischer Coder (FEC)	
	Bruttodaten
Modulator (OFDM)	
	Basisband
VHF-Mischer (mit/ohne Entzerrung)	
	ZF
UHF-Mischer	
	RF vor Leistungsverstärker
Leistungsverstärker	
	RF nach Leistungsverstärker
Kanalfilter	
	RF nach Kanalfilter

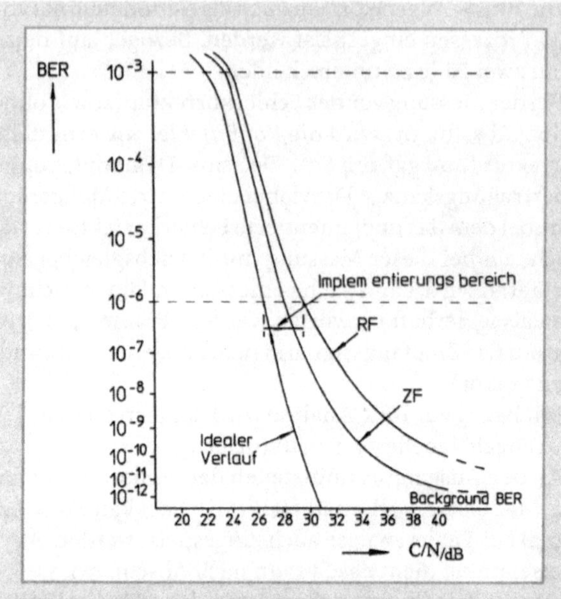

Abb. 7.2-1 Typisches BER-Testergebnis für ein Sendesystem mit ZF und RF

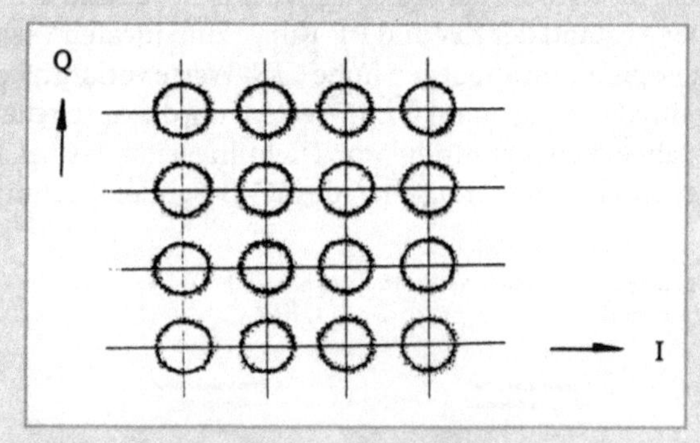

Abb. 7.2-2 Konstellationsdiagramm der 16 QAM mit simuliertem Interferenzton

Das größte Problem bei der Messung der Background-BER des DVB-Senders ist die lange *Meßzeit* bei hohen C/N-Werten. Bei einer BER von z.B. $1 \cdot 10^{-10}$ und der übertragenen Datenrate von 25 Mbit/s muß die Meßzeit 5,5 Std. betragen, um im statistischen Mittel 50 Bitfehler zu akkumulieren.

Die Meßzeit kann mit dem C/I-Test substantiell reduziert werden. Abb. 7.2-1 stellt das Ergebnis der Fehlersimulation dar. Der zusätzliche Störträger im Zustandsdiagramm wird durch gleichzeitige FM und AM simuliert. Diese Art der

Störung hat einen konstanten und reproduzierbaren Vektorfehler zur Folge. Durch die Simulation eines Störträgers wird der Entscheidungsraum bei der Demodulation um einen definierten Wert reduziert. Der resultierende erhöhte BER-Wert ist dadurch in erheblich kürzerer Zeit zu messen und die wahre Background-BER kann aufgrund des bekannten C/I-Wertes gerechnet werden.

Die Messung und Optimierung der Background-BER ist insbesondere bei hohen Modulationsgraden wichtig (z.B. 64 QAM, 64-MR-QAM), da sie die Gesamt-BER des DVB-Senders und des Funkübertragungskanals maßgeblich mit beeinflußt.

Allerdings hat die BER keine Aussagekraft bezüglich der einzelnen Leistungsparameter des DVB-Senders.

DVB-Senderparameter wie Nichtlinieariät des Leistungsverstärkers sowie – damit in Zusammenhang stehend – Inband- und Außerband-Intermodulation müssen im Rahmen von Entwicklungs-, Optimierungs- oder Service-Prozessen zusätzlich gemessen werden.

b) Vektorsignaldiagramm

Die *Vektoranalyse* gewinnt mit dem Grad der Modulation (QPSK, 16 QAM, 64 QAM, MR-QAM) an Bedeutung. Die Modulationspunkte im *Patterndiagramm* sind dann in geringer werdenden Entscheidungsspielräumen gelagert. Durch Rauschüberlagerung, nichtlineare Amplituden- und Phasenkennlinien in Leistungsverstärkern, I/Q-Modulationsfehler sowie AM- oder FM-Störmodulationen verschieben sich die Modulationspunkte innerhalb der Entscheidungszonen u.U. bewegen sie sich darüber hinaus. Die Vektoranalyse am DVB-Sender ist deshalb wichtig, um den DVB-Übertragungskanal nicht vorzubelasten.

Das Vektoranalysemeßgerät enthält als wesentliche Bausteine das RF/ZF-Frontend, den I/Q-Demodulator, den FFT-Algorithmus und den Prozeßrechner (Abb. 6.1-1). Am FFT-Ausgang steht für alle Träger des OFDM-Signales und für jedes OFDM-Symbol der aktuelle komplexe Wert des modulierten Vektors zur Verfügung. Der Controller kann somit Auswerteprozesse entlang der OFDM-Träger im Multiträgersignal sowie entlang der Symbole im zeitlichen Ablauf durchführen. Dies kann im Betrieb mit operationellen Daten oder mit einer Meßfolge (z.B. PRBS) geschehen.

Zur Auswertung legt der Controller eine Schablone mit den Entscheidungsflächen, die jedem Modulationspunkt zugeordnet sind über das Patterndiagramm. Bei QAM ist diese Schablone ein nach außen offenes Gitter mit einem Quadrat-Muster. Bei POM (Abb. 6.1-2) ergeben sich Muster mit Achtecken. Modulationspunkte außerhalb der Entscheidungsfläche führen zu Bitfehlern.

Über das Vektordiagramm können typische Signalstörungen selektiert werden:

- *AM-Störmodulationen* ergeben radiale Verwischungen der Vektoramplituden (Abb. 7.2-4, links unten)
- *FM-Störmodulationen* führen zu Phasenverwischungen der Vektoren in Form von Kreissegmenten (Abb. 7.2-4, rechts unten)

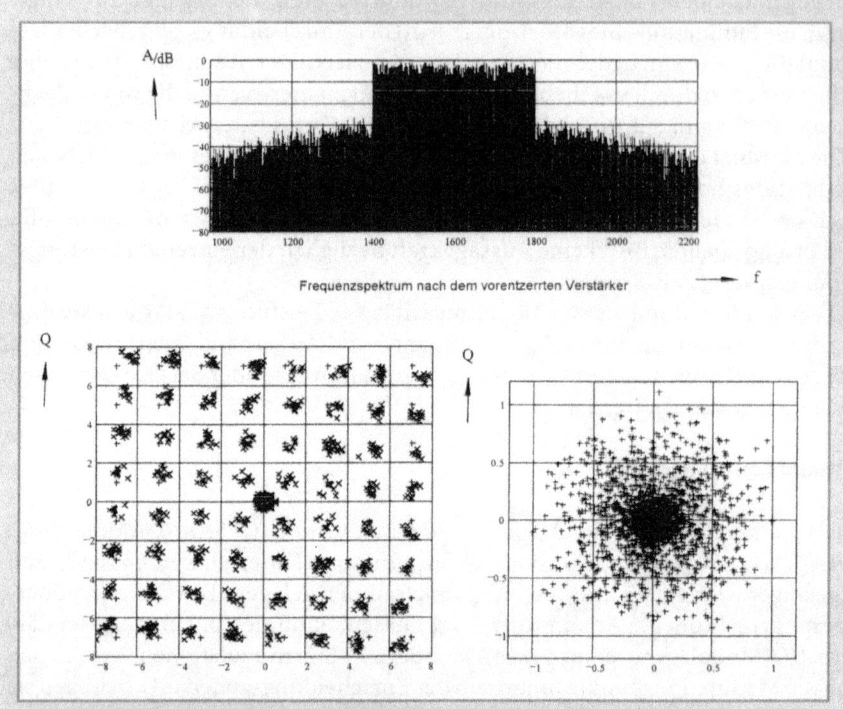

Abb. 7.2-3 Simulation des OFDM-Signales am Ausgang eines gering entzerrten Leistungsverstärkers (Schulterabstand 30 dB) und des resultierenden Konstellationsdiagrammes im 64er Feld sowie in dem auf die Sollwerte normierten Summenfeld [6.12] (normierte Werte)

- *gleichzeitige AM- und FM-Störmodulation* führt zu kreisförmigen Modulationsbildern (Abb. 7.2-4, links oben)
- *Rauschstörungen* führen zu Modulationswolken (Abb. 7.2-4, rechts oben)
- *Nichtlinearitäten* bei Leistungsverstärkern mit aussteuerungsabhängigen Amplituden- und Phasenfehlern führen zu Intermodulationsprodukten und damit zu Abweichungen der Modulationspunkte von den in den Entscheidungsfeldern zentralen Sollwerten (Abb. 7.2-3)
- *Modulatorverstimmungen* führen zu I/Q-Offsetfehlern gemäß Abb. 7.1-3.

Die übergeordnete *Modulationsqualität* kann in Form der Beträge der Fehlervektoren (*Error Vektor Magnitude*) pro OFDM-Träger, pro Multiträger-Symbol oder auch gemittelt über 100 OFDM-Symbole ausgedrückt werden.

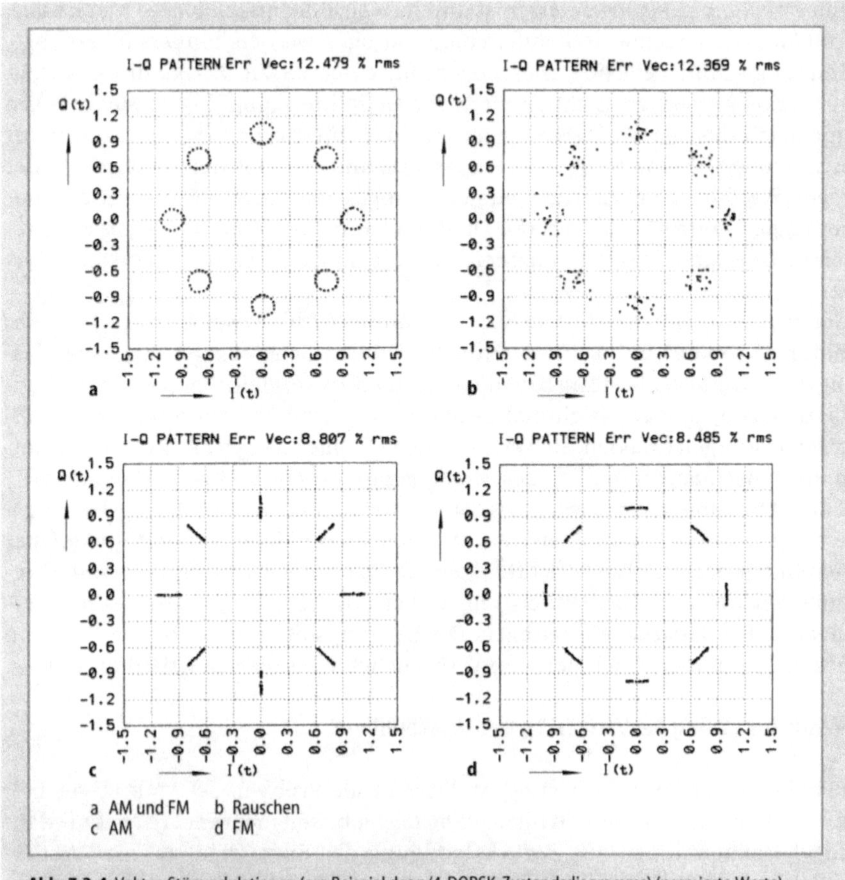

Abb. 7.2-4 Vektor-Störmodulationen (am Beispiel des p/4-DQPSK-Zustandsdiagramms) (normierte Werte)

c) OFDM-Senderleistung

Die Anforderungen an hochfrequente OFDM-Leistungsmesser für DVB sind viel-
fältig. Neben einem großen Frequenzbereich (Band I – Band IV/V) und Leistungs-
bereich (10 W – 15 kW) steht die hohe Meßsicherheit im Vordergrund. Weitere Anforderungen reichen von der einfachen Bestimmung des *Spitzenwertes* bis hin
zur detaillierten Analyse der *Hüllkurve*. Daneben muß das unterbrechungsfreie
Messen von *Vor- und Rücklaufleistung* ebenso möglich sein wie die Bestimmung
der verfügbaren *Leistung von Quellen aller Art* [7.6].

Folgende Geräte stehen für diese Aufgaben zur Verfügung:
Abschluß- oder Absorptions-Leistungsmesser (Terminating Power Meter, Absorp-
tion Power Meter) ermöglichen in Verbindung mit thermischen Sensoren hochgenaue Messungen.

Ein *Zweikanal-Leistungsmesser* ist durch zwei völlig unabhängige Meßkanäle, deren Meßwerte rechnerisch aufeinander bezogen werden können, in der Lage, Dämpfungs- und Reflexionsmessungen mit einer *VSWR-Brücke* direkt auszuführen. Kombiniert mit Richtkopplern, Power Splittern und VSWR-Meßbrücken eignen sich die Abschlußleistungsmesser auch für Durchgangsmessungen zur Bestimmung von Dämpfung und Anpassung und als Kalibrierstandards. In der Regel wird die im Abschlußwiderstand umgesetzte Leistung thermisch oder über einen Dioden-Sensor erfaßt. Dadurch kann der Mittelwert – mit entsprechend ausgelegten Dioden-Sensoren auch die Spitzenleistung – gemessen werden.

Spitzenleistungs- oder Hüllkurvenanalysatoren (Peak Power Analyzer) mit Abschlußmeßköpfen auf der Basis schneller Dioden-Sensoren gestatten die Messung der Hüllkurvenleistung bzw. des Crestfaktors. Vergleichbar mit einem Digitaloszilloskop, können sie einmalige und periodische Veränderungen der Hüllkurvenleistungen erfassen. Sie verfügen über Trigger-Möglichkeiten und gestatten die Bildschirmdarstellung des Meßergebnisses, sowie Cursor-Messungen.

Für Betriebsmessungen an Sendern und Antennen stehen Durchgangsleistungsmesser (Directional Power Meter, Feedthrough Power Meter) zur Verfügung. Über einen integrierten Doppel-Richtkoppler (Reflektometer) erfassen sie unterbrechungsfrei Vor- und Rücklaufleistung und ermöglichen damit Anpassungsmessungen unter Betriebsbedingungen. Die Leistungsdifferenz zwischen Vor- und Rücklauf ist immer gleich der vom Verbraucher absorbierten Leistung.

d) Echtzeitmessung der Verstärker-Betriebskennlinie

Die hohe Linearitätsanforderung ist das zentrale Problem bei Multiträger-Leistungsverstärkern. Dieses gilt nicht allein deshalb, weil nichtlineare Amplituden- und Phasenkennlinien mit Berücksichtigung der Entzerrmaßnahmen Außerbandemissionen verursachen. Die nichtlinearen Kennlinien erzeugen auch Inband-IM-Produkte, die zu Verwischungen der Modulationspunkte im Patterndiagramm führen. Die Verwischungen in Verbindung mit Rauschüberlagerung ergeben eine Degradation des Qualitätsparameters BER des DVB-Senders, insbesondere bei den oberen Modulationsniveaus (z. B. 64 QAM und 64-MR-QAM).

Ein übliches Verfahren zur optimierten Entzerrung der nichtlinearen Amplituden- und Phasenkennlinien von Halbleiter-, Röhren- und Laufzeitröhrenverstärkern ist die Vorentzerrung des Steuersignales. Dieses Verfahren ist vielfach erprobt, stellt aber hohe Anforderungen an die Erfahrungen des „Operators" beim Abgleich der Vorentzerrung. Es nimmt ferner viel Zeit in Anspruch, da eindeutige Zusammenhänge zwischen den Abgleichmöglichkeiten an der Vorentzerrung und den Meßkriterien am Senderausgang (Frequenzspektrum des Multiträgersignals) fehlen.

Es wurde deshalb ein neuartiges Meßverfahren simuliert und realisiert, das es erlaubt, die Amplituden- und Phasenübertragungskennlinien von Multiträgerleistungsverstärkern während des Betriebes mit dem Nutzsignal an einem Dis-

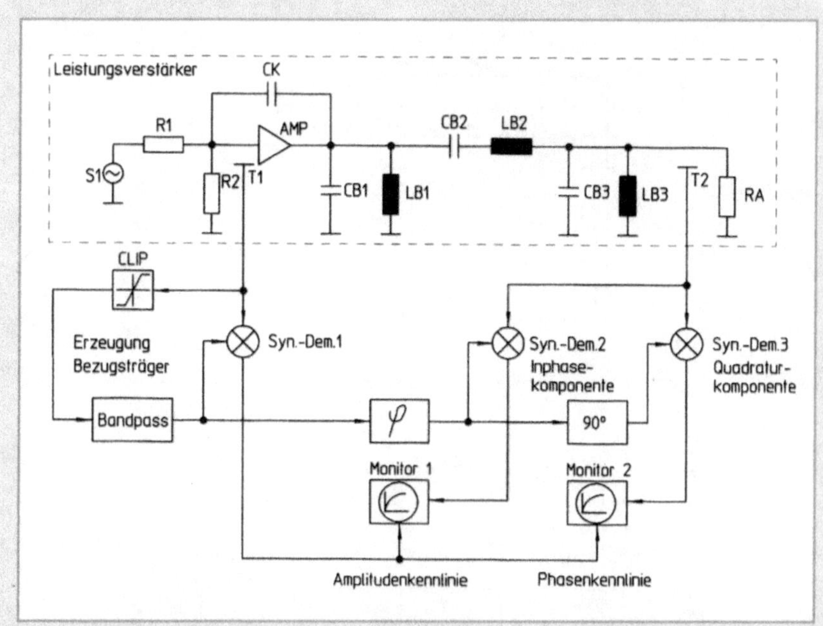

Abb. 7.2-5 Prinzipschaltbild des Meßverfahrens zur Darstellung der Amplituden- und Phasenkennlinien von OFDM-Verstärkern mit den Anschlußpunkten am Leistungsverstärker

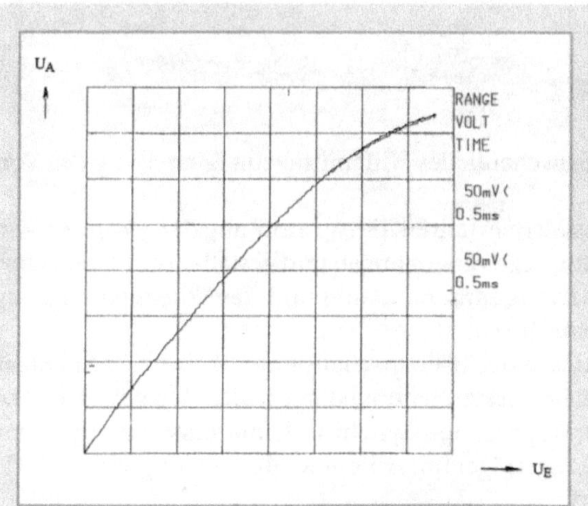

Abb. 7.2-6 Echtzeitdarstellung der Amplitudenübertragungskennlinie eines nicht-entzerrten Solid-State-Multiträgerverstärkers (250 W, Band III) mit Hüllkurvenmodulatoren (Displayausdruck am Plotter)

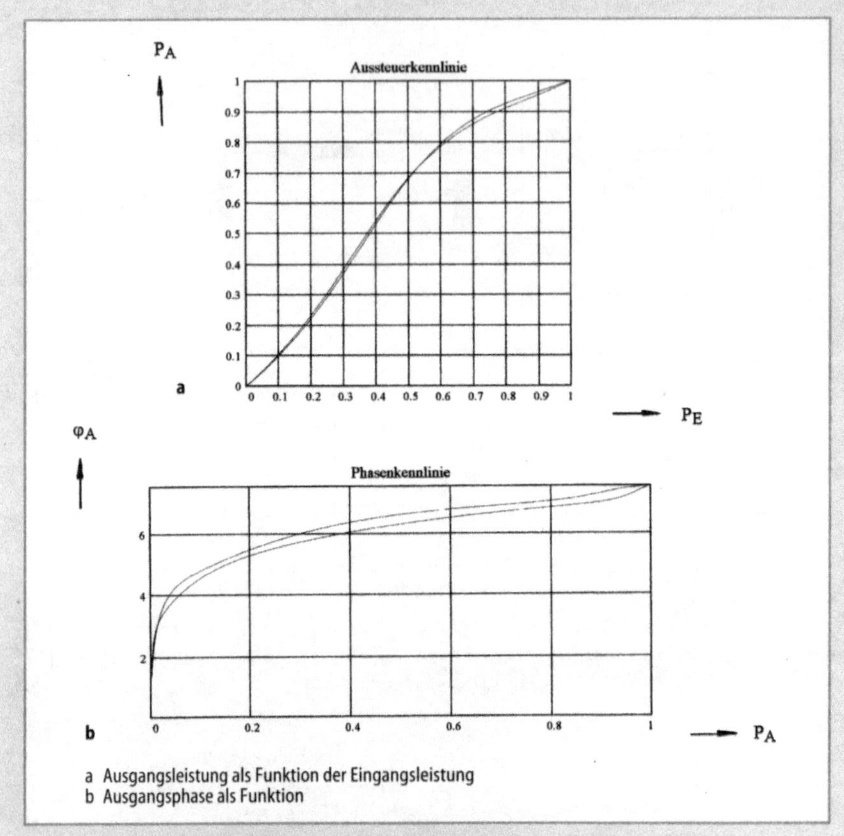

Abb. 7.2-7 Simulierte Display-Anzeigen der Kennlinien eines Solid-State-Multiträgerverstärkers bei Aussteuerung mit dem Betriebssignal (normierte Werte)

play darzustellen und so ein anschauliches Hilfsmittel zur Einstellung der Vorentzerrung anzubieten [7.8].

Weiterhin ermöglicht dieses Meßverfahren die Auftrennung der gesamten Verzerrungen in lineare und nichtlineare Verzerrungen und gestattet somit dem Operator, den Abgleich der Senderausgangsanpassung und der Vorentzerrung unabhängig voneinander durchzuführen.

Das Meßverfahren wird anhand des Prinzipschaltbildes (Abb. 7.2-5) erläutert. Am Eingang und Ausgang des im Ersatzschaltbild dargestellten Leistungsverstärkers wird das RF-Signal ausgekoppelt und Synchrondemodulatoren zugeführt. Im Demodulator 1 wird der Bezugsträger mit Hilfe einer Begrenzungsstufe (CLIP) und eines Bandpasses erzeugt.

Dieser Schaltträger ist für die Synchrondemodulatoren 2 und 3 erforderlich. Er ist mit dem Signalträger phasenstarr verkoppelt und weist keine Amplituden- oder Phasenmodulation auf. Die Verzögerungsstufe „φ" bewirkt den Laufzeitausgleich zwischen Ausgang und Eingang des Leistungsverstärkers. Über das 90°-Stellglied kann neben der Inphase- auch die Quadraturkomponente des Ausgangssignals, bezogen auf das laufzeitkorrigierte Eingangssignal, demoduliert werden. An Monitoren können die Lissajous-Figuren der Inphase- und Quadraturkennlinien dargestellt werden. Sie entsprechen bei geringen Phasenablagen ($<10°$) in erster Näherung den Amplituden- und Phasenkennlinien.

Die Darstellung der betragsmäßigen Spannungsübertragungsfunktion bei vernachlässigbaren Phasenabweichungen kann sinngemäß auf dem Wege über zwei einfache Hüllkurvendetektoren mit der Signalintegration erfolgen (Abb. 7.2-6). Durch Quadrierung der Spannungswerte werden die leistungsbezogenen Kennlinien gewonnen (Abb. 7.2-7).

In einem weiteren Schritt kann dieses Meßverfahren mit Stellelementen der Amplituden- und Phasenvorentzerrung in den ZF-Steuerstufen bzw. in der digitalen Basisbandebene vor dem I/Q-Modulator über die DSP-Technik kombiniert werden.

Damit sind eines *automatische Entzerrung* beim Senderabgleich und ein automatisches Nachführen während des Betriebes bei Netzspannungsschwankungen, Temperaturdriften oder Alterungen möglich.

e) Meß- und Betriebsparameter zur DVB-Senderabnahme

Bei der *Abnahme eines Prototyp-DVB-T-Senders* sind unter anderem folgende wesentlichen Werte zu messen bzw. zu dokumentieren [7.9]:
- Der dominierende Meßparameter ist die *Marge der BER des Senders* (Distanz des Ist-BER-Wertes zum Toleranzwert), gemessen mit einem Normempfänger vor und nach der Fehlerkorrektur.

Die weiteren Parameter sind:
- *Nennleistung am Senderausgang* ohne Ausgangsfilter
- *Intermodulationsabstand* indB bei Nennleistung ohne Ausgangsfilter, unentzerrt und entzerrt. Zusätzlich Messung der Inband-Intermodulation mit Spektrum-Analysator in Lücken des Multiträgersignales, die durch Weglassen von einzelnen oder mehreren OFDM-Trägern im Testsignalgenerator erzeugt wurden.
- Diagramm: Intermodulationsabstand über der Leistung, entzerrt und unentzerrt
- *Ausgangsbandpaß*: Durchlaßkurve, Rückflußdämpfung, Dämpfung
- Messung des Spektrums im Rahmen der *Spektralmaske* nach dem Ausgangsbandpaß, gemessen am oberen und unteren Bandende des OFDM-Signals mit und ohne Dämpfung des DVB-Signals mit einer vorgeschalteten Bandsperre zum Erreichen einer hohen Meßdynamik
- DVB-Signal in der *Basisbandebene* nach dem OFDM-Modulator sowie nach der ZF- und RF-Umsetzung
- Messung des Spektrums der Local Oscillator, Mischer 1 auf ZF und Mischer 2 auf Endfrequenz

- *Frequenzgenauigkeit*:
  Messung der Frequenzeinlaufkurve beim Einschalten des kalten Senders über der Zeit
  Messung der Frequenzeinlaufkurve nach einem Netzausfall
  Messung der Frequenzeinlaufkurve nach Ausfall des GPS
  Messung der Schrittweite der Frequenzeinstellung in kHz und Lage der Mittenfrequenz des DVB-Blocks (ergibt sich automatisch über die Mittelung der RF-Trägerfrequenzen)
- Messung des Bereichs und der Schrittweite zur *Laufzeitkorrektur*
- *Netzspannungsverhalten:*
  Messung der Ausgangsleistung über der Netzspannung bis ± 15 %
  Netzaufnahmeleistung mit Ventilator bei Netzspannung und Nennleistung (kW, KVA)
  Leistungsfaktor bei Nennleistung (cos φ)
- *Schallpegel* (dbA)
- *Senderschutzeinrichtungen*
  VSWR-Regelung (Rückregelung der Leistung)
  Übertemperaturabschaltung (°C)
  Differenztemperaturabschaltung (°C)
  Luftstromüberwachung
  Sicherungen, Motorschutzschalter
  Genauigkeit der Anzeigen
- *Fernbedienung*
  Prüfung der Kommandos und Meldungen

Die neuartige Betriebstechnik für den digitalen terrestrischen Fernsehsender bedingt neue Meßverfahren. Dieser Konsequenz wird zunächst durch die rechnergestützte Generierung von komplexen OFDM-Meßsignalen mit Kurvenformgenerator, D/A-Umsetzer und Meß-I/Q-Modulator Rechnung getragen. Die Simulation von bestimmten von der Norm abweichenden Signaleigenschaften erlaubt betriebstechnische Analysen.

Wie dieses Kapitel gezeigt hat, wurden für die DVB-Sendermessung sowohl adaptierte als auch neuartige Meßverfahren entwickelt. Sie beziehen sich auf Parameter, die eine hohe Aussagekraft für die Güte der gesamten Sendeanlage haben: BER, Vektordiagramm, Sendespektrum, Sendeleistung und Betriebskennlinie des Leistungsverstärkers.

Mit den dargelegten neuen Meßverfahren an DVB-Sendern ist eine der Voraussetzungen sowohl zur Durchführung von Feld- und Pilotversuchen als auch für industrielle Entwicklungen mit dem Ziel der Senderoptimierung in Hinsicht auf technische Daten und Herstellungskosten gegeben.

8 Synchronisation der DVB-Sender im Gleichwellennetz

Die Gleichwellenfähigkeit der digitalen terrestrischen Fernsehsendertechnik hat einerseits signifikante Vorzüge:
- *ökonomischer Einsatz der Ressource Frequenz*
- *Leistungsökonomie* durch Addition der Feldstärken benachbarter DVB-Sender sowie von Mehrwegesignalen
- *Versorgungssicherheit* in kritischer Topographie

Es ergeben sich aber auch hohe Anforderungen an die Sendetechnik, wie Synchronität der *Trägerfrequenzen* und *Synchronität der Datenströme* aller Sender im Gleichwellengebiet. Insbesondere die Bitsynchronität ist ein hoher Anspruch, denn das der Funkübertragung zugeordnete Schutzintervall soll durch die Toleranz der Bitsynchronität der DVB-Sender um weniger als ein Zehntel reduziert werden.

Zur Lösung der Synchronitätsforderung der Gleichwellensender werden im folgenden Kapitel verschiedene Verfahren analysiert und diskutiert. Dabei spielt auch der Einsatz des seit einigen Jahren für die zivile Nutzung freigegebenen Navigations- und Positionsbestimmungsverfahrens Global Positioning System GPS eine Rolle.

Die Darstellung von GPS wird deshalb vorangestellt. Bei der Erarbeitung systemtechnischer Realisierungsansätze für den Regelbetrieb muß insbesondere die Forderung nach kurzfristiger Praktikabilität für Entwicklungs- und Feldversuche einbezogen werden.

8.1
Global Positioning System GPS

Das *Global Positioning System* und seine Fortentwicklung *Differential-GPS (DGPS)* ist für DVB-T in folgenden Aspekten von Bedeutung:
- *Frequenzreferenz:* Frequenzsynchronisation der terrestrischen Sender im Gleichwellennetz.
- *Zeitreferenz:* Rahmen- und Taktsynchronisation der digitalen Abstrahlung.
- *Ortsbestimmung (DGPS):* Messungen im Feld z. B. Feldstärke, Kanalimpulsantwort, Bitsynchronität der Gleichwellensender.

GPS ist ein weltweit eingesetztes Navigations- und Positionsbestimmungssystem auf der Basis von 24 Satelliten in sechs Bahnebenen mit Bahnhöhen von ca. 20200 km (12 Stunden Umlaufzeit) und der Spezifikation SPS (Standard Positioning Service).

Der volle Name ist *Navigation Satellite Timing and Ranging GPS (NAVSTAR-GPS)*. Es dient zivilen und militärischen Nutzern zum Orten, Überwachen und Steuern von Fahrzeugen und Gütern zu Wasser, Lande und in der Luft (Genauigkeit 20 m – 100 m).

GPS liefert neben Navigationsdaten auch hochpräzise Zeitangaben. Der GPS-Empfänger mit dem Navigationsrechner ermittelt aus den GPS-Satellitensignalen sog. „Pseudo"-Entfernungen und stellt mit dieser Information die Empfängeruhrzeit. Aus der Meßungenauigkeit 35 m bis 100 m für die Position beim C/A-Code (ziviler Einsatz) und 20 m bis 30 m beim P-Code (militärischer Einsatz) läßt sich über die Lichtgeschwindigkeit ein Zeitnormal mit der Genauigkeit im Mikrosekunden-Bereich ableiten.

Der *GPS-Empfänger* [8.1] besteht im Kern aus einem Mikroprozessor. Die ferngespeiste Antennen-/Convertereinheit ist mit der RF-Platine durch ein bis zu 100 m langes 50-Ω-Koaxialkabel verbunden. Der von den Satelliten übertragene Datenstrom wird durch den Mikroprozessor des Systems decodiert. Durch Auswertung der Daten kann die GPS-Systemzeit mit einer Abweichung kleiner als 0,5 µs reproduziert werden. Unterschiedliche Laufzeiten der Signale von den Satelliten zum Empfänger werden durch selbständige Bestimmung der Empfängerposition automatisch vom System kompensiert. Durch Nachführung des Hauptoszillators (Oven Controlled Xtal Oscillator; OCXO) wird eine Frequenzgenauigkeit von $1 \cdot 10^{-9}$ erreicht. Gleichzeitig wird die alterungsbedingte Drift des Quarzes kompensiert. Der aktuelle Korrekturwert für den Oszillator bleibt im batteriegepufferten Speicher des Systems erhalten.

Der Mikroprozessor des Empfängers leitet aus der UTC-Zeit eine beliebige Zeitzone ab und kann auch für mehrere Jahre einen automatischen Stundenoffset generieren, wenn der Anwender die entsprechenden Parameter im Setup-Menü einstellt.

Wenn nach Inbetriebnahme des GPS-Empfängers mindestens vier Satelliten empfangen werden konnten, berechnet der Empfänger seine Position. Im Normalbetrieb wird die Empfängerposition laufend nachgeführt.

Der Impulsgenerator der Satellitenfunkuhr erzeugt Impulse zum Sekunden- und Minutenwechsel (Impulslänge 0,2 s, Fehlergrenze ± 0,5 µs). Zusätzlich werden feste Ausgangsfrequenzen von 10 MHz, 1 MHz und 100 kHz von der Zeitbasis OXCO abgeleitet.

Eine Erhöhung der Genauigkeit der Ortsbestimmung mit GPS erfolgt durch die Online-Übertragung der Korrekturwerte einer GPS-Referenzstation. Hierdurch verbessert sich der Fehlerwert auf unter 10 m.

Beim *Differential-GPS* werden z.B. in Deutschland (Rundfunkanstalten WDR und BR) die Online-Korrekturdaten über RDS an den mobilen GPS-Empfänger übertragen. Die DGPS-Daten werden im RDS im TDC-Kanal (Transparent Data

Channel, Gruppe 5 A, 3 Gruppen pro Zyklus, Nettobitrate 96 bit/s) im genormten Datenformat RTCM-104 gesendet [8.2].

Der Abgleich der GPS-Ortswerte mit den über RDS empfangenen Korrekturdaten erfolgt automatisch alle 15 Sekunden. Die kontinuierliche Verfügbarkeit von Lageinformationen bei Abschattungen oder beim Ausfall der DGPS-Informationen kann durch zusätzliche Koppelnavigation (z. B. Radsensoren, Kreiselsysteme, Kompaß) sichergestellt werden.

8.2
Frequenzsynchronisation des Trägers

Es werden im folgenden vier grundsätzliche Möglichkeiten, die RF-Frequenzsynchronität im DVB-Netz sicherzustellen, diskutiert (Abb. 8.2-1) [8.4].

GPS

Als Vorteil der GPS-Synchronisierung werden die weltweite Verfügbarkeit und die hohe erreichbare Genauigkeit angesehen. Auch sind entsprechende GPS-disziplinierte Oszillatoren preiswert verfügbar.

Nachteil dieser Synchronisationsart ist jedoch, daß sich der GPS-Betreiber (US-Regierung) theoretisch die Möglichkeit offenhält, das Signal beliebig zu verschlechtern oder den Code zu ändern.

Transport-MUX-Datentakt

Die Anbindung der RF-Sendefrequenz an eine aus dem Transport-MUX-Datentakt rückgewonnene Frequenz ist möglich, hängt jedoch stark von den Parame-

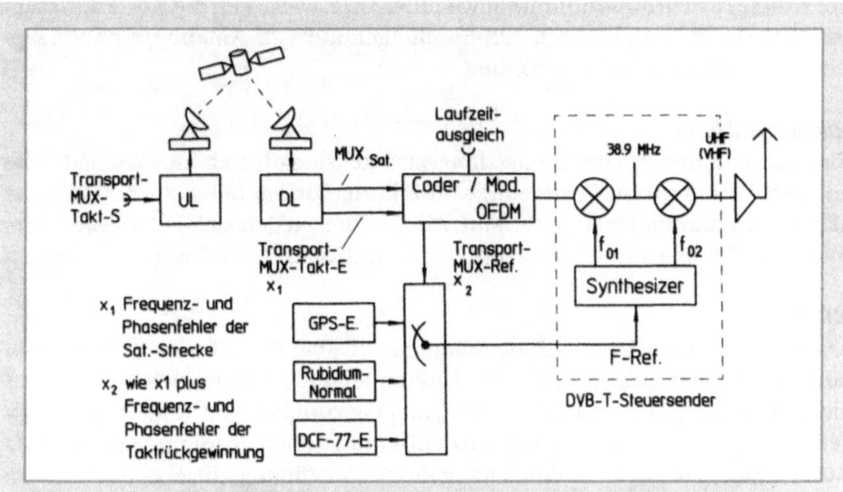

Abb. 8.2-1 Frequenzanbindungsmöglichkeiten der Mischeroszillatoren bei der Zubringung über Satellit

tern der Satellitenstrecke und denen der Taktrückgewinnungseinrichtung ab. Durchgeführte Tests, in denen ein 100-kHz-Pilot mit über die Satellitenverbindung übertragen wurde, zeigen, daß der Bezug auf eine die Satellitenstrecke durchlaufende Referenzfrequenz theoretisch möglich ist. Die aufgetretenen Frequenzabweichungen des Pilottones nach Durchlaufen der Satellitenübertragungsstrecke liegen bei ca. 1 Hz (bei 100-kHz-Pilot).

Aus diesen Angaben folgt, daß die im Testbetrieb genutzte Satellitenstrecke eine Genauigkeit einer zu übertragenen Frequenz von (nur) $1 \cdot 10^{-5}$ zuläßt. Wenn aus einem solchen Signal die Referenzfrequenz für den Synthesizer im DVB-Steuersender (zur Mischung auf 38,9 MHz und anschließend auf die Sendefrequenz) gewonnen wird, entspricht dies einer möglichen Abweichung von ca. 9 kHz (Kanal 61 – Kanal 69). Zusätzlich gehen noch die Ungenauigkeiten der Taktrückgewinnung im Coder/Modulator/Umsetzer und die Phasen- bzw. Frequenzfehler des Synthesizers mit in die tatsächliche Ausgangsfrequenz des Senders ein.

Die Realisierbarkeit eines *„floating net"* hängt daher von den Daten des DVB-Steuersenders und den Empfängerdaten ab. Der Synthesizer im DVB-Steuersender muß einen entsprechend großen Eingangsbereich aufweisen, und der DVB-Empfänger muß um die angegebene Frequenz nachziehen können.

Die Quarze in eingeführten Steuersendern, die an die Referenzfrequenz angebunden werden, haben in der üblichen Ausführung jedoch nur einen Ziehbereich von $1 \cdot 10^{-6}$. Sie müssen also bei der oben angegebenen Satellitenübertragungsstrecke für den „floating-net"-Betrieb nachentwickelt werden. Als weiterer Nachteil eines „floating net" läßt sich jetzt schon erkennen, daß bei Signalzubringung über Satellit und andere Zubringer der letzte auf die floating-frequency des Netzes synchronisiert werden muß. Dies spielt jedoch im Pilotversuch keine Rolle, da nur ein einheitlicher Zubringer für alle Sender eines Netzes vorgesehen ist. Wenn diese Synchronisationsart anwendbar ist, erweist sich die Kostensituation (im DVB-Sender entfallen z. B. GPS-Empfänger und GPS-Antenne) als Vorteil gegenüber den anderen Möglichkeiten.

Rubidiumoszillator

Vorteilhaft an dieser Synchronisationsvariante ist, daß auch im Krisenfall – wo eine GPS-Verbindung u. U. nur eingeschränkt zur Verfügung steht – der Referenztakt im Rubidiumnormal weiterläuft. Als Nachteil stellen sich jedoch die hohen Kosten des Normals sowie der jährlich nötige Abgleich der Oszillatoren heraus.

DCF77

Der DCF77-Sender (Digital Code Frequency) ist bei Frankfurt am Main stationiert und arbeitet auf Langwelle mit der Frequenz 77,5 kHz. Er sendet ausschließlich Zeitsignale (MEZ und MESZ) mit einer Genauigkeit von $3 \cdot 10^{-14}$. Die Reichweite beträgt mehr als 1000 km. Nach der Demodulation des Signals stehen BCD-codierte Steuerzeichen für die Zeitangabe zur Verfügung, die eine Funkuhr mit einem Quarzgenerator in Intervallen synchronisieren. Die Zeitsynchronisation ist für DVB-Sender in eine Frequenzsynchronisation zu transformieren.

Diese Synchronisationsmöglichkeit weist als Vorteil eine preiswerte Verfügbarkeit des Empfängers auf.

Nachteilig wirkt sich aber eine nur auf Teile Europas beschränkte Empfangbarkeit sowie eine hohe Ausfallrate des DCF77-Normals gegenüber aus.

Die Gewichtung der Argumente führt dazu, anstehende Pilotversuche mit GPS-synchronisierter Sendefrequenz durchzuführen. Während des Versuchsbetriebs kann die Abweichung zwischen rückgewonnenem Takt und GPS-stabilisierter Referenzfrequenz über einen längeren Zeitraum vermessen werden.

Auf der Grundlage der dann vorliegenden Meßwerte und der im Betrieb gewonnenen Erfahrungen kann entschieden werden, ob ein „floating net" realisierbar und sinnvoll ist.

8.3
Zeitsynchronisation zur bitsynchronen Abstrahlung

Für die bitsynchrone Abstrahlung (bzw. Sendung zu einem relativ definierten Zeitpunkt – wenn die Laufzeit als Planungskriterium eingebracht wird) der DVB-Sender im Gleichwellennetz ist die unterschiedliche Laufzeitverzögerung bei der Programmzuführung via Satellit auszugleichen [8.3]. Wenn dabei eine Fehlertoleranz in der Synchronisation von 5 % der Schutzintervallzeit (im Beispiel 224 µs (8K-Transformationslänge, $\Delta/T_U = 1/4$) bzw. 56 µs (2K-Transformationslänge, $\Delta/T_U = 1/4$)) erlaubt sein wird, so ergibt sich ein zulässiges Δt von 11,2 µs bzw. 2,8 µs. Diese Zeit läßt sich in eine entsprechende Übertragungsstrecke umrechnen ($c \cdot \Delta t$), und man erhält die max. erlaubte unterschiedliche Distanz der Abwärtsstrecken zweier benachbarter Sender. Vergleicht man die tatsächlichen Abwärtsstrecken der benachbarten Sender, so ergibt sich ein größerer Streckenunterschied bzw. eine größere Laufzeitdifferenz. Bei den beiden weiteren definierten Schutzintervallen (112 µs bzw. 28 µs, 28 µs bzw. 7 µs) ist die Situation entsprechend verschärft.

Mittels zwei- und dreidimensionaler Trigonometrie läßt sich die Länge der Abwärtsstrecke As zu den einzelnen Sendern bestimmen. Es müssen die geostationäre Bahn des Satelliten sowie der Senderstandort in Längen- und Breitengrad bekannt sein (Abb. 8.3-2). Die Berechnung der Abwärtsstrecke As erfolgt über das schraffierte zweidimensionale Dreieck E-S-EM mittels Kosinussatzes (Gl. 8.3-1(1)).

Da der Winkel β unbekannt ist, wird er über das Kugeldreieck E-M-Su mit Hilfe des Seitenkosinussatzes errechnet (Gl. 8.3-1(2). Der Winkel γ gibt die Längengraddifferenz zwischen der Empfangsstelle E und der Satellitenumlaufposition Su an. b bezeichnet den Breitengrad der Empfangsstelle E. Da die Längengrade senkrecht auf dem Äquator stehen, ergibt sich der Winkel α zu 90°. Mit $\cos 90° = 0$ und $\sin 90° = 1$ ergibt sich Gl. 8.3-1(3). Wird die Gleichung (3) in (1) eingesetzt, erhält man das Ergebnis für die Berechnung der Abwärtsstrecke As (Gl. 8.3-1(4)).

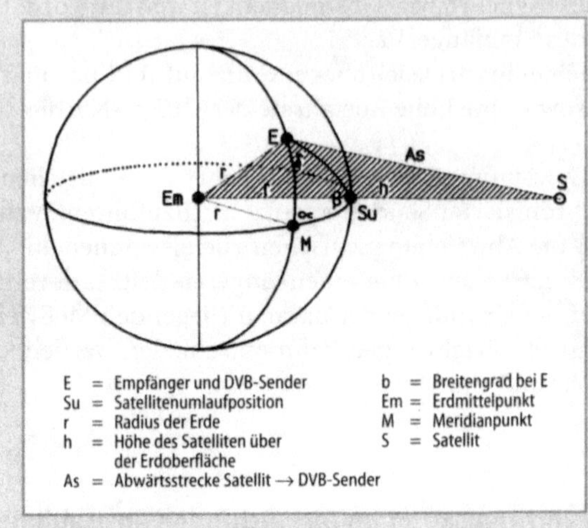

Abb. 8.3-2 Ableitung der unterschiedlichen Satellitenabwärtsstrecken

$$As = \sqrt{h^2 + 2r(r+h)\cos\beta} \tag{1}$$

$$\beta = \text{Winkel zwischen E-Em-Su}$$

$$\cos\beta = -\cos\alpha\,\cos\gamma + \sin\alpha\,\cos\gamma\,\cos b \tag{2}$$

$$\cos\beta = -\cos 90^\circ\,\cos\gamma + \sin 90^\circ\,\cos\gamma\,\cos b$$

$$\cos\beta = \cos\gamma\,\cos b \tag{3}$$

$$A_s = \sqrt{h^2 + 2r(r+h)\cos\gamma\,\cos b} \tag{4}$$

Gleichung 8.3-1 Ableitung der Satellitenabwärtsstrecke AS

Am Beispiel soll hier wird der Einfluß der Längen- und Breitengradänderung auf dem Gebiet der Bundesrepublik Deutschland berechnet werden. Zur Untersuchung der Breitengradänderung wird von einer Senderkette ausgegangen, die sich auf dem Längengrad von 11,30,00° befindet (entspricht ungefähr dem Längengrad München).

In Tabelle 8.3-1 ist zu ersehen, daß sich bereits eine geringfügige Breitengradänderung im Minutenbereich durch eine höhere Abweichung als erlaubt ausdrückt. Im angegebenen Breitengrad von 48° (München) entspricht eine Breitengradänderung von 10 Minuten einer Entfernung von ca. 18,7 km.

Tabelle 8.3-1 Zeitdifferenz bei Breitengradänderung der Empfangsposition für Satellitensignale

N	Breitengrad (Gr, Min, sek)	Senderabstand zu N-1 [km]	Differenz Abwärtsstrecken zu N-1 [km]	Zeitdifferenz zu N-1 [μsek]
1	48,00,00	-	-	-
2	48,10,00	18.7	14.87	49.6
3	48,20,00	18.7	14.90	49.7
4	48,30,00	18.7	14.93	49.8
5	48,40,00	18.7	14.97	49.9
6	48,50,00	18.7	14.99	50.0
7	49,00,00	18.7	15.03	50.1
8	49,30,00	56	45.28	150.9
9	50,00,00	56	45.56	151.9
10	50,30,00	56	45.84	152.8
11	51,00,00	56	46.12	153.7
12	51,30,00	56	46.39	154.6
13	52,00,00	56	46.66	155.5

Tabelle 8.3-2 Zeitifferenz bei Längengradänderung der Empfangsposition für Satellitensignale

N	Längengrad (Gr, Min, sek)	Senderabstand zu N-1 [km]	Differenz Abwärtsstrecken zu N-1 [km]	Zeitdifferenz zu N-1 [μsek]
1	09,00,00	-	-	-
2	09,15,00	18.5	5.07	16.8
3	09,30,00	18.5	4.98	16.6
4	09,45,00	18.5	4.89	16.3
5	10,00,00	18.5	4.81	16.0
6	10,30,00	37.0	9.36	31.2
7	11,00,00	37.0	9.02	30.1
8	11,30,00	37.0	8.67	28.9
9	12,00,00	37.0	8.32	27.7
10	12,30,00	37.0	7.98	26.6
11	13,00,00	37.0	7.62	25.4

Das gleiche Problem ergibt sich bei entsprechender Längengradänderung. Dabei wird der Breitengrad von München 48,10,00° konstant gehalten. Die Laufzeitunterschiede bei einer Längengradänderung sind laut Tabelle 8.3-2 nicht so extrem wie bei entsprechender Breitengradänderung.

Um einen synchronen Betrieb des Gleichwellennetzes zu garantieren, muß ein Laufzeitausgleich im jeweiligen DVB-Sender durch eine digitale Zeitverzögerungsstufe erfolgen.

Um an jedem Senderstandort die benötigte Zeitverzögerung einstellen zu können, muß die Abwärtsstrecke des ungünstigsten Senderstandortes im Empfangsgebiet ermittelt werden. Dies ist in Deutschland der nordwestlichste Sender. Diese Abwärtsstrecke läßt sich in eine entsprechende Zeit t_{max} umrechnen.

Weiterhin muß noch eine Reservezeit t_{Gmax} zum Ausgleich zwischen unterschiedlichen Gerätelaufzeiten von verschiedenen Senderherstellern mit einberechnet werden.

Mit den beiden Werten und den Senderkenndaten läßt sich jetzt für jeden Sender die nötige Zeitverzögerung berechnen:

Verzögerungszeit $(t_{max}-t_{se}) + (t_{Gmax}-t_{Gse})$

t_{se}: Zeitdauer der Abwärtsstrecke des Senders
t_{Gse}: Gesamtlaufzeiten der einzelnen Geräte am Sender

Der Anspruch und die Problemstellung der Synchronität der DVB-Gleichwellensender wurden dargelegt und begründet.

Die Auswertung der Alternativen zur Frequenzsynchronisation führt zu dem Ergebnis, die Pilotversuche auf GPS-Basis durchzuführen. Während des Versuchsbetriebes wird der „floating net"-Ansatz mit der Anbindung an den Transport-MUX-Datentakt auf Praktikabilität für den Regelbetrieb untersucht.

Für die bitsynchrone Abstrahlung der DVB-Datenströme bietet sich in Pilotversuchen an, den Zeitbezug der Symbole fest einzustellen. Dies geschieht so, daß der Sender mit der längsten Zuführungszeit mit minimaler fester Verzögerung arbeitet, und alle anderen Sender mit der standortabhängigen längeren festen Verzögerung arbeiten. Die Einstellung der Signallaufzeit „nach Tabelle" ist ausreichend genau.

Parallel kann der absolute Sendezeitpunkt des Synchronisationswortes der TPS-Trägerfolge (Abschn. 4.2) unter Zuhilfenahme einer Referenzzeit (GPS-Empfänger) exakt eingestellt und gemessen werden.

Letztlich wird der Netzbetreiber nicht alle Sender 100 % bitsynchron laufen lassen. Dadurch wird es möglich, Sender mit großem Senderadius und solche mit kleinem Senderadius zu kombinieren.

Bei Umschaltung des Zubringers (z. B. Wechsel auf anderen Satellit) oder Empfangsgebietsveränderung müssen die festen Verzögerungen neu berechnet und eingestellt werden. Um nicht jeden Sender einzeln „besuchen" zu müssen, ist es sinnvoll, im Rahmen der Zusatzdaten den Sollwert $(t_{max} + t_{Gmax})$ über den Satelliten zu den Sendern mitzuübertragen. Damit kann jeder Sender seine eigene Zeitverzögerung mit Hilfe seiner Koordinaten berechnen und sich entsprechend einstellen.

Die Messung der Bitsynchronität der Aussendung im DVB-Funkfeld ist über die Symbollaufzeit mit Hilfe des *Channel-Sounder-Systems* (Abschn. 9.2) mit einer Auflösung von 0,5 µs möglich. Nach der Identifikation der Kanalimpulsantwort zu den Sendequellen (z.B. durch kurzzeitiges Abschalten des Senders oder geringe Veränderung der Verzögerungszeit am Sender – die Peaks der Kanalimpulsantwort des Sendesignals verändern sich synchron; der Dialog erfolgt über das *GSM- oder PCN-Mobilfunknetz*) kann aus der lokalen Entfernung zum Senderstandort (über DGPS) auf den absoluten Sendezeitpunkt des Referenzsignals geschlossen werden.

9 Versorgungsmeßtechnik für digitale terrestrische Fernsehnetze

Als Werkzeuge zur *Versorgungsplanung* stehen Programme zur Vorhersage der Feldstärke zur Verfügung. Die Ergebnisse sind jedoch mit relativ hohen Unsicherheiten behaftet, da diese Tools nur grobe Modelle benutzen. Um die Unsicherheiten auszugleichen, wäre eine Erhöhung der Sendeleistung oder der Anzahl der Senderstandorte denkbar, aber nicht realistisch.

Deshalb muß die Funkversorgung auch auf der Grundlage von praktischen Versuchen und Meßergebnissen geplant und nachgewiesen werden.

Zur Messung der DVB-Feldstärke ergeben sich ähnliche Anforderungen wie beim GSM-/PCN-Mobilfunk und digitalen Hörfunk DAB.

Der für die Planung des DVB-Netzes wichtigste Meßparameter ist die am Empfangsort verfügbare Feldstärke. Es wurde deshalb der *Meßempfänger ESVB für DVB-T* per Adaption und Zusatzentwicklung aus der gegebenen Familie (GSM, DAB) realisiert. Er ist mit allen für Feldstärkemessungen im DVB-Netz notwendigen Eigenschaften und einem I/Q-Meßdemodulator ausgestattet. Mit seiner an den DVB-Kanal angepaßten Bandbreite von 8 MHz erfaßt er das gesamte OFDM-Spektrum. Die Leistung im Spektrum am Empfängereingang ist das Maß für die Versorgung bei DVB. Da sich das DVB-Signal aufgrund der Addition vieler Träger mit quasi statistisch verteilten Phasen und Amplituden wie weißes Rauschen innerhalb der Übertragungsbandbreite verhält, eignet sich nur die Effektivwertmessung zur Leistungsbestimmung. Ein thermischer Leistungsmesser scheidet wegen der erforderlichen hohen Meßgeschwindigkeit aus. Der DVB-Feldstärkemesser enthält für diesen Zweck eine Effektivwertanzeige, die schnell und über einen großen Bereich die Leistung am Empfängereingang anzeigt.

Der aussagekräftigste, aber auch sehr komplexe Meßparameter für die Planung und Feststellung der Funkversorgung ist die Kanalimpulsantwort – das Ausgangssignal eines mit einem *Dirac-Impuls* angeregten Übertragungssystems. Die Kanalimpulsantwort ist die ideale Meßgröße für den Anwenderkreis: Funknetzplaner und -betreiber oder Forschungsinstitute, zu deren Aufgaben die Beurteilung der Qualität eines digitalen Funkkanals gehört. Bei Konzipierung, Aufbau, Inbetriebnahme und Wartung dieser Netze sind Kenntnisse der Eigenschaften des Funkkanals für Verfahrensoptimierung, Senderstandortplanung oder die Suche nach Ursachen für Übertragungsfehler wichtig.

In [9.1] wurden die allgemeinen Übertragungseigenschaften in digitalen Funknetzen untersucht. Die Arbeit umfaßt die mathematische Definition des Pfadmodells und der Kanalimpulsantwort des digitalen Funkkanals sowie die numerische Realisierung für Verfahren zur Bestimmung der Kanalimpulsantwort und zur Untersuchung der Mehrwegeausbreitung.

Auf der Definition basierend entwickelten sich die Applikationen für den GSM- und PCN-Mobilfunk sowie für den digitalen terrestrischen Hörfunk DAB. Die Forderung nach der Messung der Kanalimpulsantwort sowie der daraus abgeleiteten Parameter Selektiver-C/I-Wert (Carrier over Interferer) und Rohbitfehlerrate beim digitalen terrestrischen Fernsehen wirft äquivalente Problemstellungen auf. Es liegt daher nahe, die gegebenen applikationsspezifischen Systeme auf die Belange von DVB-T zu adaptieren.

Die Verfahrenstechnik für die Messung der Kanalimpulsantwort im operationellen Betrieb anhand eines Symbols mit festgelegtem Dateninhalt (z.B. DVB-Meß-, Überwachungs- und Kennungssymbol, Abschn. 10.3) ist weltweit einzigartig. Das konstante Symbol wird ständig oder nur in der Meßphase geschaltet, wobei der weitere Datenrahmen aufrecht erhalten bleibt.

Daneben gestattet der Einsatz einer Testsenderanlage mit dem DVB-T-Testgenerator (Abschn. 7.1), einem hochlinearen Leistungsverstärker (Abschn. 6.3), und der im Abschn. 2.3 dargestellten Sendeantenne sowie dem stationären Auswertesystem eine betriebsunabhängige Versorgungsmessung.

Im folgenden Kapitel werden die Adaption und der teilweise Neuentwurf der für GSM und DAB realisierten Feldstärke- und Kanalimpulsantwort-Messung auf die Belange des digitalen terrestrischen Fernsehens dargestellt. Dabei werden die bestehenden Alternativen in der DVB-T-Spezifikation berücksichtigt.

9.1
Erfassung und Analyse der Feldstärke

a) Kanalmodell

Für die Messung der Feldstärke wird das Kanalmodell nach Abb. 9.1-1 zugrundegelegt. Die DVB-Sender A und B arbeiten auf der gleichen Frequenz takt- und bitsynchron. Der Empfänger erhält das Signal des Senders A über verschiedene Wege $a_0 - a_n$ mit den zugeordneten Laufzeiten $t_0 - t_n$. Jeder der Pfade wird mit $h_0 - h_n$ gedämpft und moduliert. Wegen des Gleichwellenbetriebes können am Empfänger auch ein oder mehrere Nachbarsender, hier Sender B, eintreffen. Sie erscheinen mit ihrer Laufzeit t_{n+1} als aktives Echo mit der Streckendämpfung h_{n+1} und können am Empfänger von Signalen des Senders A – ohne gesonderte Maßnahme – nicht unterschieden werden. Je nach Phase der ankommenden Teilsignale können sich die Träger konstruktiv addieren oder dämpfen (*Fading*). Eine Auslöschung tritt jedoch immer nur in sehr schmalen Frequenzbereichen auf. Je größer die Bandbreite des Übertragungskanals, desto geringer sind die Feldstärkeeinbrüche. Die am Empfangsort ankommende Feldstärke während der nutzbaren Symboldauer ist für die Empfangsqualität maßgebend.

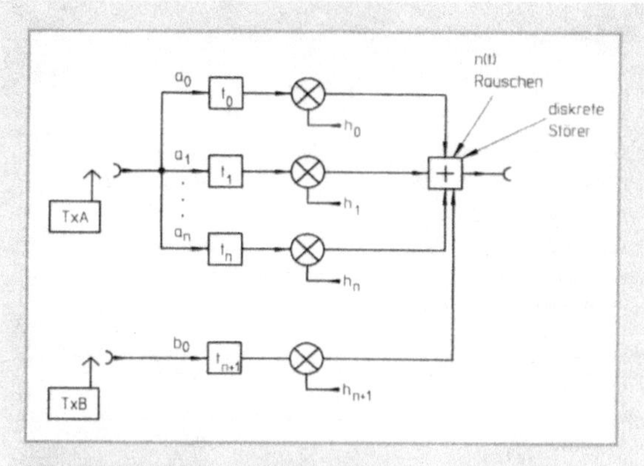

Abb. 9.1-1 Das DVB-T-Kanalmodell bei Mehrwegesituation und Gleichwellentechnik

Aufgrund des Kanalmodells kommen zur Versorgungsmessung folgende Parameter in Frage:
– die am Empfänger ankommende *Gesamtfeldstärke* (integral über die Kanalbandbreite),
– die Feldstärke und die Laufzeit der einzelnen Teilwellen (*Kanalimpulsantwort*)
– die von anderen Quellen stammenden *Interferenzen* (Störer), die, wenn sie einen bestimmten Abstand zum Nutzsignal unterschreiten, den Empfang stören oder verhindern können.

Mit der Annahme, daß die empfangene Gesamtfeldstärke ein Maß für die Empfangsqualität darstellt, ist diese mit der Übertragungsbandbreite des OFDM-Signals zu messen. Diese Annahme ist dann richtig, wenn durch das Codierverfahren schmalbandige Einbrüche innerhalb der Empfangsbandbreite ausgeglichen werden. Eine weitere Voraussetzung ist, daß die Laufzeiten der Echos bzw. der Signale, die von anderen Senderstandorten kommen, das Schutzintervall nicht überschreiten. Eine mögliche Meßanordnung ist, den Effektivwert der Hüllkurve des Empfänger-ZF-Signals zu messen, wobei die ZF-Bandbreite des Empfängers gleich der Bandbreite des OFDM-Signals ist. Dieser ist ein Maß für die Leistung des RF-Signals. Die Zeitkonstante für die Effektivwertbildung kann hier ausreichend kurz gemacht werden, um die hohen Meßraten zu erreichen.

b) Feldstärkemessung

Zur technischen Realisierung des DVB-Feldstärke-Meßgerätes wurde der Feldstärke-Meßempfänger ESVB modifiziert und erweitert (Tabelle 9.1-1) [9.2] durch:
– ein *8-MHz-ZF-Filter* mit typischem Formfaktor 1:1,8 (erlaubt die Messung der Schutzabstände zwischen digitalem und analogem TV-Signal bei Belegung von Tabu-Kanälen

Tabelle 9.1-1 Kenndaten des DVB-Feldstärkemeßgerätes

Pegelmessung	
ZF-Bandbreite (-3 dB)	8 MHz
Detector	RMS, Mittelwert
Anzeigedynamik	60 dB
Pegelabweichung (bei Vollaussteuerung)	< 1 dB (0,5 dB typ.)
Linearitätsabweichung (im Anzeigenbereich)	< 1 dB
Meßgeschwindigkeit	5000 Meßwerte/sec.
I/Q-Ausgänge	
Impedanz	50 Ω
Ausgangspegel	0 dBm
Kopplung	DC
Offset	0,2 mV (typ.)
Amplitudenabweichung zwischen I und Q (DC bis 4 MHz)	< 0,3 dB
Phasenabweichung zwischen I und Q (DC bis 4 MHz)	< 1,5 ° (typ.)
Einschwingzeit	< 200 µs

– einen schnellen *Effektivwert-Detektor* für das 8-MHz-breite DVB-Signal mit einem betriebsgemäßen Crest-Faktor von 10 dB
– und einem *I/Q-Demodulator* mit einer Bandbreite der I- und Q-Ausgänge von jeweils 4 MHz zur Messung der Kanalimpulsantwort.

Als dem *Feldstärke-Meßgerät* vorgeschaltete Antenne können handelsübliche passive oder aktive logarithmisch-periodische UHF-/VHF-Antennen eingesetzt werden. Der Gewinn oder Wandlungsfaktor der Empfangsantenne stellt die Beziehung zwischen der am Empfänger gemessenen Eingangsleistung und der Empfangsfeldstärke her. Zur Ermittlung der Feldstärke ist es daher notwendig, kalibrierte Antennen zu benutzen. Das Wandlungsmaß wird in die Meßauswertung einbezogen. Bei breitbandigen Antennen ist eine mögliche Übersteuerung des RF-Teils auszuschließen.

Im Rahmen von [9.2] und von weiteren Laborentwicklungen wurde neben den theoretischen Voruntersuchungen die technische Realisierung der *RMS-Pegelmessung* und des *I/Q-Demodulators* für DVB durchgeführt. Dabei standen die praxisnahen und problembezogenen Lösungen im Vordergrund. Die Abb. 9.1-2 gibt einen Überblick über Umfang und Funktionsweise der gesamten Schaltung.

Der erste Block im Schaltbild stellt die Eingangsstufen mit den Elementen Eingangsverstärkung, Filtercharakteristik und Umsetzung der Hochfrequenz in die ZF-Lage dar. Nach dem Eingangsblock folgt der „peak detector", der in Anbetracht der hohen OFDM-Spitzenwerte zur Vermeidung der Übersteuerung der

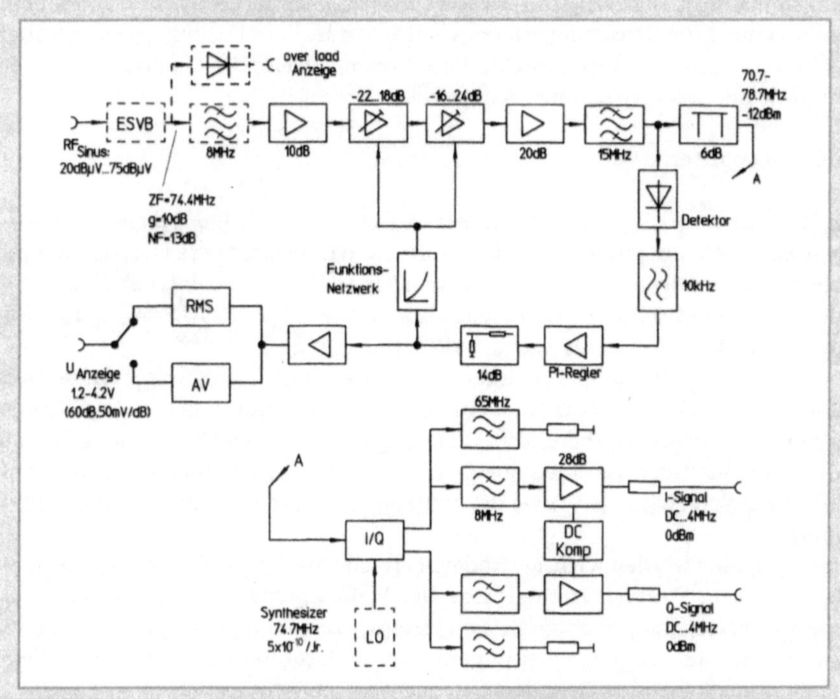

Abb. 9.1-2 Blockschaltbild der RMS-Bildung und des gesamten I/Q-Demodulators

Schaltung und damit der Verzerrung des demodulierten Signals erforderlich ist. Das Bandpaßfilter begrenzt die Bandbreite der Schaltung auf 8 MHz und unterdrückt somit z.B. Störungen von Nachbarkanälen. Die weiteren Blöcke lassen sich für den Überblick in zwei Funktionen unterteilen: Regelschleife und I/Q-Demodulator. Die Regelschleife mit den beiden steuerbaren *AGC-Verstärkern* regelt das Signal derart, daß am Ausgang ein konstanter Pegel von 0 dBm anliegt. Darüberhinaus wird die Leistung des Eingangssignales bestimmt. Hierbei gab es prinzipiell drei Alternativen: Die erste war die Untersuchung eines Lin-Log-Wandlers, der eine dB-proportionale Anzeigespannung liefern würde. Hierbei stellte sich als größtes Problem die sehr große Bandbreite des Signals (8 MHz) heraus. Eine weitere Möglichkeit zur Bestimmung der Eingangsleistung war ein Pegeldetektor, gefolgt von einem Tiefpaß-Filter. Solche Pegeldetektoren brauchen aber einen relativ hohen Eingangspegel. Dies würde eine separate Verstärkung des Eingangssignals erfordern.

Ein dritter Weg zur Leistungsbestimmung war die Herleitung der Anzeigespannung aus der Steuerspannung für die Regelschleife. Die Kennlinie der Steuerspannung muß aber in diesem Fall der Linearitätsanforderung der Anzeigespannung entsprechen. Dieser Lösungsweg hat den großen Vorteil, daß die Leistungsmessung gleichzeitig mit der Regelung des Signals erfolgt und somit eine Vereinfachung der Schaltung ermöglicht. Es wurde diese Lösung gewählt, wobei das im Blockschaltbild dargestellte Funktionsnetzwerk die Linearisierung der Kennlinie der Steuerspannung sicherstellt.

c) I/Q-Demodulator

Zur Realisierung des *I/Q-Demodulators* wurden verschiedene Hybrid-Schaltungen untersucht, die fertige I/Q-Demodulatoren darstellen. Diese Demodulatoren enthalten alle nötigen Bauteile für die I/Q-Demodulation: 0°- und 90°-Leistungsteiler und zwei Mischer. Sie haben Anschlüsse sowohl für das RF-Signal und für den LO (local oscillator) als auch für die I/Q-Ausgänge.

Nach dem I/Q-Demodulator sind im Blockschaltbild Tiefpaßfilter dargestellt. Diese unterdrücken die hochfrequenten Anteile des demodulierten Signals, die bei der Mischung entstehen. Außerdem werden diese hochfrequenten Anteile durch Hochpaßfilter an einen 50-Ω-Widerstand abgeschlossen. Anschließend heben zwei Verstärker den Pegel der I/Q-Signale an, so daß am Ausgang 0 dBm anliegt.

Im folgenden werden wichtige und neu erzielte Merkmale des Feldstärkemeßempfängers für DVB näher aufgezeigt. Der Meßempfänger bietet das Signal zur weiteren Verarbeitung in zwei Zwischenfrequenzen an: 10,7 MHz und 74,7 MHz. Es wurde für die Signalverarbeitung im Demodulator die 74,7-MHz-ZF gewählt, und zwar aus folgenden Gründen:
- Das Verhältnis zwischen einer ZF von 10,7 MHz und der Signalbandbreite (8 MHz) ist sehr ungünstig.
- Bei der Demodulation mit 10,7 MHz wären steilflankige Tiefpaßfilter zur Unterdrückung der ZF-Signalanteile und des LO erforderlich. Gleichzeitig sollen aber die Tiefpaßfilter sehr niedrige Gruppenlaufzeitverzerrungen aufweisen, so daß die Tiefpaßfilter (DC … 4 MHz) ein zusätzliches Problem darstellen würden.
- Fertige I/Q-Demodulatoren im Bereich von 10 MHz mit den 0° und 90°-Leistungsteilern sowie mit den beiden Mischern weisen meistens eine kleine Bandbreite (DC … 2 MHz) auf. Dies würde eine mögliche Verwendung eines fertigen I/Q-Demodulators erschweren.

Abbildung 9.1-3 zeigt das vereinfachte Blockschaltbild der Eingangsstufen mit den Parametern:
- Verstärkung RF-Eingang bis 74,7-MHz-ZF-Lage: 10 dB (ohne Vorverstärker)
- Rauschmaß NF: 13 dB
- 3-dB-Bandbreite: 8 – 8,5 MHz
- Sperrdämpfung bei 24-MHz-Bandbreite: 59 dB

Die Messung des *Rauschmaßes NF* des Meßempfängers wurde mit Hilfe eines *Eaton Noise Gain Analyzers* durchgeführt. Die Meßergebnisse ergaben frequenz-

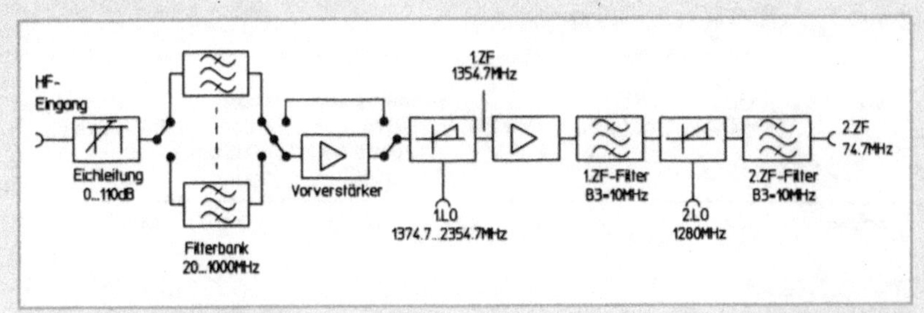

Abb. 9.1-3 Blockschaltbild der Eingangsstufen des Meßempfängers vom RF-Eingang bis zur 74,7-MHz-ZF-Lage (Version bis 1 GHz)

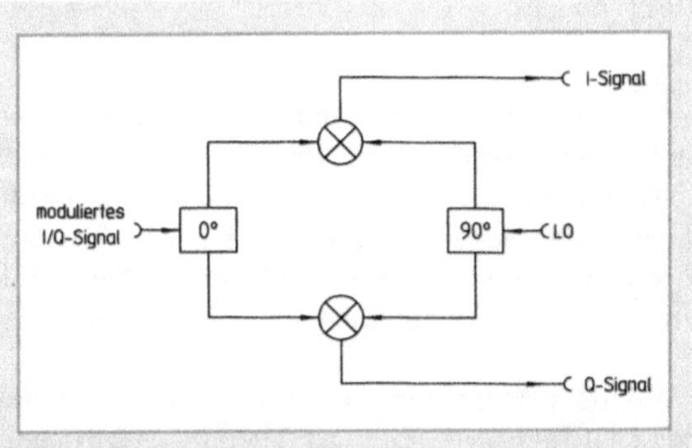

Abb. 9.1-4 I/Q-Demodulator im DVB-T-Feldstärkemeßempfänger

abhängige Werte zwischen 13 dB und 15 dB. Diese Meßwerte können auch nachgeprüft werden, indem die RMS-Anzeige des Empfängers bei einer definierten Bandbreite (z.B. 250 kHz) betrachtet wird, ohne daß ein Signal am RF-Eingang anliegt. So wurde ein Wert von ca. 0,8 dB(μV) angezeigt. Rechnet man jetzt die 0,8 dB(μV) in dBm um und berücksichtigt die 250-kHz-Bandbreite, so erhält man -160 dBm bei 1 Hz-Bandbreite. Dies ergibt wiederum im Vergleich mit dem Rauschleistungsdichtepegel bei der Normtemperatur $T_0 = 290$ k (-174 dBm bei 1 Hz-Bandbreite) ein Rauschmaß von ca. 14 dB (Bestätigung der Messung!).

Die Abb. 9.1-4 zeigt den Signalweg und die Funktionsweise des I/Q-Demodulators. Die auf dem Bauelementemarkt angebotenen I/Q-Demodulatoren enthalten in einer Hybrid-Schaltung alle nötigen Bauteile zur Demodulation mit dem Vorteil, daß die Dioden der beiden Mischer in der Amplitude und in der Phase „gematched" sind. Am Ausgang des I/Q-Demodulators liegen die I- und Q-Anteile mit einer 90°-Phasenverschiebung und gleicher Amplitude an. Die Parameter zur Charakterisierung eines I/Q-Demodulators sind:

– Amplituden- und Phasenfehler am Ausgang
– Conversion loss: C.L(dB) = RF Eingangsleistung – (I+Q)-Ausgangsleistung

Tabelle 9.1-2 Auszug aus dem Datenblatt von Synergy

I/Q	LO [MHz]	RF [MHz]	IF [MHz]	Amplituden Fehler Typ/Max [dB]	Phasen Fehler Typ/Max [deg]	Isolation LO/RF LO/IF [dB]	
QMR205	70	70 ± 35	DC .. 35	0.2/0.4	1.0/2.0	40	35

– Isolation zwischen den vier Toren (port-to-port isolation)
– Interceptpunkte 3. und 5. Ordnung
– DC-Offset

Aus verschiedenen Alternativen wurde der *I/Q-Demodulator QMR 205 (Fa. Synergy)* mit den Daten nach Tabelle 9.1-2 selektiert. Nach dem I/Q-Block folgt die Tiefpaß-Hochpaß-Weiche. Der Tiefpaß filtert die unerwünschten Mischprodukte aus der Summe des LO mit dem modulierten Signal heraus. Diese Signalanteile würden in den I/Q-Block reflektiert und dort nochmals gemischt. Um solche Störprodukte zu vermeiden, werden sie mit einem Hochpaß an einem 50-Ω-Widerstand abgeschlossen.

Zur Dimensionierung der Weiche wurden ein *Bessel-Tiefpaß 6. Ordnung ($B_3 = 8$ MHz)* und ein Hochpaß 3. Ordnung gewählt. Der Tiefpaß gewährleistet eine kleine Gruppenlaufzeitverzerrung und eine hohe Unterdrückung der Hochfrequenzen. Der hybride I/Q-Demodulator weist einen niedrigen 1-dB-Kompressionspunkt auf (1 dBc$_{\text{In}}$ $\approx$ + 5 dBm). Berücksichtigt man die Spitzenwerte bei OFDM-Signalen und eine Reserve zum 1-dB-Kompressionspunkt, so darf am Eingang des Demodulators ein Pegel von $\approx$ –12 dBm anliegen. Somit ist der Pegel der I- und Q-Signale nach der Demodulation $\approx$ –22 dBm. Daher ist es erforderlich, den Pegel über den Ausgangsverstärker auf 0 dBm anzuheben. Diese Anforderung wird mit der *Kaskadierung von zwei Video-Verstärkern (AD844 plus AD811)* erfüllt. Damit ergeben sich die Kurzdaten des Ausgangsverstärkers zu:
– g = 28 dB
– 1 dBc $\approx$ 0 dBm
– NF $\approx$ 12 dB
– DC-Offset am Ausgang max. $\approx$ 8 mV

Bei der Mischung des I/Q-Signals mit dem LO verursachen die Mischerdioden einen DC-Offset. Diese Spannung wird über den Ausgangsverstärker um 22 dB angehoben. Dazu kommen die Offsets der beiden Operationsverstärker (AD844 max. Offset 0,3 mV; AD811 max. Offset 3mV). Es entsteht am Ausgang eine maximale Offset-Spannung von $\approx$ 15 mV. Sie wird über einen Regelkreis mit Komparator, Zähler und D/A-Umsetzer eliminiert.

9.2
Messung der Kanalimpulsantwort und der Rohbitfehlerrate

a) Verfahren zur Berechnung der Kanalimpulsantwort

Die bisher üblichen im Rahmen von Forschungsprojekten an Hochschulen entwickelten Verfahren zur Messung der Impulsantwort von Funkkanälen arbeiten nach verschiedenen *Korrelationsprinzipien*. Hierbei werden spezielle periodische Symbolfolgen mit einem speziellen Meßsender über den Funkkanal zum Meßsystem übertragen. Dort wird die empfangene Symbolfolge entweder mit der gesendeten Folge (Matched Filter) oder einer zweiten Folge (Mismatched Filter) korreliert, und so wird die Kanalimpulsantwort ermittelt [9.3]. Die Korrelation kann in der Zeitebene oder in der Frequenzebene durchgeführt werden. Bei der Frequenz-Korrelation ist der Prozeß trotz zweimaliger Fourier-Transformation schneller [9.4, 9.5, 9.6].

Die bei diesen Verfahren verwendeten Symbolsequenzen müssen ganz bestimmte Korrelationseigenschaften aufweisen, damit sie für die Ermittlung der Kanalimpulsantwort brauchbar sind. Aus diesem Grund muß zur Signalerzeugung während der Messung immer ein Spezialmeßsender eingesetzt werden, ferner muß ein freier Funkkanal zur Verfügung stehen. Diese Verfahren sind aufwendig und für die Meßtechnik im operationellen Funknetz nicht geeignet.

Bei dem neuartigen Verfahren wird ein Signalabschnitt – z. B. ein OFDM-Symbol mit konstantem Dateninhalt – des über den Funkkanal übertragenen Nutzsignals zur Messung und Bestimmung der komplexen Impulsantwort benutzt, so daß senderseitig kein gesonderter Meßsender und keine Unterbrechung der Nutzsignal-Übertragung erforderlich ist. Das Verfahren benötigt kein Schutzintervall, und das Spektrum muß nicht rechteckförmig sein und darf Nullstellen enthalten.

Bei diesem Verfahren wird der lineare Zusammenhang zwischen der komplexen Impulsantwort, dem periodisch wiederkehrenden vorgegebenen Signalabschnitt des übertragenen Nutzsignals und dem empfangsseitig gemessenen Signal zugrundegelegt. Diese Beziehung kann bei zeitdiskreter Betrachtung in Form einer *Matrixmultiplikation* ausgedrückt werden. Damit kann aus den vorgegebenen und gemessenen Signalen auf einfache Weise durch einen linearen Ansatz die komplexe Impulsantwort berechnet werden.

Abbildung 9.2-1 oben zeigt das bekannte analoge Sendesignal, das als Referenzsymbol dient. Vor und hinter dem Symbol T_s werden andere angedeutete Signalabschnitte empfängerseitig nicht bekannten Inhalts übertragen. Es gilt die Annahme, daß die Impulsantwort des Funkkanals die Länge von Δ, dem Schutzintervall, nicht überschreitet, d.h. die Laufzeit eines vom Sender zum Empfänger auf einem Umweg übertragenen Signals soll gegenüber dem zwischen Sender und Empfänger direkt übertragenen Signal nicht länger als Δ sein. Dies gilt sinngemäß auch für die bitsynchronen Signale benachbarter Sender im Gleichwellennetz.

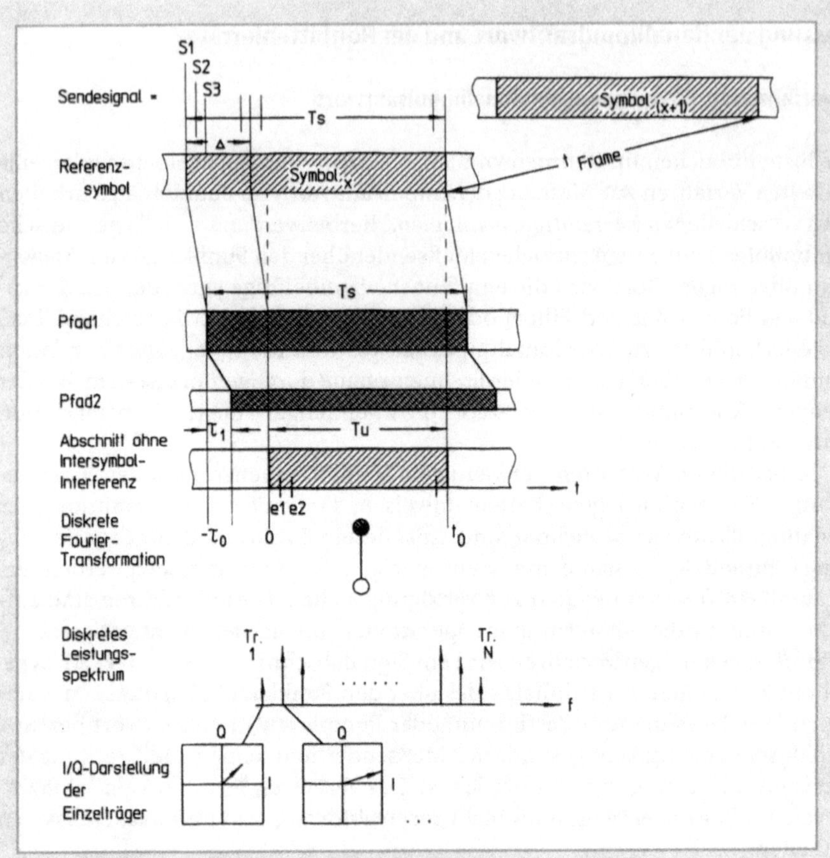

Abb. 9.2-1 Messung unter Eliminierung der Intersymbolinterferenz im Schutzintervall bei der Erfassung der Kanalimpulsantwort

Da der Abschnitt zwischen $-\tau_0$ und 0 durch die vorhergehenden unbekannten Signalabschnitte verfälscht werden kann, wird empfangsseitig nur der Abschnitt zwischen 0 und t_0, der nutzbaren Symboldauer T_U, aus der ingesamt gesendeten Referenzsequenz gemessen und daraus die Impulsantwort berechnet. Die Abb. 9.2-1 zeigt den auf direktem Weg empfangenen Signalabschnitt (Pfad 1), den um die Laufzeit τ_1 demgegenüber zeitlich verschobenen, auf Umweg empfangenen Signalabschnitt (Pfad 2) und das aus beiden zusammengesetzte und im Empfänger gemessene Kombinationssignal.

Im Bereich zwischen 0 und τ_0 besteht zwischen dem *empfangenen Signal e,* *dem Signalabschnitt s* und der Impulsantwort $\vec{h}$ ein linearer Zusammenhang, der in Form einer Matrizenmultiplikation ausgedrückt werden kann:

$$\vec{e} = S\,\vec{h}.$$

Die Spalten der *Matrix S* sind die zeitlich verschobenen Sendesequenzen, der Vektor $\vec{e}$ ist die zeitdiskrete Impulsantwort und der Vektor $\vec{h}$ das empfangene Signal.

Da in der Praxis zum einen das gemessene Empfangssignal verrauscht ist, zum anderen die Impulsantwort nicht immer kürzer als ist, und auch wegen der diskreten Betrachtung der kontinuierlichen Signale, gilt obige Beziehung hinreichend genau, jedoch nicht exakt:

$$\vec{e} = S\,\vec{h}.$$

Daher wird zur Berechnung der *komplexen Impulsantwort* aus den gemessenen Werten e eine lineare Approximation angewendet:

$$\vec{h} \approx (S^{*T} \cdot S)^{-1} \cdot S^{*T} \cdot \vec{e}\,.$$

Darin ist S die Matrix der vorgegebenen Sendesequenz s, die in bekannter Weise aus dem Vektor s des analogen Sendesignals s(t) aufgestellt wird und S^{*T} ist die transponierte, (zeilen- und spaltenvertauschte) konjugiert komplexe Matrix zu der Matrix S. Der Vektor $\vec{e}$ enthält die jeweils gemessenen Abtastwerte des Empfangssignales von 0 bis to (8K-Samples, gespeichert in 16 kBytes pro I- und Q-Signal bei 8K-Transformationslänge bzw. 2K-Samples in 4 kBytes bei 2K-Transformationslänge).

Die für die Berechnung der *komplexen Impulsantwort* $\vec{h}$ erforderlichen Werte werden wie folgt gewonnen: Der Referenzabschnitt zwischen $-\tau_0$ und t_0 wird senderseitig digitalisiert, und zwar in Form von komplexen Abtastwerten. Real- und Imaginärteil entsprechen den Inphase- bzw. Quadraturphase-Komponenten des I/Q-Demodulators. Aus den Abtastwerten wird die Matrix S aufgestellt. Die durch Messung oder durch Rechnung bestimmte Matrix S wird in dem Speicher des Meßempfängers abgelegt. Im Meßempfänger wird der Signalabschnitt zwischen 0 und to abgetastet, d.h. es werden die komplexen Werte ermittelt und daraus der Vektor $\vec{e}$ gewonnen. $\vec{e}$ ist durch die Gesamtheit der Abtastwerte bestimmt (e1 = Realteil(e1), Imaginärteil(e1)). Der Prozessor rechnet aus der abgespeicherten Matrix S, der konjugiert komplexen Matrix S^{*T} und dem Vektor $\vec{e}$ die komplexe Impulsantwort $\vec{h}$. Die Approximation für h ist nur ohne Berücksichtigung von Rauschen eine gute Näherung für die Kanalimpulsantwort.

Deshalb wird bei der Berechnung der Impulsantwort ein *positiver Korrekturfaktor* mit einer diagonal dominanten Matrix E, einer Einheitsmatrix, eingefügt nach der Beziehung:

$$\vec{h}(S^{*T} \cdot S + \alpha E)^{-1} \cdot S^{*T} \cdot \vec{e}\,.$$

Damit werden Fehler durch Rauschen im Empfangssignal ausgeglichen, und optimale Rauschunterdrückung wird erreicht. Der Faktor α hängt vom Rauschpegel ab. Je größer α gewählt wird, um so besser ist die Stabilität gegenüber Rauscheinflüssen, allerdings wird auch die Erwartungstreue verschlechtert. Der Korrekturfaktor α wird deshalb an die jeweilige Empfangssituation angepaßt. Das Eingangsrauschen kann beispielsweise über den Empfangspegel abgeschätzt werden: für geringe Empfangsfeldstärke wird größeres Rauschen angenommen und damit der Faktor α entsprechend größer gewählt. Für einen Rauschanteil bis zu 30 % liegt zwischen 0 und 1. Bei kleinem Rauschen sind schon sehr kleine Werte für ausreichend, um das Verfahren gegen diese Störungen zu desensibilisieren (1 % Rauschanteile α = 0,001) [9.12].

Die arithmetischen Operationen für die CIR-Messung folgen einem Algorithmus, der in zwei Stufen für die Aufbereitung und die Durchführung der Berechnung angelegt ist. Der Rechenprozeß wird in einem 64/128-bit RISC Board durchgeführt.

b) Kanalimpulsantwort-Messung im DVB-Netz

Aus diesem neuartigen Verfahren zur Messung der Impulsantwort eines digitalen Funkkanals ergaben sich die Applikationen: *GSM, PCN, DAB und jetzt DVB*.

Beim Mobilfunk GSM gestatten es, sowohl die im Rahmen des Protokolls in jedem Netz gesendeten *Trainingssequenzen* im Traffic Channel (TCH), als auch den Syncburst im Broadcast Control Channel (BCCH) zur Ermittlung der Kanalimpulsantwort einzusetzen, ohne daß der operationelle Betrieb beeinflußt wird. Zusätzlich sorgt dieses Verfahren für eine automatische, adaptive Rauschunterdrückung, die auch bei hohen Störpegeln ein optimales Meßergebnis liefert (Abb. 9.2-2).

Im einzelnen unterstützt das Versorgungsmeßsystem [9.7, 9.8] bisher die Messung der CIR:

– im *operationellen GSM-Netz* mit Hilfe des *Syncburst im BCCH* bis zu einer Umweglaufzeit von 80 µs (entspricht einer Umwegstrecke von rund 24 km). Der Syncburst im BCCH wird alle 46 ms gesendet, so daß in diesem Abstand jeweils eine Kanalimpulsantwort gemessen werden kann.

– im *operationellen GSM-Netz* unter Verwendung der *Trainingssequenz* im TCH bis zu einer Umweglaufzeit von 40 µs (entspricht einer Umwegstrecke von mehr als 10 km). In diesem Meßmodus kann alle 0,5 ms eine Kanalimpulsantwort gemessen werden.

– im *operationellen DAB-Netz* unter Verwendung des *TFP-Symbols (Time Frequency Phase Reference Symbol)*. Dabei wird zur Optimierung der Rechenzeit ein zweistufiges Iterationsverfahren mit einer FFT eingesetzt (Abb. 9.2-3).

– mit einem *Meßsender* zur Erzeugung *selbstdefinierter Symbolsequenzen*. Die Meßrate und die maximal analysierbare Umweglaufzeit hängen in diesem Meßmodus von der Beschaffenheit der gewählten Sequenz ab (z. B. 150 µs und länger).

Das Meß- und Referenzsignal der CIR-Messung bei DVB-T stellt ein frei definierbares OFDM-Symbol in der Rahmenstruktur dar. Das Bezugssymbol ist im Superframe zumindest in der Meßphase oder konstant als DVB-Meß- und Monitoring-Symbol im Betriebscoder/-modulator zu aktivieren (Datenverlust 0,37 %).

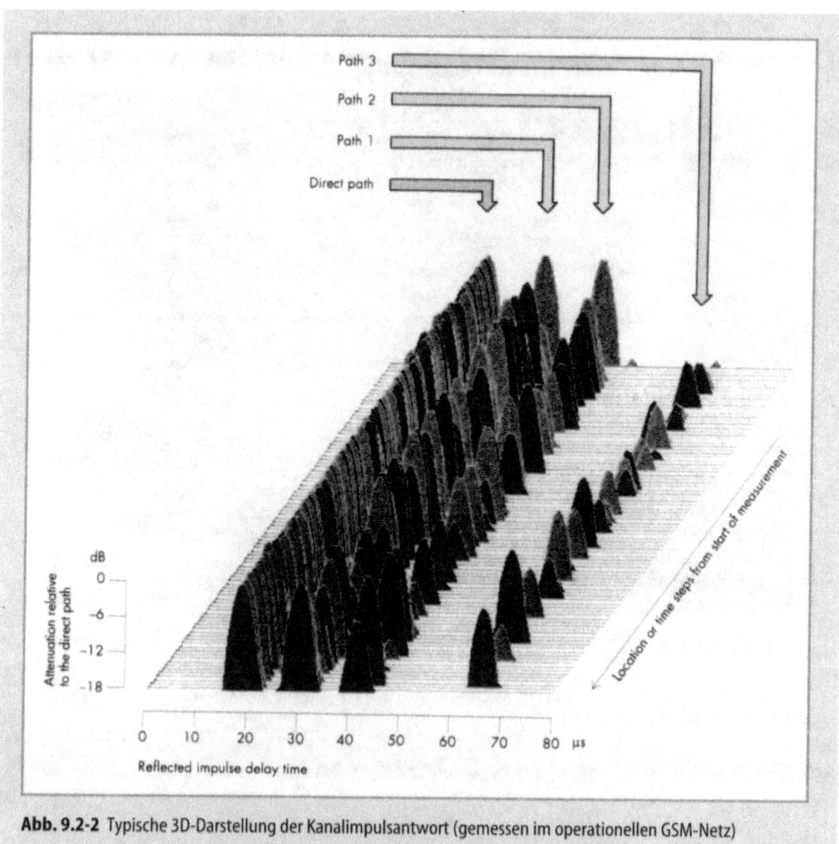

Abb. 9.2-2 Typische 3D-Darstellung der Kanalimpulsantwort (gemessen im operationellen GSM-Netz)

Die Rahmendaten für das Bezugssymbol sind in Tabelle 9.2-1 zusammengefaßt.

Der Algorithmus zur Berechnung der Kanalimpulsantwort ermöglicht die Messung von Signalen mit Laufzeitunterschieden, entsprechend dem Schutzintervall plus einem Viertel der Symboldauer. Dabei wird eine relative Dynamik von 35 dB erreicht. Die Darstellung der Impulsantwort erfolgt in der Form des reellen Verzögerungsleistungsspektrums. Gespeichert werden sowohl Leistungen als auch Phasenwerte.

Neben der Berechnung der Signalpfade erfolgt die Unterdrückung von Störsignalen mit einer Wahrscheinlichkeit von 99,5 %. Dazu wird die Impulsantwort nur oberhalb einer kritischen Schwelle angezeigt.

Bei der CIR-Messung und der weitergehenden Auswertung über die *Amplitudenverteilung im Funkkanal* (Abb. 9.2-4) bis zur Berechnung der *Rohbitfehlerrate* braucht man zur spektralen Trennung der Träger einen Signalabschnitt der Dauer $T_U = 1/\Delta f$. Dieser kann dem um die Zeit des Schutzintervalls längeren Symbol an beliebiger, aber für aufeinanderfolgende Symbole gleicher Stelle ent-

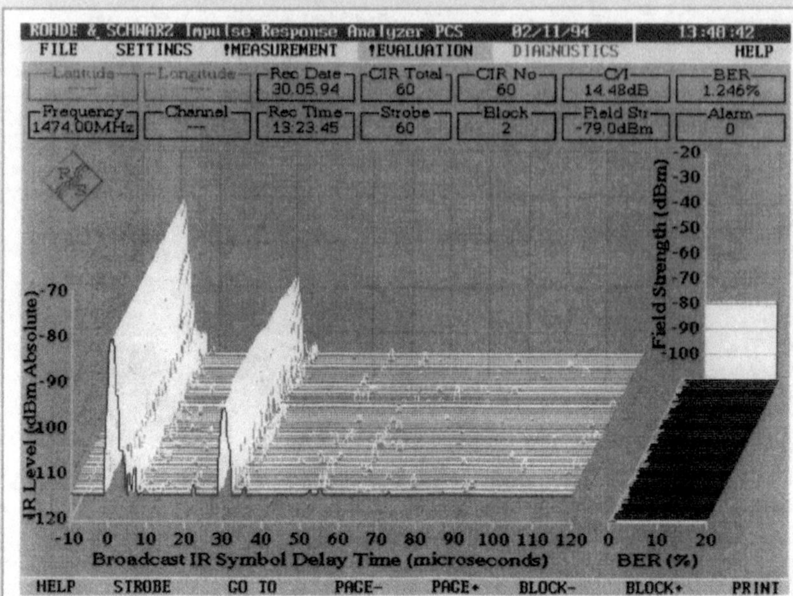

Auf etwa 20 m Strecke wurde in einem Testnetz folgende Ausbreitungssituation aufgezeichnet: Mit 28 ms Zeitunterschied erreichen die Signale von zwei Testsendern in zwei direkten Ausbreitungspfaden das Meßfahrzeug. Neben der direkten Ausbreitung (– 81 bzw. – 96 dBm absolute Pfadleistung) ist eine Reihe schwächerer Reflexionen erkennbar. In der seitlichen Darstellung sind die gesamte Empfangsfeldstärke und die zu erwartende Rohbitfehlerrate aufgetragen.

Abb. 9.2-3 Dreidimensionale Darstellung von im DAB-Netz gemessenen Kanalimpulsantworten

Tabelle 9.2-1 Dauer- und Wiederholfrequenz des Bezugssymbols bei der 8K- bzw. 2K-Transformationslänge

T_S 8K/2K	Anz. Symbole pro Superframe	T_R (Rahmendauer) 8K/2K	$f_{Ref.}$ 8K/2K
1,120 ms/280 µs	272	304,64 ms/76,16 ms	3,28 Hz/13,13 Hz
1,008 ms/252 µs	272	274,18 ms/68,54 ms	3,65 Hz/14,59 Hz
0,952 ms/238 µs	272	258,94 ms/64,74 ms	3,86 Hz/15,45 Hz
0,924 ms/231 µs	272	251,33 ms/62,83 ms	3,98 Hz/15,92 Hz

nommen werden, um ihn durch schnelle Fouriertransformation in das komplexe Spektrum zu überführen. Das komplexe Spektrum enthält Amplituden- und Phasenwerte aller verwendeten Träger während eines Symbols. Infolge der Mehrwegeausbreitung erleidet jeder Träger eine Amplitudendämpfung und eine Phasendrehung. Beide Größen sind im Funkkanal zeitabhängig (auch bei stationärem/portablem Empfang muß mit mobilen Ereignissen, z.B. Verkehr mit Lastwagen, gerechnet werden), weshalb die Symboldauer so klein gewählt werden muß, daß die Kanaländerung darin im Mittel als gering angenommen werden kann.

Die Unsicherheit bei der Demodulation und die damit verbundene Bitfehlerrate hängt wesentlich vom Störanteil auf dem fouriertransformierten Signalabschnitt, der Amplitude jedes Einzelträgers und der zeitlichen Kanaländerung ab. Die Ermittlung dieser drei Größen ist die Grundlage zur objektiven Beurteilung der Übertragungsqualität bei DVB-T.

Neben dem Störsignal das – bestimmte schmalbandige Störungen ausgenommen – gleichmäßig auf alle Träger verteilt ist, spielt auch die Verteilung der gesamten Signalleistung auf die einzelnen Träger eine entscheidende Rolle für die Rekonstruktion der Ausgangsdaten. Der Empfänger ermittelt nach der Demodulation diejenige Originalinformation, deren OFDM-Modulation solche Phasen- und Amplitudenänderungen erzeugen würde, die am besten mit den am Demodulatorausgang gemessenen Änderungen übereinstimmen. Es werden demnach nicht einzelne, sondern ein ganzes Ensemble demodulierter Symbole zur Bestimmung des zugehörigen Ausgangsbitstroms verwendet. Bei gleichem S/N wächst die Summe aller Demodulationsfehler mit zunehmender Abweichung von der Rechteckform des über die effektive Symboldauer T_U gemessenen Leistungsspektrums.

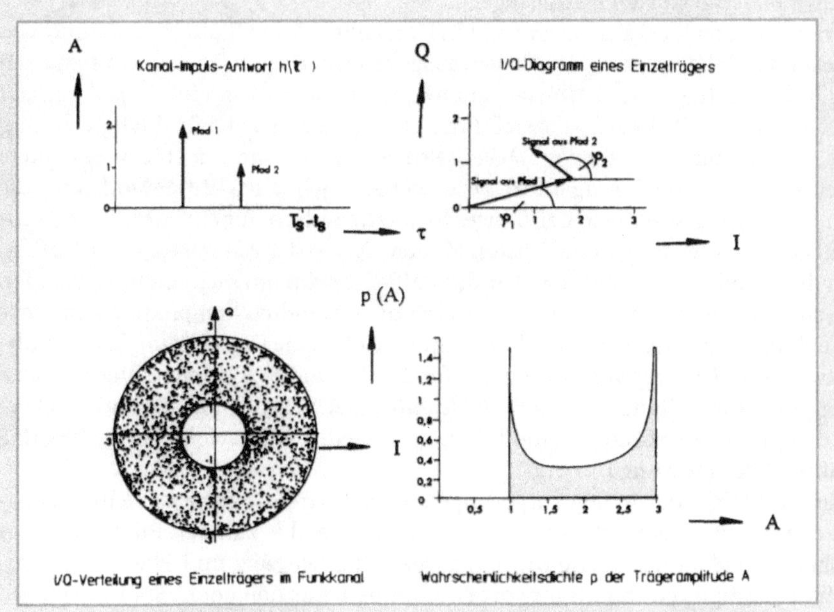

Abb. 9.2-4 Zusammenhang zwischen Kanalimpulsantwort und Amplitudenverteilung im Funkkanal (QPSK)

Da das *Spektrum* nahezu punktweise aufgenommen werden muß und beim Empfang raschen zeitlichen Änderungen unterliegt, sind analoge Spektrumanalysatoren für diese Messung ungeeignet. Die Fourier-Rücktransformation der Impulsantwort liefert die gewünschten Daten. Mehr noch, für mobilen Empfang ist eine weitere leistungsstarke statistische Auswertung möglich. Auf der Grundlage des Pfadmodells ändern dann alle Peaks in der komplexen Kanalimpulsantwort relativ rasch und in vielen Fällen unabhängig voneinander ihre Phasenlage. Genau dann erhält man für die Leistung eines jeden Einzelträgers die gleiche Wahrscheinlich-keitsdichtefunktion (Abb. 9.2-4). Sie besagt, mit welcher Wahrscheinlichkeit ein bestimmter Träger welche Amplitude annimmt, also wie groß sein erwartungsgemäßer Phasenfehler bei bekanntem Gesamtstörsignal sein wird [9.9].

c) Ansatz zur Ermittlung des selektiven C/I-Wertes und der Rohbitfehlerrate

Bei der Aussendung von DVB-T-Informationen können Übertragungsfehler in Form von Bündelfehlern sprunghaft auftreten. Dabei kann eine bestimmte Anzahl von OFDM-Trägern je Symbol so gestört sein, daß die zeit- und frequenzverteilten Fehlerschutzmaßnahmen nicht voll greifen. Je besser der Fehlerschutz ist, desto mehr gestörte Träger sind für eine qualitativ hochwertige Übertragung akzeptabel. Da der Fehlerschutz von der Informationsdichte abhängt, diese aber variabel ist, entstehen Bündelfehler je nach übertragener Information bei mehr oder weniger gestörten Einzelträgern.

Im folgenden wird zur vereinfachten Darstellung von QPSK-Modulation, also konstanter Sollamplitude der Träger, ausgegangen. Die Ansätze lassen sich auch für höherwertige Modulationsarten anwenden, indem von einer absoluten auf eine normierte Ordinaten-darstellung übergegangen wird. Für die Berechnung des C/I(Carrier over Interferer)-Verhältnisses wird eine für OFDM geeignete spektrale Selektion durchgeführt. Dazu werden nicht alle DVB-T-Moden für die Berechnung des selektiven C/I-Wertes benutzt, sondern nur ein vorgebbarer Prozentsatz p der leistungsschwächsten Moden. Da bei der Auswertung der Meßdaten die Amplitudenverteilung über das DVB-T-Spektrum nicht mehr vorhanden ist, sondern die Empfangssituation durch die wesentlich kompaktere komplexe Kanalimpuls-antwort aufgezeichnet wurde, erfolgt eine Umrechnung der Impulsantwort zum *Leistungsdichtespektrum* für die C/I- und BER-Berechnung. Die Messung und Darstellung der *Rohbitfehlerrate* (gleich BER ohne Fehlerkorrektur und ohne Soft-Decision-Demodulation) zu jeder CIR erfolgt auch ONLINE während der Messung [9.13].

Es wird folgendermaßen vorgegangen: Zuerst wird die gemessene Impulsantwort in Teilpfade zerlegt (Abb. 9.2-5). Dazu werden bis zu neun Pfade mit einer hohen zeitlichen Auflösung (0,3 µs) ausgewählt. Leistung und Phasenlage werden der komplexen Impulsantwort entnommen. Aus den über die FFT ermittelten Leistungen und Phasenlagen der Signale aus den gemessenen Pfaden wird die Leistung der OFDM-Träger bestimmt (Abb. 9.2-6). Die Berechnung der Leistung eines jeden Trägers ermöglicht nun die Aufstellung einer *Wahrscheinlichkeitsdichtefunktion* bezüglich der Trägerleistung (in Abb. 9.2-7 dargestellt über der Trägerspannung). Dabei geht die Zuordnung der Trägerleistung zur Trägernummer verloren. Diese Zuordnung ist aber für die Bewertung der Übertragungsqualität ohne Bedeutung, da die zu übertragende Information durch die Kodierung mit nahezu gleicher Wahrscheinlichkeit über das Spektrum verteilt ist. Aus der Wahrscheinlichkeitsdichtefunktion wird nun die Gesamtleistung eines Prozentsatzes p (in Abb. 9.2-7 20 %) der schwächsten Träger berechnet und als selektive Carrier-Leistung bezeichnet.

Als dazugehörige *Interferer-Leistung* werden p % der gesamten Interferer-Leistung verwendet, was auf der Erfahrung beruht, daß Störungen im statistischen Mittel gleichmäßig auf das DVB-Spektrum verteilt sind. Die gesamte Interferer-Leistung ist die Summe aus der gemessenen Rauschleistung im DVB-Empfänger (Noise Equivalent Power) und der sich ergebenden Intersymbolinterferenzleistung, die aus Signalteilen mit Laufzeitunterschieden über der Schutzintervallzeit (Δ… 2Δ, „Eigeninterferenz") resultiert.

Der Quotient aus selektiver Carrierleistung und dazugehöriger Interfererleistung wird als C/I-Wert angegeben. Das Verhältnis der gesamten Trägerleistung zur gesamten Interferenz-leistung erhält man für p = 100 %. Je kleiner p gewählt wird, desto kleiner wird der selektive C/I-Wert.

Neben der C/I-Berechnung wird die Wahrscheinlichkeitsdichtefunktion der Einzelträgerleistung (über FFT gerechnet) auch für die Ermittlung der Rohbitfehlerrate benutzt. Dazu wird die Bitfehlerrate für jede Trägerleistung in der Wahrscheinlichkeitsdichtefunktion bestimmt (Kanalrauschleistung im Bereich 2Δ … Symbolende gemessen; Einzelträger-BER in Abhängigkeit des Einzelträger-S/N (Gaußglocke) ermittelt) und eine gewichtete Summe der so bestimmten Bitfehlerraten zur Berechnung der gesamten Rohbitfehlerrate gebildet.

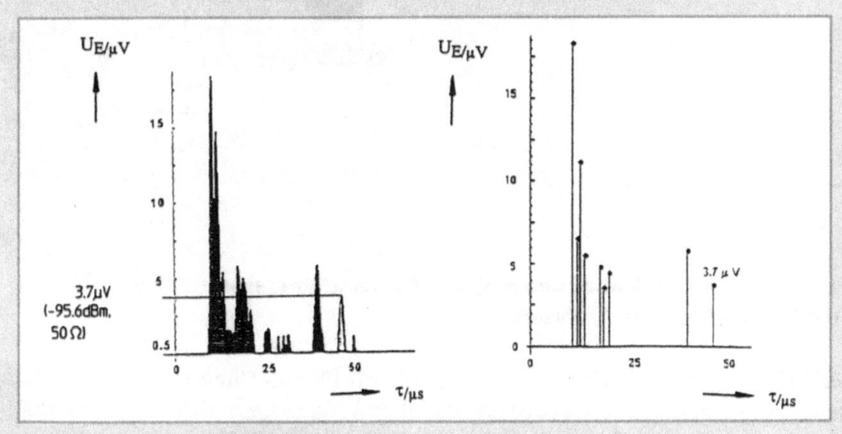

Abb. 9.2-5 Zerlegung der Impulsantwort in Teilpfade

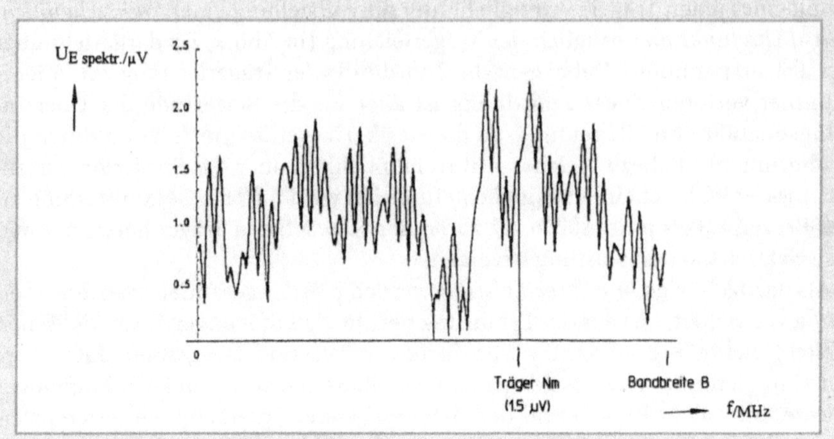

Abb. 9.2-6 Die spektrale Eingangsspannung über die Bandbreite

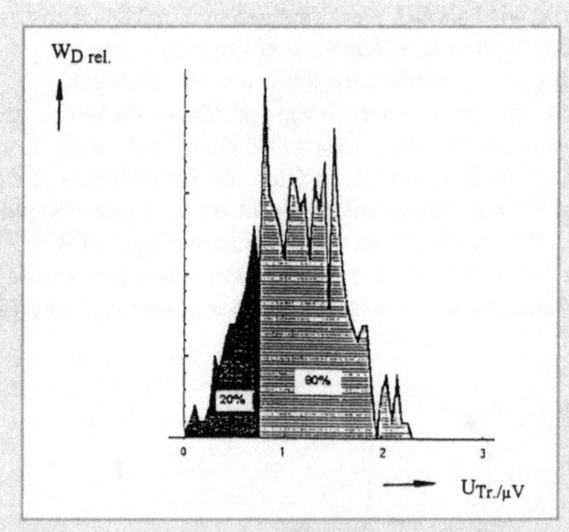

Abb. 9.2-7 Wahrscheinlichkeitsdichtefunktion der Trägerspannungen

d) Prozeßtechnischer Aufbau und Meß- und Überwachungseigenschaften
   des Impulse Response Analyzers

Der *CIR-Analyzer PCS/DVB*, das zentrale Gerät für das Channel-Sounder-Meß-
system, arbeitet mit einem Process Controller AT80486, einer Hochgeschwindig-
keits-Datenerfassungskarte und einer Hochleistungs-Rechenkarte (Abb. 9.2-8).
Der Prozessor ist für grundlegende Aufgaben wie Darstellung und Archivierung

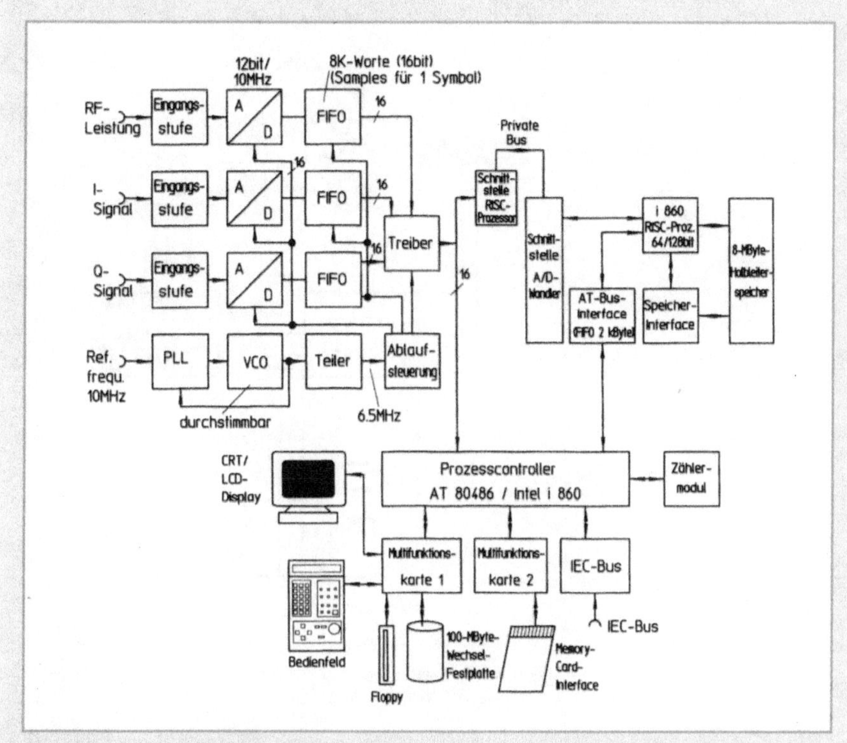

Abb. 9.2-8 Aufbau des Impulse Response Analyzers PCS/DVB

der Kanalimpulsantworten und Kommunikation zwischen den einzelnen Gerätekomponenten zuständig. Die Datenerfassungskarte ermöglicht es, drei Kanäle mit einer maximalen Taktrate von 10 MHz und einer Auflösung von 12 bit abzutasten. Der Eingang „RF-Leistung" dient zur Skalierung der I/Q-Signale. Die so gewonnenen Meßwerte werden in getrennten FIFO-Speichern mit einer Tiefe von je 8K- bzw. 2K-Worten à 2 Bytes abgelegt und über einen speziell für diese Aufgabe entwickelten Bus zur Hochleistungs-Rechenkarte übertragen. Der Abtasttakt wird aus einem VCO, einer externen 10-MHz-Referenzfrequenz (vom ESVB/DVB) oder GPS gewonnen. Bei der CIR-Messung in DVB-Funknetzen werden mit dieser Karte die I/Q-Signale nach dem I/Q-Demodulator des Meßempfängers ESVB/DVB abgetastet [9.14].

Die Online-Berechnung der Kanalimpulsantwort und das Speichern der Meßdaten erledigt die Hochleistungs-Rechnerkarte. Das Herz dieser Karte ist ein RISC-Prozessor i860, der mit 40 MHz getaktet wird. Dieser Prozessor verfügt unter anderem über einen 64-bit-Daten- und einen 32-bit-Adreßbus. Ein Fließkomma-Multiplizierer sowie eine eigenständige Integer-Einheit ermöglichen es, eine Rechenleistung von 120 MIPS zu erreichen. Für die 8K/2K-CIR werden ca.

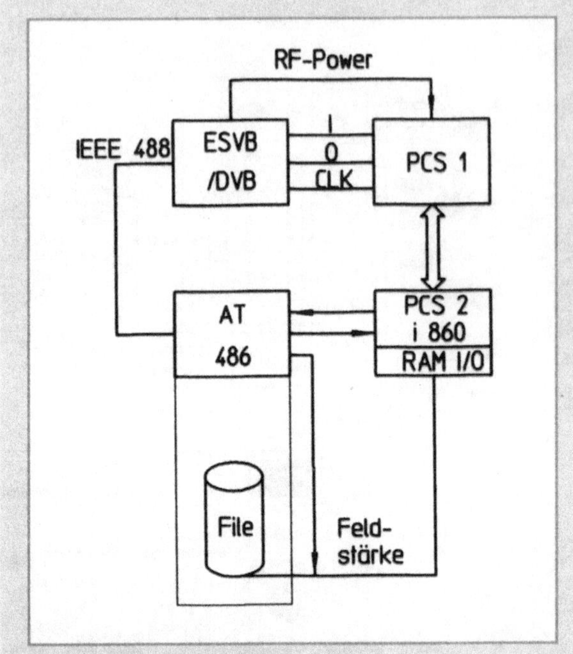

Abb. 9.2-9 Datenfluß zwischen Feldstärkemeßempfänger, Datenerfassungsmodul und AT/RISC-Prozessoren

120/30 ms benötigt. Zum Speichern der Meßergebnisse stellt die Rechenkarte bis zu 56 MByte D-RAM zur Verfügung. Die Kanalimpulsantwort kann dann unterbrechungsfrei bis zu 30 Minuten dargestellt und aufgezeichnet werden.

Zusätzlich zu den genannten Komponenten enthält der CIR-Analyzer noch eine IEC-Bus-Schnittstellenkarte zum Ansteuern des Meßempfängers ESVB/DVB, ein Memory-Card-Interface zum Einsatz von Memory-Cards für die Installation neuer Firm- und Software-Optionen, eine 100-MByte-Wechselfestplatte zum Aufzeichnen und für den Transport von Meßdaten sowie ein Zählermodul, das verschiedene Timerfunktionen anbietet (Abb. 9.2-9).

Bei der DVB-T-Spezifikation ist zur Synchronisation zuerst ein 8K/2K-FFT-Prozeß erforderlich. Da das OFDM-Signal kein Nullsymbol enthält, muß das Signal demoduliert werden. Dabei werden die OFDM-Multiträger nach dem I/Q-Demodulator und den beiden A/D-Umsetzer dem 8K/2K-FFT-Prozeß unterzogen. Dieser liefert die festpositionierten TPS-Carrier (68 Pilots im 8K-Modus, 17 Pilots im 2K-Modus) mit identischer DBPSK-Modulation. Der TPS-Decoder erzeugt anhand des TPS-Sync die OFDM-Symbolidentifikation (4 Frames im Superframe, 68 OFDM-Symbole pro Frame). Das somit selektierte Referenzsymbol wird dem CIR-Prozeß unterzogen. Die 8K/2K-FFT und der TPS-Decoder sind softwaremäßig implementiert.

Der CIR-Analyzer liefert die Meßdaten zur Ursachenerforschung und zur Beseitigung von Kanalstörungen:

- Die *Empfangsfeldstärke*: Aus ihr kann die gerätespezifische Verschlechterung des Signals mit dem Grundrauschen im späteren DVB-Empfänger ermittelt werden.
- Den *integralen Störbeitrag*: Er fällt bei der Impulsantwortberechnung als Nebenprodukt an und beinhaltet alle auftretenden Störungen. Zieht man den aus dem Empfangspegel ermittelten Beitrag des Grundrauschens vom integralen Störbeitrag ab, erhält man den Anteil außergewöhnlicher Störungen, wie Nachbarkanal-einstrahlung, Gewitter, Zündfunken etc.
- Die *Intersymbolinterferenz* (ISI): Sie ist eine außergewöhnliche Störung, die bei DVB auftritt, wenn die Laufzeitdifferenz zweier Ausbreitungspfade das Schutzintervall überschreitet. Da im operationellen Betrieb mit dem CIR-Analyzer Laufzeitunterschiede bis zur doppelten Dauer des Schutzintervalls meßbar sind, können Intersymbolinterferenzen sicher nachgewiesen werden.

Die Meßergebnisse können wie folgt dargestellt werden:

- *Dreidimensionale Darstellung* der CIR, wobei bis zu 80 Impulsantworten in einem Fenster auf dem VGA-Farbmonitor abgebildet werden können.
- *Zweidimensionale Darstellung* der Impulsantworten, kombiniert mit dem Feldstärkeverlauf. Bei vorliegenden Bitfehlerraten lassen sich die nicht deterministischen Zusammenhänge BER, CIR und Feldstärke besonders deutlich veranschaulichen. Dadurch ergeben sich Methoden zur Fehlerbehebung im Netz.
- *Darstellung des Feldstärkeverlaufs.*

Die CIR- und Feldstärkemeßdaten des Analyzers können mit den folgenden wesentlichen peripheren Parametern verknüpft werden:

- *Zeitabhängigkeit:* Dabei wird die CIR-Messung vom internen Clock getriggert, zur Analyse in einem diskreten Zeitfenster. Dies ist dann nützlich, wenn CIR-Variationen z. B. infolge von atmosphärischen Störungen oder Wettereinflüssen erwartet werden.
- *Ortsabhängigkeit:* Hier erfolgt die Triggerung über einen externen Distanz-Zähler (z.B. Peiseler-Rad) und/oder dem Ortungssystem GPS (Abschn. 8.1). Diese Methode ist dann angebracht, wenn CIR-Variationen z. B. infolge von geographisch bedingten Einflüssen wie Berge oder große Bauwerke erwartet werden.
- *History Function:* Dieser Modus erlaubt die Langzeitüberwachung mehrerer CIR's. Dabei werden ältere CIR's am Bildschirm nicht gelöscht, sondern in Schwarz neu gezeichnet. Dieser Modus läßt tendenzielle Änderungen von CIR's erkennen.
- *Alarmfunktion:* Damit können kritische Regionen der CIR detektiert werden. Wenn in einer CIR entweder eine vordefinierte Grenze für die Verzögerungszeit oder die festgelegte maximale Dämpfung überschritten wird, erfolgt die Darstellung am Display in roter Farbe.

e) Mobiles DVB-Meßempfangssystem

Bei der Planung von DVB-T-Netzen geht man zwar zunächst von den gegebenen Standortstrukturen aus, dennoch ist es vor allem an kritischen Stellen wie Zellenrändern und in der Umgebung von Reflektoren wie Bergen oder großen Gebäuden zusätzlich erforderlich, die Kanalimpulsantwort mit unterschiedlich postierten Sendern zu untersuchen.

Die Kombination CIR-Analyzer/Testsendersystem gestattet die Planung von DVB-T-Funknetzen beliebiger Codierung und Modulation, da die Kanalimpulsantwort den physikalischen Funkkanal beschreibt, der von diesen beiden Parametern unabhängig ist. Eine starke Abhängigkeit besteht jedoch von Ort, Zeit und Trägerfrequenz. Der Parameter Ort kann aufgrund der Kompaktheit des Systems leicht variiert werden.

Das *Testsendersystem* besteht aus dem DVB-T-Testgenerator, einem hochlinearen Leistungsverstärker und der Sendeantenne. Der Testgenerator erzeugt ein DVB-T-Signal gemäß den verschiedenen Parametern der Spezifikation. Es können dabei acht differierende Symbole erzeugt, und durch sequentielle Aufschaltung kann die DVB-T-Rahmenstruktur geformt werden.

Das *mobile Meßempfangssystem* erfaßt die Daten einer Meßfahrt und speichert sie zusammen mit Wegmarken und Ortskoordinaten [9.10].

Am Anfang einer Meßfahrt steht immer die Definition der Parameter des zu vermessenden Gebietes bzw. Senders. Dazu wird auf dem stationären Teil des

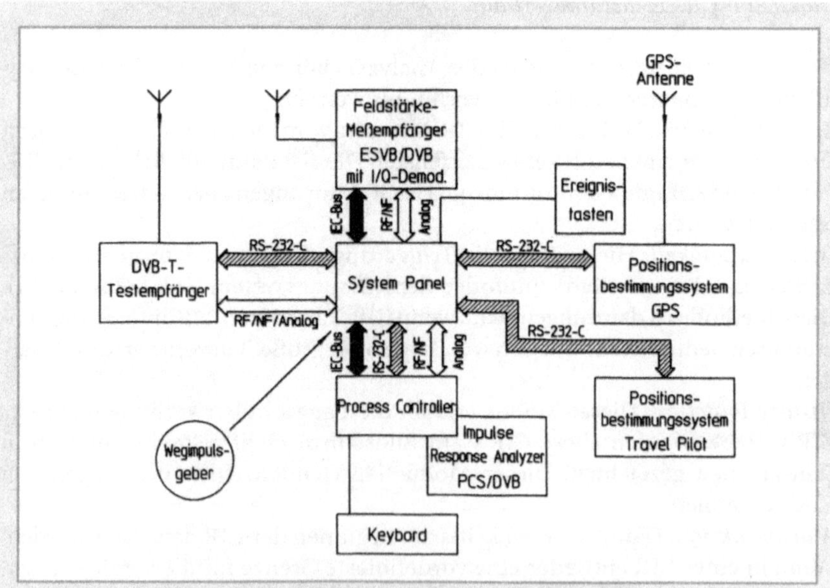

Abb. 9.2-10 Mobiles Meßempfangssystem für DVB-T-Signale im Gleichwellen-Funkfeld

Meßsystems eine sogenannte Tourdiskette erstellt. Während der Fahrt sind am Monitor bis zu drei Meßwerte in Echtzeit-Grafik darstellbar. Das Speichermedium für die Meßdaten ist ein 115-MByte-Wechselplattenlaufwerk, das zur Auswertung aus dem mobilen Teil herausgenommen und in den stationären Rechner eingesetzt wird. Um eine Beschädigung der Festplatte durch Erschütterungen während der Fahrt zu vermeiden, werden die Daten in einer RAM-Disk zwischengespeichert.

Das *stationäre Auswertesystem* verarbeitet die erfaßten Daten und dient zusätzlich dazu, Definitionsdaten auf sogenannten Tourdiscs (Floppy-Disk) für weitere Meßfahrten vorzugeben.

Das mobile Meßempfangssystem wird in ein für Meßzwecke ausgestattetes Fahrzeug eingebaut. Das Meßsystem ist modular aufgebaut (Abb. 9.2-10) und besteht in seiner Basisversion aus dem Meßempfänger ESVB/DVB, dem Process Controller (z. B. [9.11]) und dem CIR-Analyzer (Abb. 9.2-8).

Die vom Meßempfänger erfaßten Feldstärkewerte werden im Speicher des Steuerrechners abgelegt. Die Meßgeschwingkeit liegt bei 2,5 ms pro Meßwert bei vier verschiedenen Frequenzwerten.

Automatische Navigationssysteme erfassen fortwährend die Positionsdaten bei einer Meßfahrt. Alle Ortsinformationen einschließlich der Wegmarken des im Fahrzeug eingebauten Wegimpulsgebers werden zusammen mit den Meßdaten gespeichert. Der Wegstreckenpulsgeber, an der Radnabe oder an der Tachowelle des Meßfahrzeugs befestigt, liefert äquidistante Pulsmarken über die gefahrene Wegstrecke. Die Zuordnung der Ortskoordinaten kann im voraus oder nachträglich durchgeführt werden.

Ergänzend läßt sich als Positionsbestimmungssystem ein *GPS-Empfänger* mit Software-Unterstützung in das System integrieren. Dadurch werden die aktuellen Meßwerte automatisch mit der jeweiligen Position des Meßfahrzeugs verbunden. Die Meßdaten können kartographisch ausgegeben werden, ohne daß hierzu die gefahrene Strecke per Digitizer manuell digitalisiert werden muß. Das GPS-Navigationssystem ist weltweit verfügbar, durch Abschattungen kann jedoch der Satellitenempfang unterbrochen werden.

Als Alternative kann der *Travel Pilot* verwendet werden, der mit digitalisierten Straßenkarten arbeitet, die auf CD-ROM's abgelegt sind. Der Travel Pilot ist jedoch darauf angewiesen, das man sich immer auf einer auf der CD-ROM digitalisierten Straße befindet.

Eine Kombination beider Systeme bietet die ideale Lösung: Ein zwischengeschalteter Prozessor wählt die jeweils besten Ortsdaten aus und liefert sie an den Steuerrechner.

Das Basissystem kann später durch einen DVB-T-Testempfänger zur Erfassung der Signalisierungsparameter erweitert werden. Es ist dafür sowohl im Hardwaredesign als auch in der Software vorbereitet.

Die komplette Steuerung der Meßgeräte übernimmt der System Controller. Die Meßdaten (bis vier Feldstärkewerte vom Meßempfänger, Wegimpulse, Navigationsdaten, Testempfängerdaten) werden über speziell für diesen Einsatz entwik-

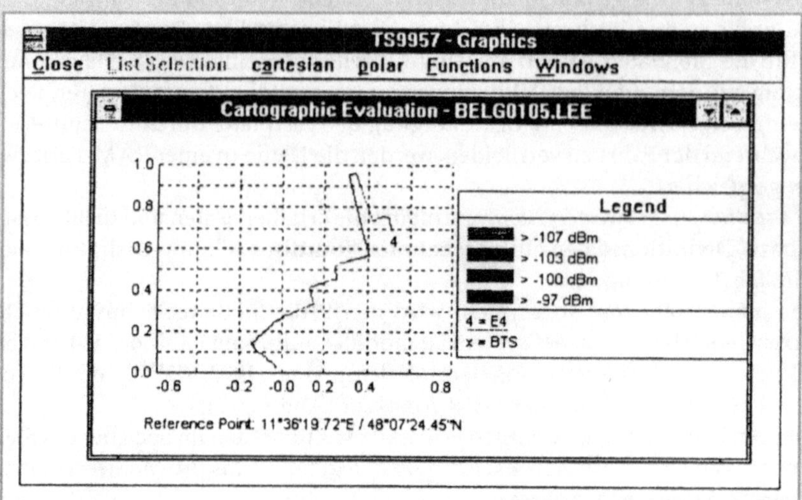

Abb. 9.2-11 Beispiel für Meßwertdarstellung im mobilen DVB-T-Empfangssystem: kartografische Auswertung

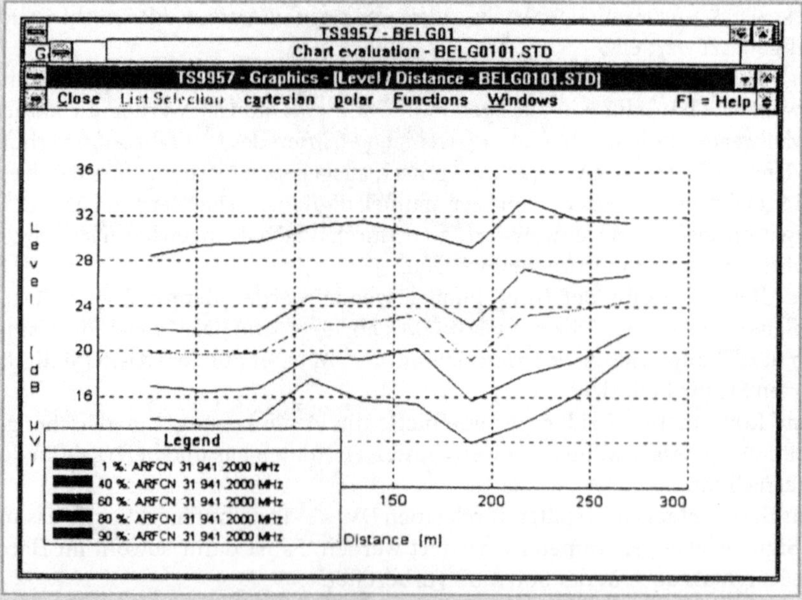

Abb. 9.2-12 Beispiel für Meßwertdarstellung im mobilen DVB-T-Empfangssystem: Auswertung nach Überschreitungswahrscheinlichkeiten mit Eingabemöglichkeit eines Decil-Wertes in %

kelte schnelle Meßdatenerfassungs-Boards gespeichert. Zeitgleich werden die aktuellen Daten auf einem On-Line-Display angezeigt. Die Meßfirmware ist als Dialog-Software geschrieben.

Das stationäre Auswertesystem besteht aus einem leistungsstarken Rechnersystem, das die Meßdaten über Wechselfestplatte erhält, und der Peripherie wie Plotter und Drucker. Der gesamte Rohdatensatz der Messung wird mit Hilfe einer windows-orientierten Auswerte-Software nach verschiedenen Kriterien dargestellt:

- *Kartesische Auswertung* (Ausgabe der Meßparameter über dem Weg oder der Zeit in X-Y-Darstellung),
- *kartografische Auswertung* in den verschiedensten Koordinatensystemen (Ausgabe der Meßdaten entlang einer Fahrtstrecke, wobei die Ortskoordinaten entweder vom Navigationssystem automatisch erzeugt oder von Hand digitalisiert werden) (Abb. 9.2-11),
- *Überschreitungswahrscheinlichkeiten* mit Eingabemöglichkeit eines Decil-Wertes in % (Abb. 9.2-12),
- *Textausgabe* in ASCII-Format (damit können die Daten in andere Auswerteprogramme übertragen werden, z.B. in EXCEL),
- *Protokollausgabe* (Ausgabe der Signalisierungsparameter bei Verwendung eines DVB-Empfängers).

Die Nutzung der Gleichwellenfähigkeit beim digitalen terrestrischen Fernsehen führt zu einem komplexen Funkkanal. Am Empfangsort akkumulieren sich die elektromagnetischen Wellen gleicher Frequenz aus mehreren Quellen sowie die jeweiligen zugehörigen Mehrwegesignale.

Diese Problemstellung erfordert eine neuartige Feldstärkeanalyse und Versorgungsmeßtechnik. Mit den dargelegten Lösungen zur Feldstärke- und Kanalimpulsantwortmessung sowie der Ableitung des selektiven C/I-Wertes und der Rohbitfehlerrate kann der DVB-Funkkanal gemessen und analysiert werden.

Das Versorgungsmeßsystem mit dem mobilen Meßempfangs- und dem stationären Auswertesystem liefert zeit- und ortsabhängige Meßdokumente und Abnahmeprotokolle.

Das digitale terrestrische Fernsehen ist somit für den Übergang, von der Spezifikationsebene in die der systemtechnischen Realisierung von Einzelsender- und Gleichwellennetzen gerüstet.

10 Ausblick

10.1
Entwicklung der technischen Medien Satellit und Kabel

Bei der Beurteilung der Fortentwicklung des digitalen terrestrischen Fernsehrundfunks ist auf den Status und die Interdependenz zu den anderen jetzt be-
triebenen technischen Medien sowie auf die spezifischen Stärkenprofile einzu-
gehen. Tabelle 10.1-1 zeigt den Status der absoluten und relativen Anschlußquoten der TV-Haushalte in Europa an der Terrestrik, dem Satelliten und dem Kabel mit der Einwohnerzahl pro Land als weitere Information. Die Situation ist
heterogen wie folgende Auszüge in Tabelle 10.1-1 zeigen:

Belgien und die Niederlande sind zu 98 % bzw. 92 % verkabelt; dennoch werden landesweite terrestrische Sendernetze, schwerpunktmäßig zur Programmzuführung zu BK-Kopfstationen betrieben.

Tabelle 10.1-1 Vergleich der Anschlußquoten der technischen Medien in Europa (Absolutzahlen in Mio., Stand 1993)

	Einwohner	TV-Haushalte	Kabel		Sat.		Terr.	
			Total	%	Total	%	Total	%
Austria	7,9	3,0	1,0	33	0,5	17	1,5	50
Belgium	10,0	3,8	3,8	98	0,0	0	0,1	2
Bulgaria	9,0	3,1	0,0	0	0,0	0	3,1	100
Denmark	5,2	2,3	1,3	57	0,2	7	0,8	36
Finland	5,1	2,2	0,8	36	0,0	1	1,4	63
France	57,7	24,5	1,2	5	0,4	1	23,0	94
Germany	81,1	33,4	13,1	39	4,2	13	16,1	48
Greece	10,5	3,1	0,0	0	0,0	1	3,1	99
Hungary	10,3	3,5	0,8	21	0,2	5	2,6	73
Ireland	3,6	1,0	0,4	40	0,1	5	0,6	55
Israel	5,3	1,0	0,7	68	0,0	0	0,3	32
Italy	57,8	20,3	0,0	0	0,1	0	20,2	100
Luxembourg	0,4	0,1	0,1	82	0,0	1	0,0	17
Netherlands	15,2	6,2	5,7	92	0,3	4	0,3	4
Norway	4,3	1,8	0,7	37	0,2	9	1,0	54
Poland	38,5	10,0	0,6	6	0,8	8	8,7	87
Portugal	9,3	3,2	0,0	0	0,1	3	3,1	97
Spain	39,1	11,4	0,8	7	0,2	1	10,5	92
Sweden	8,7	3,8	1,9	50	0,3	8	1,6	41
Switzerland	7,0	2,5	1,9	76	0,0	2	0,6	22
Turkey	60,0	6,3	0,1	1	0,1	1	6,1	98
UK	58,0	22,1	0,5	2	2,6	12	19,0	86
TOTAL	504,0	168,5	35,2	21	10,0	6	123,3	73

In den Ländern Bulgarien, Frankreich, Griechenland, Italien, Polen, Portugal, Spanien, Türkei und UK hat die Terrestrik mit der Anschlußquote zwischen 86 % und 100 % die nahezu ausschließliche Rolle.

Die Länder Schweiz und Österreich z.B. in der Anzahl der TV-Haushalte und in der Topographie vergleichbar, verhalten sich in bezug auf die technischen Medien divergierend: Während die Schweiz zu 76 % verkabelt ist, hat Österreich mit 17 % die höchste Satelliten-Anschlußquote.

In dem hier zusammengefaßten Geographisch-Europa hat im Mittel die Terrestrik mit 73% die dominierende Rolle und der Satellit mit 6 % eine (noch) untergeordnete Bedeutung.

Welche Situation ist im Jahr 2000 zu erwarten? In Abb. 10.1-1 wird eine Entwicklungsprognose der technischen Medien in Europa auf der Basis der Jahre 1992 bis 1995 bei linearer und exponentieller Extrapolation gegeben. Es zeigt sich, daß trotz starkem Rückgang der Terrestrik die Quote immer noch bei 35 % – 53 % liegt.

Im Zusammenhang mit der europäischen Betrachtung nimmt die nationale Entwicklung in Deutschland eine Sonderrolle ein: Die Terrestrik wird im Jahr 2000 auf ca. 15 % sinken zugunsten des Wachstums beim Satelliten auf 25 % und Kabel auf 60 % (Abb. 10.1-2).

Bei der Betrachtung der Fortentwicklung der Anschlußquoten bei den technischen Medien ist es erst in zweiter Linie relevant, wie stark diese an der digitalen Innovation partizipieren.

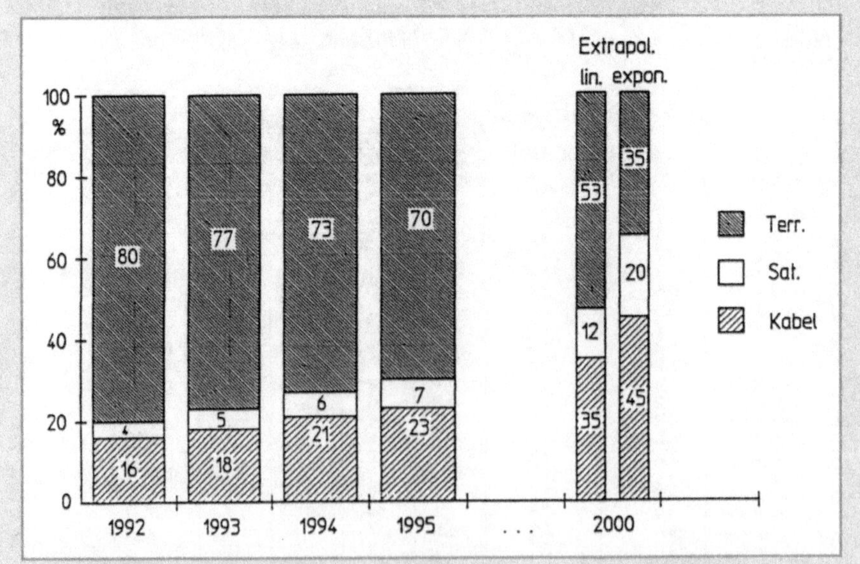

Abb. 10.1-1 Entwicklungsprognose der technischen Medien in Europa bei linearer und exponentieller Extrapolation

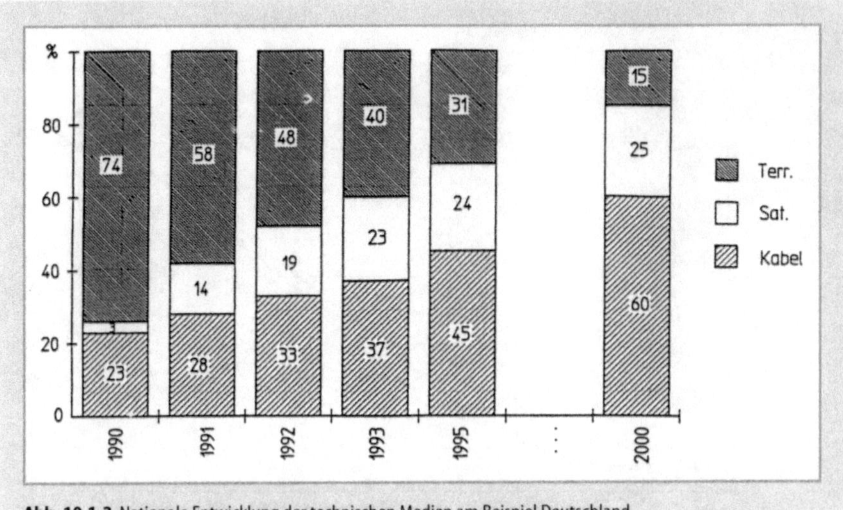

Abb. 10.1-2 Nationale Entwicklung der technischen Medien am Beispiel Deutschland

Eine Consumer-orientierte Innovation benötigt empirisch fünf Jahre um 5 – 8% Akzeptanz zu erzielen. Dies galt für die Einführung des Kabelfernsehens und des Videorecorders (Abb. 10.1-3) wie auch für andere Dienste im Bereich des Hörfunks und Fernsehens der letzten 20 Jahre.

Es kann zusammenfassend abgeleitet werden, daß aus europäischer Sicht der Handlungsbedarf zur Nutzung technologischer und ökonomischer Innovationen im TV-Rundfunk bei *allen technischen Medien* gegeben ist.

Beim *Satelliten* ist die Basis hauptsächlich und als treibende Kraft durch die *SES in Luxemburg (Société Européenne des Satellites)* gegeben. Sie führte Medium-Power-Satelliten mit der *ASTRA-Familie* ein. Diese Direktempfangssatelliten sind mit 16 (18) Transpondern ausgelegt. Damit können 16 (18) analoge TV-Programm und auf Tonunterträgern befindliche Hörfunkprogramme (ADR) in ganz Europa mit Parabolantennen unter 90 cm Durchmesser empfangen werden. ASTRA-1A ist seit 1989, -1B seit 1991 und -1C seit 1993 in Betrieb. Der 1994 im Orbit positionierte ASTRA-1D sowie die Satelliten -1E und -1F (1995/96) sind für Digitalprogramme geplant (Tabelle 10.1-2). Die einzelnen Satelliten sind und werden im Abstand mehrerer hundert Kilometer voneinander positioniert. Damit ist die gegenseitige Beeinflussung der Bahnstabilität gering. Der Restfehler kann mit Bahn- und Lageregelungs-Systemen korrigiert werden. Der überragende Vorteil der nahen Gruppierung liegt darin, daß der Empfang mehrerer Satelliten mit einem festpositionierten Spiegel möglich ist. Durch die *Koposito-nierung* ist eine kabeladäquate Programmversorgung von nur einem Punkt aus dem All gegeben. In Verbindung mit extrem empfindlichen LNC's (Low Noise Converter) können heute über preiswerte, feststehende 50-cm-Antennen 48 analoge TV-Programme empfangen werden. Ein ursprüngliches Argument für die

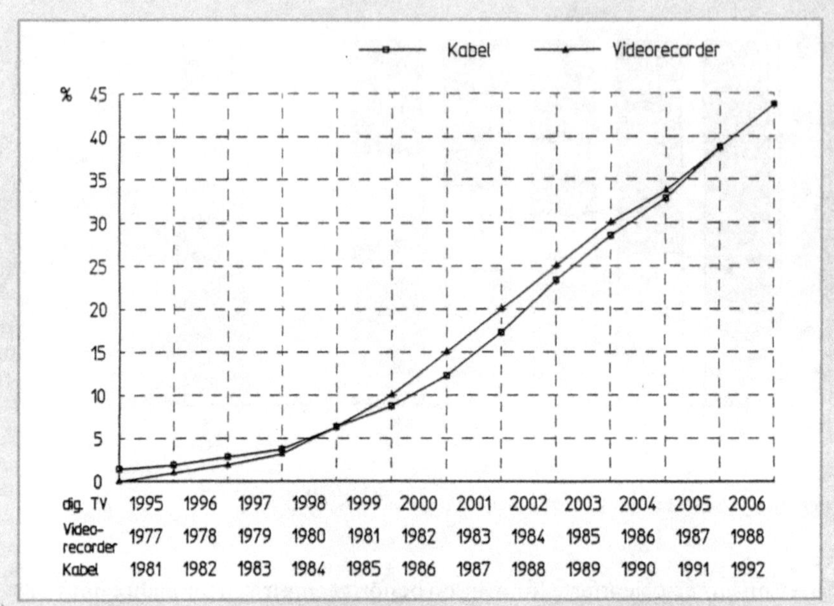

Abb. 10.1-3 Prognose digitaler Empfangsmöglichkeit bei den Haushalten – Analogie zum Kabelanschluß und zum Videorecorder

flächendeckende Verkabelung ist damit hinfällig. Für den Erfolg des „analogen" Satelliten als Vertriebsweg zum Konsumenten war auch ein weiteres Indiz maßgebend. Die Aufhebung der Gebührenpflicht für Satellitenempfangsanlagen z. B. in Österreich und Deutschland. Aufgrund der Programmvielzahl bei geringen Kosten der Empfangsanlage gehört die ASTRA-Gruppe zu den attraktivsten Fernsehsatelliten. Die Mieter der ASTRA/SES-Kanäle (Dienstteilnehmer) sind private Programmanbieter und gegenwärtig zunehmend öffentlich-rechtliche Rundfunkanstalten. Neben der Direktversorgung wird die Satellitentechnik eine wichtige Rolle für Programmzubringerdienste zu analogen und digitalen terrestrischen Sendernetzen spielen.

Die Geschwindigkeit des Umstiegs der Programmzuführung von terrestrischen Leitungsnetzen und Richtfunkkanälen zum Satelliten wird im wesentlichen durch das Verhalten der Satelliteneigner in bezug auf die Mietkosten bestimmt.

Die Argumente für die Satellitentechnik gelten mit Einführung der geschlossenen Digitaltechnik von der Kamera bis zum Heimempfänger in einem ca. um den Faktor 6 höheren Maße. Ein Digital-Satellit mit 18 Transpondern kann dabei ca. 120 Programme in SDTV-Qualität für stationären Empfang übermitteln (Tabelle 10.1-3).

In bezug auf die Einführung der digitalen TV-Übertragung hat das *koaxiale Breitbandkabel* eine gute Ausgangsposition: Der Hörfunk- und TV-Übertragungsbe-

Tabelle 10.1-2 Das ASTRA-Systemkonzept

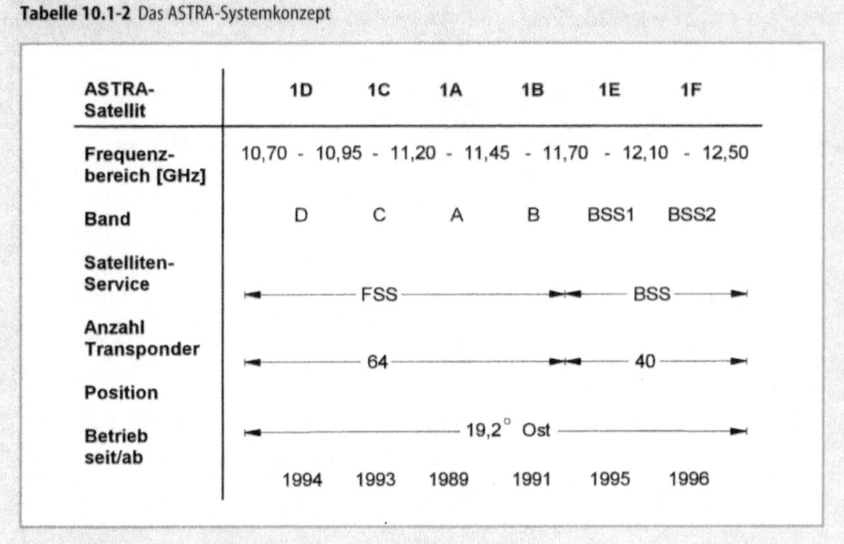

Tabelle 10.1-3 Programmkapazität auf Satellit und im Hyperband

Sat.	CATV
18 Transponder	18 Kanäle
à ≥ 27 MHz	à 8 MHz
QPSK	64QAM-Monocarr.
à 6-7 Progr.	à 6-7 Progr.
Σ 120 Progr.	Σ 120 Progr.

reich im *BK-System* ist typisch 47 – 300 MHz (Tabelle 10.1-4). Die Entwicklung der D2-MAC-Norm machte die Einführung von 12-MHz-Kanälen erforderlich. Sie wurden oberhalb 300 MHz im erweiterten Sonderkanalbereich definiert. Das sog. Hyperband enthält 12 Kanäle H21-H32 mit 12 MHz Bandbreite bzw. 18 Kanäle S21-S38 mit 8 MHz Bandbreite, die flexibel belegt werden können.

Mit dem Wegfall der *MAC-Evolutionslinie* (D2MAC, HDMAC) steht das Hyperband voll der digitalen Übertragung zur Verfügung. Im Hyperband können damit die Programmangebote eines ASTRA-Satelliten gespiegelt werden (Tabelle 10.1-3). Die etwa um den Faktor 3 geringere nutzbare Bandbreite eines CATV-Kanals gegenüber der Transponderbandbreite (8 MHz/27 MHz) wird durch den Modulationsgrad pro Symbol kompensiert (QPSK = 2 bit/Symbol, 64QAM = 6 bit/Symbol).

Tabelle 10.1-4 Kanalbelegung beim Breitband-Koaxialsystem CATV (S-B.: Sonderkanalband)

Band	Kanäle	Kanal-bandbreite MHz	Frequenz-bereich MHz	Signal	Bereich
I	2-4	7	47-68	PAL	VHF
II			87,5-108	30 Stereosign. (VHF-FM)	VHF
Unteres S-B.	S2, S3	7	111-125	16 digitale Stereosign. (DSR)	VHF
Unteres S-B.	S4-S10	7	125-174	PAL	VHF
III	5-12	7	174-230	PAL	VHF
Oberes S-B.	S11-S20	7	230-300	PAL	VHF
Hyperband	S21-S38	8	302-446	PAL (Dig. TV)	UHF
bzw.	H21-H32	12	302-446	D2MAC, Dig. HDTV, DSR	UHF
IV/V	33-60	8/12/24	446-790	(Dig. TV/ Dig. HDTV)	UHF

Es wird daran gedacht, das UHF-Band, Band VI/V, im Kabel zunächst bis 600 MHz und gegebenenfalls auch darüber zu erschließen. Die erheblich höhere Kabeldämpfung in diesem Bereich muß natürlich durch Verstärker in entsprechend kürzeren Abständen kompensiert werden. Die Erweiterung der Kabelfrequenzen schafft zusätzlichen Raum für digitales TV und HDTV.

Der Vorteil des Kabels wird daher sein, die Vielzahl der Programme zu erhöhen und die Möglichkeit, auch mehrere Programme in HDTV-Qualität anbieten zu können. Mit der Aktivierung des Rückkanals im Kupfer-Koaxial-Kabel (5–20 MHz) können Systeme für die interaktive Kommunikation aufgebaut werden. Damit hat sich die Kabeltechnik eine strategische Option für die Zukunft erhalten.

Die Durchsetzung einer neuen Technologie, wie die des digitalen Fernsehens, benötigt eine treibende Kraft im Sinne einer Vision (Abb. 10.1-4).

Bis Ende der 80er Jahre war diese, beginnend in den USA, das hochauflösende Fernsehen HDTV mit einer Datenrate von ca. 30 Mbit/s nach der Quellencodierung.

Mit den Planungen von Direc TV in den USA und SES-ASTRA in Europa wechselte die Motivation Anfang der 90er Jahre zu Programmvielfalt (75 bis 120 Programme pro Satellit) mit dem Synonym „Programm-Kiosk".

Heute heißt die *Vision „Multimedia"*. Im allgemeinen wird unter Multimedia-Systemen die Kombination der Computertechnik, der Telekommunikation und der Consumer-Elektronik verstanden. Konkret geht es darum, den PC/das Fernsehgerät in den Mittelpunkt eines Systems zur Verarbeitung von Video- und Audiosignalen oder zur Übernahme von Computerdaten zu stellen. Abhängig davon, welche Applikationen und welche Anforderungen an die Signalverarbeitung im Multimedia-System aufgenommen sind, ergeben sich unterschiedliche Sy-

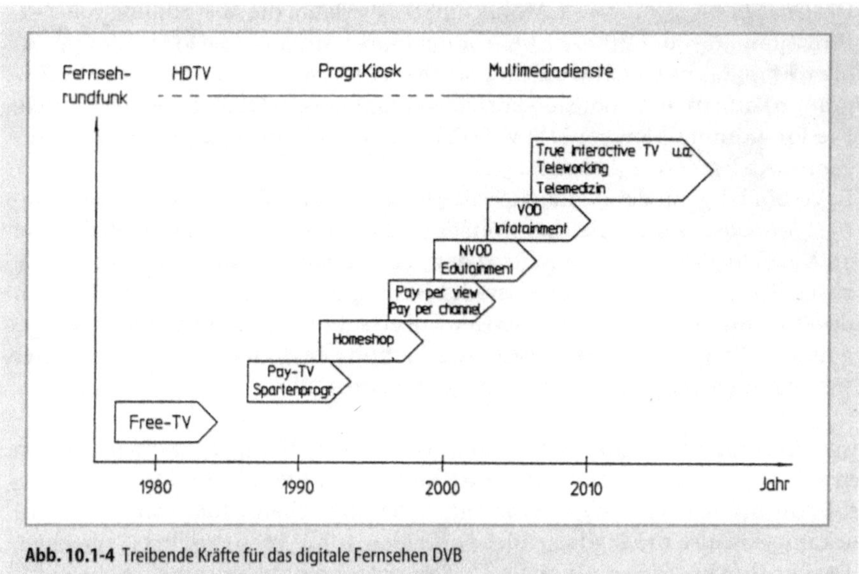

Abb. 10.1-4 Treibende Kräfte für das digitale Fernsehen DVB

stemkonfigurationen. Zum Beispiel können Videodaten über einen Adapter in der Bildrate konvertiert werden, so daß unterschiedliche Formate, z. B. PAL-Signal und VGA-Grafik (Video Graphics Adapter), auf einen Computerbildschirm dargestellt und überlagert werden können.

Mit Multimedia werden auch die Begriffe „Video on Demand", „Pay per View" und „Homeshopping" verbunden. Bei der interaktiven Kommunikation wird mit einem relativ schmalbandigen Rückkanal geplant: GSM, PCN, ISDN bzw. im Falle Kabel der Bereich 5 – 20 MHz.

Diese treibenden Kräfte, insbesondere Multimedia, sind hauptsächlich mit den technischen Medien Satellit und Kabel verknüpft.

Welche Fortentwicklung aber nimmt das terrestrische Fernsehen? Diese Frage wird in den folgenden beiden Abschnitten behandelt, auf der Grundlage
– des Stärkenprofils der digitalen Terrestrik im Hinblick auf den Netzbetreiber und den Konsumenten, sowie die Satelliten- und Kabeltechnik und
– von Transfermodellen zur Überwindung der Hürde, die sich aus dem Problem der Zuteilung von Kanalfrequenzen für die digitale Ausstrahlung ergibt.

10.2
Umsetzung der Potentiale des digitalen Fernsehrundfunks

Für die Fortentwicklung der Terrestrik von der analogen zur digitalen Versorgung gibt es eine starke Motivation:

Im Hinblick auf die Infrastruktur stellen sich die folgenden DVB-T-Potentiale [10.1] dar:

- Die *Quellcodierung* mit 4 – 6 Mbit/s für SDTV erlaubt die Abstrahlung von 4 – 6 Programmen pro TV-Kanal bei stationärem Empfang (64QAM). Bei portablem Empfang mit 16QAM ergeben sich 2 – 3 Programme. Ein digitales TV-Programm kann für den robusten portablen Empfang mit QPSK gesendet werden. Die Programmzahlen bei LDTV, EDTV und HDTV ergeben sich über die zugeordnete Datenrate (Tabelle 4.3-2).
- In Verbindung mit der digitalen Sendertechnik ergibt sich eine *geringere benötigte Sendeleistung* bei gleichem Versorgungsradius. Hinzu kommt der Gewinn an Nutzfeldstärke aus dem Beitrag der Echosignale im Rayleigh-Kanal, sowie zusätzlich bei Gleichwellennetzen der Beitrag benachbarter Sender (Gewinn durchschnittlich ca. 3 dB). Dieser Gewinn erlaubt bei gleichbleibender Versorgungsqualität eine weitere Leistungsreduktion der Digitalsender, was zu einer signifikanten Verringerung des Energiebedarfes führt.

Insgesamt ergibt sich also eine Senkung der *Investitionskosten pro Programm* um den Faktor > 2, sowie eine deutliche Reduktion der *Energie- und Servicekosten.* Bei Betrachtung der „Cost of Ownership" über die Lebensdauer von 15 – 20 Jahren kann man also bei Digitalsendern durchaus von „Green Products" sprechen.

- Darüber hinaus führt die digitale TV-Sendertechnik auch zu einem hohen *ökonomischen Einsatz der Ressource Frequenz.* Mit der Nutzung der Tabu-Kanäle, dem Einsatz von großflächigen und von Minigleichwellennetzen sowie der Planung von regionalen und lokalen Sendern, kann eine optimierte hybride Kanalplanung sowohl in der Übergangsphase von analog zu digital, als auch in der eingeschwungenen digitalen Situation erreicht werden. Bei der Frequenzkoordination im Rahmen der Versorgungsplanung ist allerdings zu beachten, daß für ein landesweites Gleichwellennetz 4 – 6 TV-Kanäle benötigt werden, um die Entkopplung an z.B. fünf Landesgrenzen (z. B. D, A, CH, F) zu ermöglichen. Bei fünf Kanälen pro Gleichwellennetz können jedoch die vier Nicht-SFN-Kanäle in denjenigen Teilzonen des Gleichwellengebietes genutzt werden, die den erforderlichen geographischen Schutzabstand zum Versorgungsgebiet auf demselben TV-Kanal haben.
Beim 8K-Betrieb kann demzufolge eine Strukturierung in landesweite, regionale und lokale Versorgungsflächen vorgenommen werden.
Beim 2 K-Betrieb sind landesweite Gleichwellennetze mit den bestehenden Sendestationen wegen des um den Faktor 4 geringeren Schutzintervalls nicht möglich. Die Kanalstrukturierung beschränkt sich deshalb bei diesem Teil der Spezifikation auf regionale Gleichwellennetze und lokale Versorgungsgebiete.
- Über die *Containertechnik* wird eine hohe Flexibilität in der Nutzung erreicht. Die Dimensionen Video, Audio und Daten wachsen zusammen. Digitale Bild- und Tonsignale können einheitlich als anonyme Datenströme betrachtet werden. So entstehen transparente terrestrische Netze mit offenen Interfaces zu den verschiedensten Diensten. Aus DVB-T wird DIB, Digital Integrated Broadcasting. Das terrestrische Fernsehnetz wird zum Broadcast Communication Network, BCN.

– Die Digitaltechnik unterstützt eine hocheffiziente *Scrambling-Technik* für Pay-TV und Multimedia-Dienste.
– Insbesondere im eingeschwungenen Zustand nach einer Simulcast-Phase von 15 – 20 Jahren, in der die geschlossene digitale Struktur aufgebaut ist, können Frequenzen für andere Dienste freigegeben werden. Kandidaten hierfür sind z. B. der *Mobilfunk* oder nichtöffentlicher Datenfunk.

Bezogen auf den TV-Teilnehmer gelten die folgenden DVB-T-Potentiale:
– Der *DVB-T-Empfänger* läßt sich kostengünstig realisieren, auch wenn man den jetzigen Analog-Empfänger mit digitaler Signalverarbeitung vergleichend zugrunde legt. Mit dem DIGIT 2000, von ITT Intermetall aus der Mitte der 80er Jahre und dem DIGIT 3000 vom Anfang der 90er Jahre wurde bereits ein digitaler TV-Empfänger entwickelt und in mehreren Empfängerfamilien industriell eingeführt. Bei dem geschlossenen digitalen Empfängerkonzept entfällt im Vergleich zu dem ITT-Digivision-Empfänger die Konvertierung in die digitale Videoebene mittels A/D-Umsetzer.
Das Prinzipbild 10.2-1 stellt künftige DVB-Empfängertypen auf einem Bild dar. Sie sind im analogen Frontend unterschiedliche auf das spezifische technische Medium hin ausgelegt und in bezug auf den Kanal- und MPEG-Decoder weitestgehend gleich aufgebaut.
Der Inner-Deinterleaver wird dabei nur beim terrestrischen Empfang eingesetzt und folgt empfängerseitig dem (OFDM-) Demodulator.

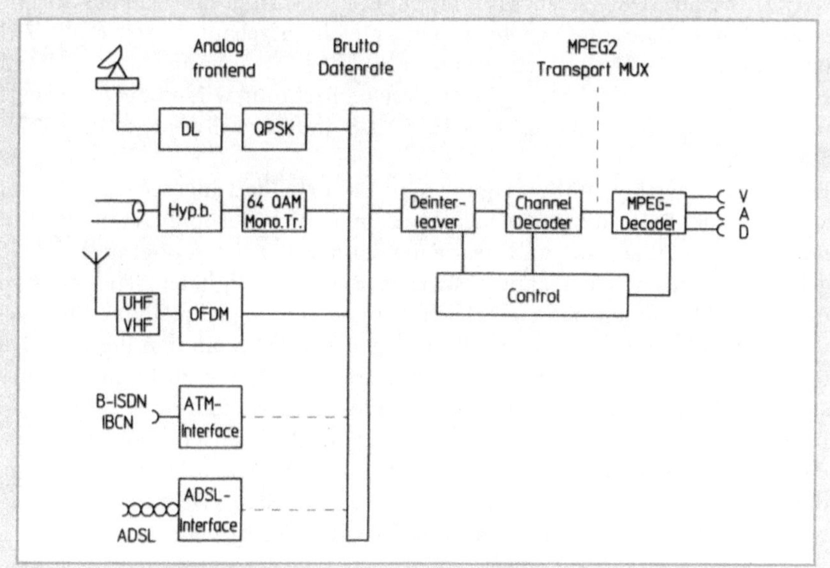

Abb. 10.2-1 Prinzipbild des DVB-Empfängers für die verschiedenen technischen Medien (Set-Top-Box)

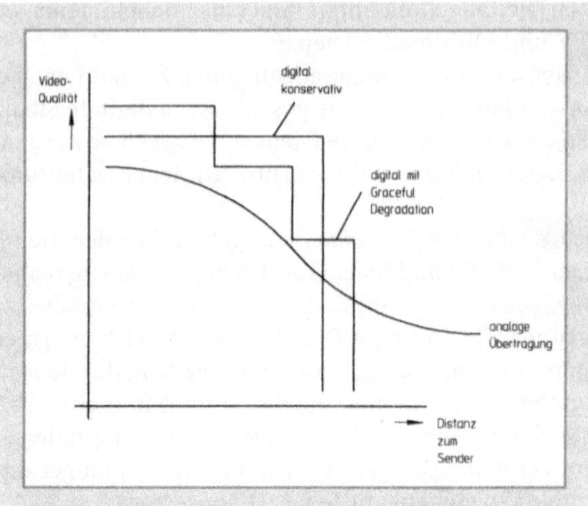

Abb. 10.2-2 Anpassung der digitalen auf die analoge Übertragung mit Graceful Degradation

Demzufolge ist der DVB-Empfänger (bzw. die *Set Top Box, Integrated Receiver Decoder-IRD*) für die technischen Übertragungsmedien Satellit, Kabel/Glasfaser, Terrestrik und künftig voraussichtlich auch B-ISDN (Breitband-Integrated Services Digital Network), IBCN (Integrated Broadband Communication Network) oder ADSL (Asynchronous Digital Subscriber Link) ab der Schnittstelle „Brutto-Datenrate" weitestgehend gleich aufgebaut. Damit ergibt sich über eine hohe Bauteilfertigungsziffer eine hohe Integrationsstufe und damit ein geringerer Preis (Abb. 10.2-1). In dieselbe Richtung wirken die europaweit und zumindest in bezug auf den MPEG2-Standard weltweit gültigen DVB-Standards.

– Bei der analogen Signalübertragung wird als vorteilhaft angesehen, daß es mit zunehmender Entfernung zum Sender zu einem nicht abrupten Abfall der Bild- oder Tonqualität kommt, und zwar auch dann, wenn sich topographische Gegebenheiten zusätzlich negativ auswirken. Bei einem digitalen Sender kommt es zu dem Phänomen, daß eine gleichbleibend gute Signalqualität empfangen wird, solange die Feldstärke am Empfänger ausreicht, um den digitalen Datenstrom im Demodulator nahezu fehlerfrei decodieren zu können. Unterschreitet die Empfangsfeldstärke ein Mindestmaß, so kommt es zu einer abrupten Erhöhung der Bitfehler, dem Ausfall der Rahmensynchronisation und damit zum totalen Ausfall des Signaldecoders (Abb. 10.2-2). Dieser Effekt kann durch eine – der analogen Übertragungsart angepaßten – Degradation der Signal- bzw. Bildqualität vermieden werden (*Graceful Degradation*).

Graceful Degradation muß im Zusammenwirken zwischen Quellencodierung und Fehlerschutz realisiert werden.

Bei der Quellencodierung wird eine Priorisierung der Daten in Teildatenströme vorgenommen (Abschnitt 1.3).

Zum Beispiel enthält der Teildatenstrom DS1 das TV-Signal in LDTV-Qualität. Der Datenstrom DS2 trägt die Delta-Daten für die SDTV-Qualität (DS1+DS2= SDTV). Der Datenstrom DS3 trägt die Daten für EDTV (DS1+DS2+DS3= EDTV). Den Teildatenströmen wird ein unterschiedlicher Fehlerschutz zugewiesen (DS1 hoch geschützt, DS3 niedrig).

Für den unterschiedlichen Fehlerschutz kommen prinzipiell folgende Ansätze in Betracht:

- Im Encoder werden die Teildatenströme – unabhängig von der folgenden gemeinsamen Kanalcodierung – unterschiedlich geschützt.
  Dabei kommen Strukturen konstanter Zellenlänge in Betracht, wie sie z.B. in ATM-Netzen (Asynchronous Transfer Mode) eingesetzt sind (Abb. 10.2-3) [10.2]. Die drei hierarchisch geschützten Quellendatenströme werden sequentiell nach dem Containerprinzip dem Kanalcoder übergeben.
- Die mit Adressen versehenen Teildatenströme werden über getrennte Kanalcodierungen unterschiedlich geschützt (Punktierung) und ggf. zusätzlich Modulationspunkten mit unterschiedlichem S/N (bei gleicher BER) zugewiesen (Abschnitt 6.2; bei 10^{-2}-BER, Priorität 1,2,3: S/N 15 dB, 17 dB, 24 dB).
- Auch beim digitalen terrestrischen Fernsehrundfunk kann das Thema *Programmvielfalt* aufgenommen werden, allerdings nicht in dem Maße der Übertragung über Satellit oder über das Hyperband im Kabel ($\geq$ 100 Programme). Im gesamten terrestrischen UHF-Gebiet könnte man zwar theoretisch bei stationärem Empfang auch eine Programmzahl dieser Größenordnung unterbringen. Dies sollte jedoch nicht die terrestrische Zielrichtung sein. Das terrestrische Programmangebot könnte sich auf eine Zahl von ca. 20 einschwingen, auch für portablen Empfang. Das würde eine Erhöhung um ca. den Faktor 5 bedeuten, bezogen auf den heutigen europäischen Durchschnitt.
- Über den Grad der digitalen Kompression läßt sich eine *hierarchische Bild- und Tonqualitätsstruktur* realisieren: LDTV, SDTV, EDTV und HDTV.
- Als Weiterentwicklung des herkömmlichen Fernsehens sind im Rahmen von

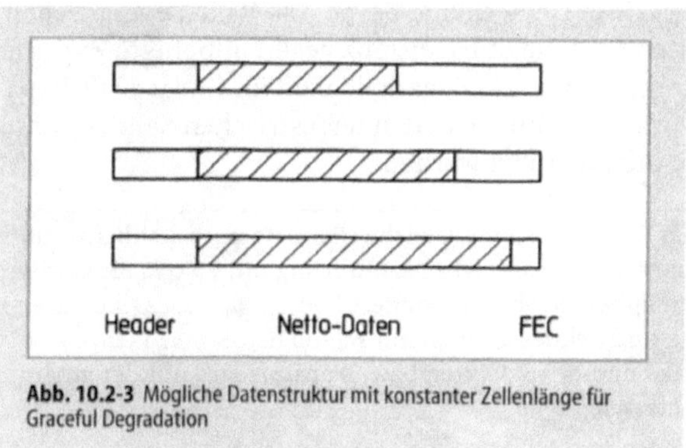

Abb. 10.2-3 Mögliche Datenstruktur mit konstanter Zellenlänge für Graceful Degradation

DVB-T *Mehrwert- und Service-Dienste* möglich. Es gibt Ideen und Modelle für:
- Video on Demand
- Pay per View
- Interactive TV (Home Shopping, Ausbildung, Spiele)
- Kriminalitätsbekämpfung (Sperrung von Kreditkarten)
- Aktualisierung von Wirtschaftsdaten (Börse, Listen, Angebote)
- Teleworking
- Spartenprogramme (Zeitschriften, Kataloge, Telefonbücher, Fahr–und Flug-
  pläne, Lexika)
- Pay Radio
- DVB-T schließt die Möglichkeit des *portablen Empfangs* für Zweit- und Dritt-
  geräte ein. Diese Empfänger benötigen eine nicht-direktionale Antenne/Stab-
  antenne am Gerät oder eine Antenne mit geringer Richtwirkung im Raum. DVB-
  T versorgt auch das sogenannte Pocket-TV („TV für jedermann und überall"),
  wobei der Versorgungsbereich in den Häusern durch Abschaltungen sehr eingeschränkt sein kann.
  Diese Mini-LCD-Fernseher (Watchman) wurden seit 1993 von acht Herstellern
  angeboten, obwohl das analoge Fernsehsendernetz kaum für diesen Betrieb
  geeignet ist [10.3]. Das Angebot an portablen LCD-Minifernsehgeräten ist viel-
  fältig und preisgünstig. Sobald es gelingt, mittels digitaler Übertragung auch
  für diese Geräte sehr gute Empfangsbedingungen zu realisieren, dürfte das
  Consumer-Interesse sprunghaft ansteigen.

> **Anmerkung**
> Der mobile Empfang von DVB-T im Fahrzeug ist – beginnend mit 1997 – Gegen-
> stand von Simulationen und von Feldversuchen. Wenn auch die Zwischenergebnisse
> vielversprechend sind, kann dieser Ansatz – da noch nicht wissenschaftlich unter-
> mauert – in dieser Arbeit noch nicht dargelegt werden.

Im *Vergleich zur Satellitentechnik* weist digitales terrestrisches Fernsehen die folgenden Potentiale auf:
- Die Verfügbarkeit terrestrischer Programme über der Zeit und über die Topo-
  graphie/Morphologie liegt z. B. in Deutschland bei 99,9 %. Weitere vergleichende Parameter zum Satelliten sind die Störresistenz gegen unbefugte Zugriffe,
  die landesweiten Ausfallfolgen sowie die Zugänglichkeit im Havariefall. Repa-
  raturen und Servicemaßnahmen können an den terrestrischen Sendern ohne
  Zugänglichkeitsprobleme durchgeführt werden.

> **Anmerkung**
> Bei der Verfügbarkeit eines Gesamtsystems, Gleichwellennetz mit Satellitenzufüh-
> rung, kommt der Verfügbarkeit der Modulationszuführung mit 99,0 % bis 99,5 %,
> abhängig vom Empfangsantennenaufwand, besondere Bedeutung zu. Es sind die Er-
> eignisse: starke Regenfälle und Schneeschauer, mit regionalen Konsequenzen, so-
> wie die Havarie des Uplinks und des Satelliten bzw. Transponders mit der gesam-
> ten Netzauswirkung zu unterscheiden.

> Zur Erhöhung der Gesamtverfügbarkeit auf Werte in Richtung der analogen Fernsehsendertechnik (99,9 %) sind terrestrische Breitbandkommunikationswege zur Zuführung z. B. Richtfunk, Glasfaser zu schalten.
>
> Besonderer Aspekt ist dabei die Adaption des Laufzeitausgleichs an der terrestrischen Sendestation bei konstanter Laufzeit über das alternative Zuführungsmedium.

- Die Terrestrik unterstützt die strukturierte Programmversorgung: Es können Gleichwellennetze für landesweite Versorgung mit regionalen Netzen und lokalen Sendern kombiniert werden. Der Einsatz von Gap-Fillern in Analogie zur herkömmlichen Umsetzertechnik erlaubt an die Topographie oder föderale Landesstruktur angepaßte Versorgungsflächen. Damit kann die heutige Versorgungsstruktur abgebildet und fortentwickelt werden.
  Mit der regionalen und lokalen Versorgung im Zusammenhang steht die Frage der Kosten für die Abgeltung von Filmrechten. Geht man davon aus, daß die Gebühren dafür weitgehend von der Zahl der erreichbaren Zuschauer abhängig sind, so ergibt sich hier ein deutlicher Vorteil für regionale Anbieter gegenüber den Anbietern von europaweit empfangbaren Satellitenprogrammen. Ein weiterer Vorteil für lokale Netze kann die Erschließung lokaler Werbemärkte sein.
- Die terrestrische Sendertechnik unterstützt den Ausschluß von Programmen von außerhalb der Landesgrenzen, wie er in einigen Nah- und Fernostländern mit anderen Vorstellungen hinsichtlich Programmüberwachung und Zensur (z. B. Saudi-Arabien, China) gefordert wird. Dabei steht die direkte Kontrolle mit politischen, kulturellen und religiösen Motiven im Vordergrund.
- Die TV-Sendertechnik erlaubt die Versorgung entlang der Landesgrenzen, so daß komplexe Urheberrechtsfragen bei grenzüberschreitendem Empfang vermieden werden.
- Die Terrestrik bietet den überlegenen, robusten, portablen Empfang im Vergleich zu SDE mit manueller Ausrichtung der Satelliten-Antenne (z. B. Wohnmobil).

Im *Vergleich zum Kabel* bietet DVB-T folgende Potentiale:
- Die Terrestrik unterstützt die gleichrangige Versorgung der Ballungszentren, wie der abgelegenen Stellen (Einödhof, Bergbauer). Die Versorgung in kritischer Topographie/Morphologie kann mit relativ geringen Infrastrukturkosten (Gap-Filler, lokale Sender) realisiert werden.
- Mit dem nahezu 100 %igen Versorgungsgrad im Zusammenhang stehend, ist das Argument der Erreichbarkeit der Bevölkerung über Notwarnsysteme in Extrem-Situationen (V-Fall, Naturkatastrophen).
- A priori bietet die terrestrische Sendertechnik im Vergleich zum Kabel (Glasfaser) den portablen Empfang.

10.3
Strukturwandel in den Kanalfrequenzen

Bei den technischen Medien Satellit und Kabel ist der Weg in die digitale Zukunft, in bezug auf den physikalischen Datenkanal und die Bereitstellung der Kanalfrequenzen geebnet [10.4, 10.5, 10.6].

Zur Umsetzung der Potentiale des digitalen terrestrischen Fernsehens bleibt allerdings das Frequenzproblem als massive Hürde noch zu überwinden. Für terrestrische TV-Sender sind bei den Wellenkonferenzen von Kopenhagen 1951 und Stockholm 1961 die Bereiche I, III und IV/V zugewiesen worden (Tabelle 10.3-1).

Im *Band I* (47 – 68 MHz) sind in Europa Fernsehgrundnetzsender (Kanäle 2 bis 4) untergebracht, teilweise aber auch nach gesonderter spezieller Vereinbarung feste Funkdienste und bewegliche Landfunkdienste (Militär, WARC 1979). Bei der Nutzung der Band-I-Frequenzen sind Einschränkungen durch Überreichweiten zu erwarten (Sporadic-E-Ausbreitung). Dieser Effekt tritt bei TV-Sendern hoher Leistungsstärke in diesem Band bis zu Entfernungen von 2000 km auf. Darüber hinaus wirkt sich im Band I insbesondere der sog. „Man Made Noise" aus, also z.B. Störungen durch U-Bahnen. Das Band I ist u.a. daher im Rahmen der DVB-T-Spezifikation nicht enthalten.

Das *Band III* (174 – 230 MHz) ist von der Frequenzlage her gut geeignet für digitalen terrestrischen Fernsehrundfunk. Der Kanal 12 (223 – 230 MHz) wurde im wesentlichen für Fernsehfüllsender genutzt und ist heute europaweit für DAB koordiniert. Allerdings wird der Kanal 12 im Frequenzbereich 225 – 230 MHz für den beweglichen Landfunkdienst (Militär) mitbenutzt und wurde daher nur für Fernsehfüllsender oder lokale TV-Sender mit kleiner Leistung freigegeben.

Im *UHF-Band IV/V* (470 – 790 MHz) liegen über 80 % der Fernsehversorgung. Lediglich die Kanäle 62 bis 69 sind zur Zeit noch den Alliierten Streitkräften zugewiesen. Es bestehen Chancen, diese Kanäle für den Rundfunk freizubekommen, allerdings gibt es neben dem Bewerber DVB-T auch die Bewerber für kommerzielles Fernsehen im lokalen Bereich.

Die für DVB-T in Betracht kommenden Bänder IV/V (und III) sind in Europa

Tabelle 10.3-1 Frequenzen für terrestrische TV-Sender (Wellenkonferenzen Kopenhagen 1951 und Stockholm 1961)

Band	I	III	IV/V
TV-Bereich	VHF	VHF	UHF
Kanäle	2-4	5-12	21-60
Bandbreite [MHz]	7	7	8
Frequenzbereich [MHz]	47-68	174-230	470-790

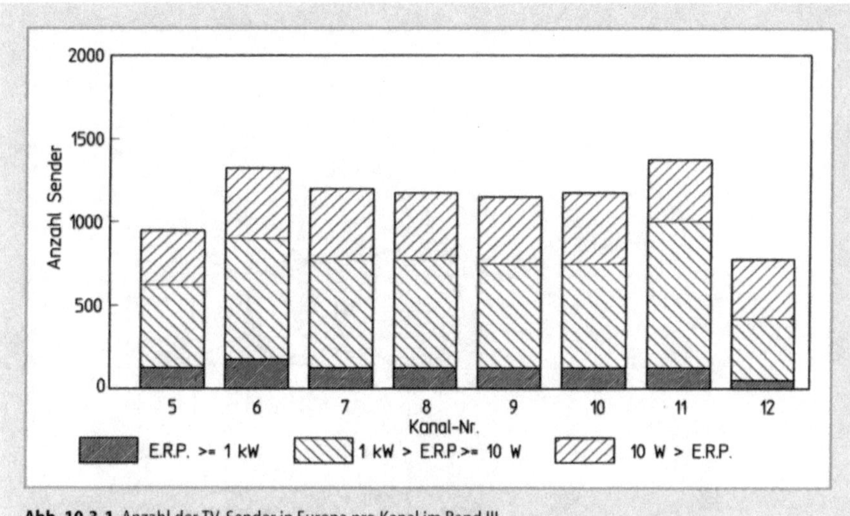

Abb. 10.3-1 Anzahl der TV-Sender in Europa pro Kanal im Band III

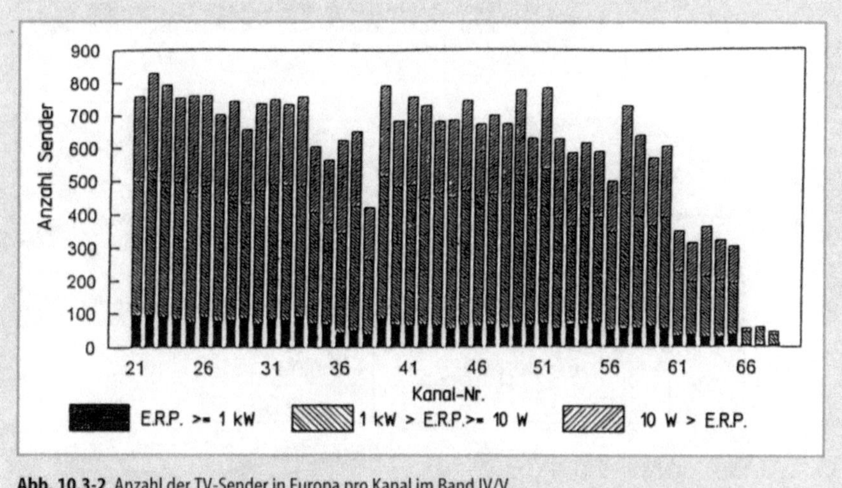

Abb. 10.3-2 Anzahl der TV-Sender in Europa pro Kanal im Band IV/V

mit einer Vielzahl von terrestrischen Sendern aller Leistungsklassen im Bereich 1 kW ERP bis 400 kW ERP belegt (Abbildungen 10.3-1 und 10.3-2) [10.10]. Es scheint also kein Freiraum für landesweite Gleichwellennetze zur Verfügung zu stehen (Ausnahme: Großbritannien hat die Kanäle 35 und 37 für DVB-T zugewiesen [10.7]).

Zur Lösung der Frequenzfrage werden daher verschiedene Ansätze diskutiert: Die *erste Möglichkeit* sieht einen *geordneten Strukturwandel innerhalb der Ter-*

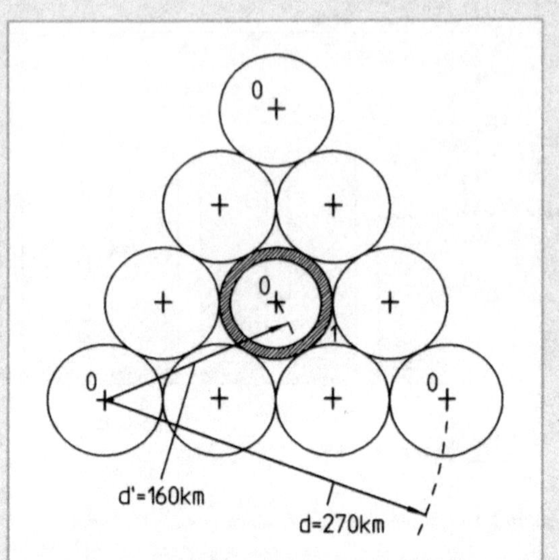

Abb. 10.3-3 Das Konzept der Gleichkanalbelegung („Simulcasting")
von analogem und digitalem Fernsehen, nach Hinzufügen eines weiteren
Gleichkanal-Senders für DVB-T [3.2]

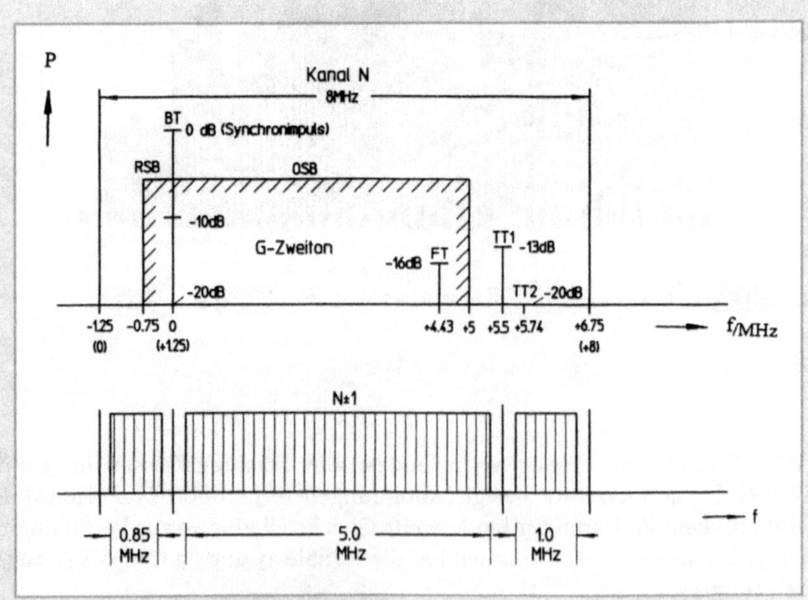

Abb. 10.3-4 Nachbarkanalbelegung mit DVB-Signal

restrik vor. Dieser beginnt mit der Koordination von *lokalen, regionalen und landesweiten Frequenzen.* Darin werden die gegebenen Analogprogramme dupliziert, und das Angebot wird durch zusätzliche Digitalprogramme erweitert.

Ein zweiter Ansatz liegt in der Nutzung von *Tabu-Kanälen* (Abb. 10.3-3). Auf der Basis der herkömmlichen analogen Frequenzplanung mit einer Gleichkanalbelegung im Abstand von ca. 270 km wird dabei an der analogen Sendestation für den Nachbarkanal (Abb. 10.3-3, Kanal 1) zusätzlich ein digitaler Gleichkanalsender (Kanal 0) implementiert. Der prinzipielle Ansatz dabei ist, daß der digitale Gleichkanalsender aufgrund der geringeren Sendeleistung die im Abstand von ca. 160 km befindlichen analogen Sender nicht stört und umgekehrt wegen seiner hohen Störresistenz vom analogen Sender nicht gestört wird. Das Störpotential zwischen analogem und digitalem Sender kann zusätzlich vermindert werden, indem man im OFDM-Signal an Stellen ausgeprägter Energieanteile im Analogsignal Lücken programmiert (Abb. 10.3-4).

Mit der Tabu-Kanalbelegung sind zwar Einschränkungen hinsichtlich der übertragbaren Datenrate bei gegebenen C/N- bzw. C/(N+I)-Werten zu berücksichtigen, es bleibt aber ein signifikanter Zuwachs für digitale TV-Übertragung durch eine dichtere Belegung des Frequenzspektrums, das dem Fernsehen zugewiesen wurde.

Mit den genannten Maßnahmen kann in der Übergangsphase eine *hybride Netzstruktur* mit analogen und digitalen Programmketten aufgebaut werden, die eine landesweite/regionale und lokale Versorgung durchführen.

> **Anmerkung**
>
> Neben der Nachbarkanalbelegung gibt es ein Inband-Modell, das die Koexistenz des analogen TV-Signals und eines Schmalband-DVB-Signals vorsieht [10.8]. Der UHF-Kanal hat hier die kongruente Kanalbelegung wie bei VHF (nicht bei NICAM), ist jedoch 1 MHz breiter. In der Lücke zwischen zweitem Tonträger und Kanalende kann ein digitaler Mono- oder Multiträger eingefügt werden. Der Kanal ist zur Übertragung eines TV-Signals bis zu SDTV-Qualität auszulegen. Kritische Parameter bei der Implementierung sind die Entzerrung der Leistungsverstärker sowie die Verträglichkeit zu Inband-(Video, Ton 1, 2) und Nachbarkanalsignalen. In der Koexistenzphase Analog-/Digital-TV kann dieses Modell unterstützend wirken.

Das *zweite Transfermodell* für DVB-T bezieht die *anderen technischen Medien* mit ein. Dabei wird ein Analogprogramm auf Satellit und Kabel transferiert und ist terrestrisch nicht mehr analog empfangbar. Die frei gewordenen terrestrischen Frequenzen werden für z.B. vier Digitalprogramme bei beibehaltener Bildqualität genutzt, wobei das transferierte Programm im digitalen Multiplex enthalten ist.

In einem *dritten Transfermodell* werden die *erstgenannten Alternativen kombiniert.*

Schließlich wird noch die Möglichkeit der *freien Marktentwicklung als Motivator* für digitales terrestrisches Fernsehen diskutiert.

Tabelle 10.3-2 zeigt die *Neustrukturierung* der Rundfunkbänder I, III und IV/V nach dem Ansatz gemäß [10.9]. Danach erfolgt der Start von DVB-T 1998, ab 2008

Tabelle 10.3-2 Neustrukturierung der TV-Bänder gemäß European Radiocommunications [10.9]

Jahr	Bd I			Bd III	
2008	andere Dienste	A-TV/ andere Dienste		A-TV	A-TV/ DAB
	47	54	68	174 216 223	
2020	andere Dienste	andere Dienste		noch zu definieren	DAB

Jahr	Bd IV/V			
2008	A-TV/ DVB	A-TV/ DVB	DVB	
	470 510		790	862
2020	(DVB)/ noch zu definieren	DVB	DVB	

werden die analogen TV-Sender (A-TV) sukzessive abgeschaltet, und im Jahr 2020 wäre die digitale Reform abgeschlossen.

10.4
Betriebsüberwachung von Sendernetzen

In diesem Abschnitt wird eine Anforderung aufgegriffen, die zwar erst mit Aufnahme des operationellen terrestrischen DVB-Sendebetriebes aktuell wird, deren Erfüllung aber eines Annexes zur DVB-T-Spezifikation bedarf, der möglichst frühzeitig vereinbart werden sollte. Die Forderung liegt in der Überwachung von Betriebs- und Qualitätsparametern des digitalen terrestrischen Versorgungsnetzes – im besonderen im Gleichwellenbetrieb – während der laufenden Programmübertragung. Um dazu optimale Bedingungen zu schaffen, ist die vorliegende Spezifikation geringfügig zu modifizieren.

Dabei ist von folgenden Gegebenheiten auszugehen: Die DVB-T-Spezifikation sieht Referenzträger für den Empfänger vor. Es sind dies die Scattered Pilots (8,3 % der Träger im OFDM-Signal bzw. der Datenkapazität) und die Continual Carriers (2,0 % im 8K- und 2,6 % im 2K-Modus). Daneben sind TPS-Träger (1 %) zur Mitteilung des Übertragungsschemas spezifiziert. Der Übertragungsrahmen (Frame) enthält 68 Symbole. Vier Frames werden zu einem Superframe zusammengefaßt.

Die Pilots dienen im DVB-Empfänger zur Rahmen-, Frequenz- und Zeitsynchronisation, Kanalschätzung und Adaption der Übertragungsparameter bzw. zur Beherrschung des Phasenrauschens am Demodulatoreingang.

Diese Referenzpilots (und die TPS-Träger) sind empfängerorientiert und erlauben keine ausreichende Aussage über die Güte des terrestrischen Übertragungskanals im operationellen Betrieb.

Die Messung und Überwachung des DVB-T-Senders und des Versorgungsnetzes ist aber aus folgenden Gründen während des laufenden Betriebes erforderlich:

– Die Sender werden rund um die Uhr ausstrahlen, so daß keine Meßzeit mit der Freischaltung des Senders erreicht werden kann.
– Die Sender arbeiten ggf. in Gleichwellennetzen. Einzelne Sender können daher nicht aus dem SFN-Betrieb genommen werden.
– Die system- und versorgungstechnische Messung und Überwachung wird auch aus Aufwandsgründen vorzugsweise unter den Bedingungen des Normalbetriebes durchgeführt.

Daneben ist ein spezieller Parameter beim Gleichwellenbetrieb kontinuierlich zu überwachen: die frequenz- und bitsynchrone Ausstrahlung der Sender im Funkfeld des Gleichwellennetzes. Ein Ausfall der Synchronisation wandelt den Sender zur Störquelle, die in weniger als einer Sekunde eliminiert werden muß.

Als Lösungsweg bietet sich nun folgendes Verfahren an: Es wird ein DVB-T-Symbol pro Superframe mit festgelegter Modulation definiert. Das DVB-Testsymbol (Parallele zu den Prüfzeilensignalen und der Datenzeile im analogen Fernsehen) hat die Aufgabe, im operationellen Sendebetrieb Messungen, Überwachungen und Kennungen zu ermöglichen, die sich auf den Übertragungskanal beziehen. Referenzsymbole bisheriger DVB-Spezifikationsentwürfe (z.B. CAZAC/M-Symbol) oder anderer terrestrischen Systeme (TFP-Symbol bei DAB) sind empfängerorientiert und unterstützen nicht ausreichend die Belange der Infrastruktur.

Das DVB-Meß-, Monitoring- und Kennungssymbol enthält spezifikationstypische Elemente, kann z.B. der gewählten Modulationsart (QPSK, 16-/64-QAM) angepaßt werden und enthält ggf. spezielle Träger bzw. Trägerlücken z.B. zur Kennung der Sendequelle auch im SFN-Betrieb.

DVB-Testsymbole können in einer Sequenz auch alternierend gesendet werden. Die Elemente der Sequenz sind dann bestimmten Parametern oder Kennungen zugeordnet (Sequentielles DVB-Testsymbol).

Der Bedarf an Übertragungskapazität durch des Testsymbol mit 0,37 % ist dabei – gemessen an den Meß-, Überwachungs- und Kennungsmöglichkeiten zur Lösung der betrieblichen Erfordernisse der Infrastruktur – vertretbar.

Mit der Definition eines DVB-T-Testsymbols wird eine Brücke zu der Monitoring-Technik im analogen Fernsehen geschlagen. Einige der in dieser Arbeit dargelegten Meßverfahren können auch zur laufenden meßtechnischen Überwachung eingesetzt werden.

Im einzelnen werden folgende wesentliche Parameter durch das Referenzsignal unterstützt:

- die Kanalimpulsantwort-CIR
- die Intersymbolinterferenz
- der selektive C/I-Wert
- die BER bzw. Roh-BER und zwar direkt durch Bitvergleich oder indirekt über die CIR-Messung
- die OFDM-Umhüllende und der (betriebsmäßige) Crestfaktor bei konstanten Daten
- das Konstellationsdiagramm bei konstanten Daten
- die Zeitreferenz mit Bezugssymbol für den bitsynchronen SFN-Betrieb
- die Situation bei Senderabschaltung oder Aktivierung des Reservesenders (negativer Datenvergleich bzw. Toleranzüberschreitung infolge von Temperaturdriften oder Alterungen)
- die Kennung der Sendequelle mit diskreten, modulierten Trägern bzw. Fehlstellen.

Das Prinzip und die Merkmale des DVB-Testsymbols lassen sich auch auf andere technische Übertragungsmedien transformieren, z.B.: Satellit, Kabel, MMDS, ADSL, DVB/ATM.

Damit können entweder nur diese Übertragungskanäle, aber auch gemischte Versorgungsnetze gemessen und überwacht werden. Auf diese Weise ist es zusätzlich möglich, neben Abschnitts- auch Quellen-Referenzdaten einzuführen.

Die Quellen-Daten werden am Studioausgang im Coder/Modulator für das erste Übertragungsmedium (z.B. Satellit) eingeblendet und beim Wechsel der Kanalcodierung/Modulation für den folgenden Kanal (z.B. Terrestrik) transcodiert. An einem Meßpunkt der gesamten Übertragungsstrecke kann somit auf die BER (und abgeleitete Parameter wie Error-Free Seconds, Error Count, Availability) des letzten und des bis zum Studio liegenden Abschnitts geschlossen werden.

10.5
Ein Szenario für das digitale terrestrische Fernsehen in der langfristigen Zukunft

Im folgenden wird ein Modell abgeleitet, das auf den Rahmenparametern der gegebenen DVB-T-Spezifikation (8K- und 2K-Transformationslänge) basiert. Den Modulationsniveaus 64QAM, 16QAM und QPSK werden die in Tabelle 4.3-2 angegebenen Programmzahlen in SDTV-Qualität und die Empfangssituationen – statisch, portabel und robust-portabel – zugeordnet.

Diese Annahmen können mit den folgenden Parametern verknüpft werden:

40   TV-Kanäle im UHF-Bereich

4 – 6   Mbit/s für PAL-Qualität (SDTV)

4 – 6   TV-Kanäle pro Gleichwellennetz (an z.B. fünf Landesgrenzen (D, A, CH, F) müssen die Gleichwellennetze über getrennte TV-Kanäle entkoppelt sein)

Ø 1   *lokaler TV-Kanal pro SFN:*
Bei fünf Kanälen pro Gleichwellennetz können die vier Nicht-SFN-Kanäle lokal genutzt werden. Mit dem durchschnittlichen Nutzungsgrad von 25% ergibt sich die gleiche Anzahl von lokalen Kanälen bezogen auf die Gleichwellennetze (Abb. 10.5-1).

Daraus leiten sich die in Abb. 10.5-2 dargestellten *Szenarien* ab. Es wird von der heutigen Situation mit 3 – 4 analogen landesweiten Programmen im UHF-Gebiet im europäischen Durchschnitt ausgegangen. Im eingeschwungenen Zustand nach ca. 20 Jahren mit volldigitaler Versorgung leiten sich je nach Empfangssituation die maximalen Programmzahlen ab (Best Case-Szenario). Bei stationärem Empfang ergibt sich rechnerisch die Kapazität von 80 Programmen. Gemäß den terrestrischen Potentialen liegt die Domäne und die herausragende Eigenschaft des terrestrischen (digitalen) Fernsehrundfunks im portablen Empfang. Hierzu ergibt sich die Kapazität von 40 Programmen bei portablem und 20 Programmen bei robust-portablem Empfang. Mit der Berücksichtigung des Motivationsfaktors der *Freiräumung von UHF-Kanälen* für andere volkswirtschaftlich hochwertige (mobile) Dienste kann das Modell gemäß Tabelle 10.5-1 abgeleitet wer-

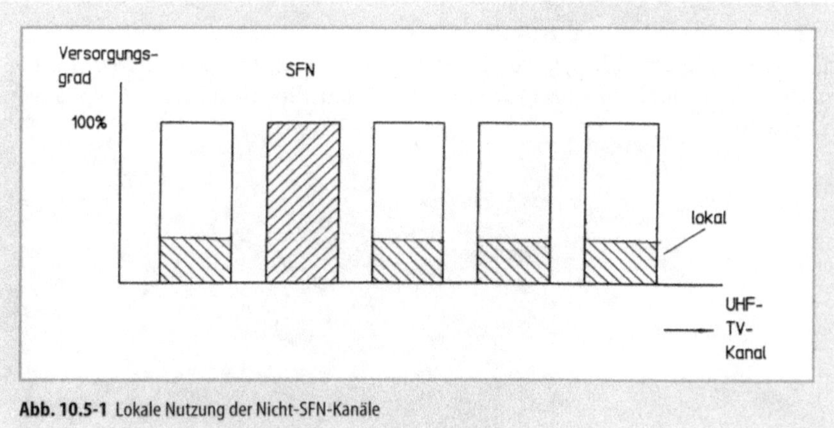

Abb. 10.5-1 Lokale Nutzung der Nicht-SFN-Kanäle

Tabelle 10.5-1 Modell der Belegung Band IV/V

			Progr.		
SFN	Kanäle	Empfang	lw./reg.	lokal	Σ
4	20	port.	8 - 12	10	20

Es stehen 20 TV-Kanäle für weitere Dienste zur Verfügung.
(HDTV, Datenservice, Mobilfunk, Mobile Multimedia)

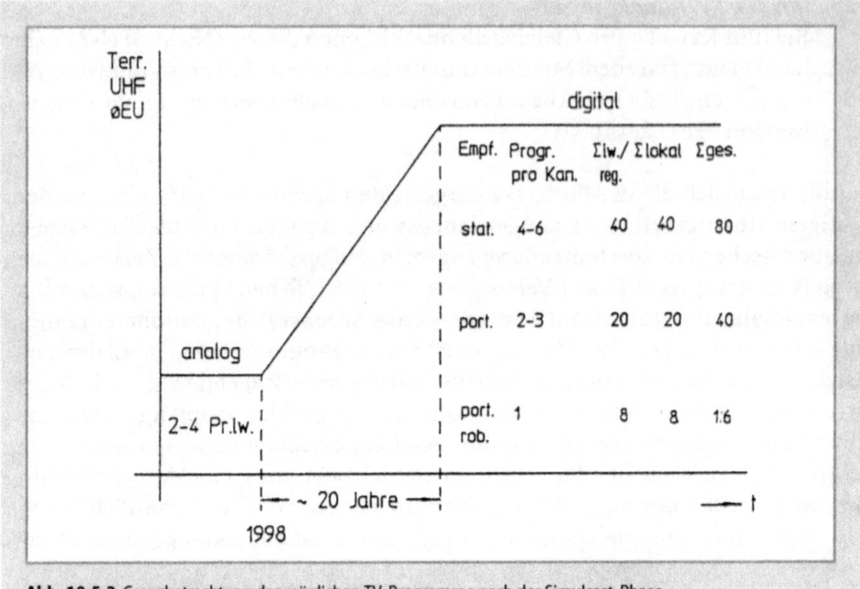

Abb. 10.5-2 Grenzbetrachtung der möglichen TV-Programme nach der Simulcast-Phase

den. Darin sind für die *Hälfte des Bandes IV/V maximal 20 terrestrische landes-
weite/regionale und lokale Programme* vorgesehen, die portabel empfangen werden können.

11   Zusammenfassung

Der digitale terrestrische Fernsehrundfunk hatte seinen Ursprung in den USA mit dem 1990 revolutionär anmutenden Anspruch, hochauflösendes Fernsehen im dort üblichen 6-MHz-Kanal zu übertragen. Ab 1991 entstanden separate Forschungsprojekte und Pilotentwicklungen in Europa.

Es ist seit 1993 die Aufgabe des European DVB Project, diese zu integrieren und zu innerhalb und außerhalb Europas gültigen Spezifikationen zu gelangen.

Ein Meilenstein zur Einführung des digitalen terrestrischen Fernsehrundfunks war im Dezember 1995 die Spezifikation für die Kanalcodierung und Modulation. Die Basisparameter der Spezifikation wurden in dieser Arbeit dargelegt und bei der Unterstützung der systemtechnischen Realisierung der digitalen TV-Versorgung berücksichtigt. Wenn auch mit der Festlegung der Kanalcodierung und Modulation ein wesentlicher Schritt zur Definition des digitalen terrestrichen Fernsehrundfunks getan ist, so sind doch zur Realisierung des gesamten Übertragungssystems eine Reihe von Veränderungen gegenüber dem technischen Stand in betriebs- und meßtechnischer Hinsicht zu implementieren.

Diese Änderungen leiten sich aus den dargelegten Grundlagen der digitalen Übertragungstechnik mit der Video- und Audiocodierung, dem MPEG2-Transportmultiplex, der Codierung und Modulation für den terrestrischen Kanal, sowie der Gleichwellentechnik ab:

- Beim digitalen Übertragungssystem erfolgt am Studioausgang die *Basisbandcodierung* mit der *Datenreduktion* für Video, z.B. 30:1 (CCIR601-Studiostandard auf SDTV-Qualität), und die Transport- Multiplexbildung nach dem MPEG2-Standard. Die Datenkompression an der Signalquelle auf der Basis psychovisueller und psychoakustischer Phänomene hat u.a. die Konsequenz, daß die herkömmliche Sinusmeßtechnik mit Wobbelsignalen in der Frequenzebene und mit Prüfzeilen-Referenzsignalen in der Zeitebene unbrauchbar für den digitalen Übertragungskanal ist.

- Der *Signaltransport* im *Zeitmultiplex* hat zur Folge, daß die digitale terrestrische Versorgungstechnik nicht auf die Übertragung von Fernsehsignalen und assoziierten Daten beschränkt bleiben muß, sondern es können auch TV-, Audio- oder Datensignale für vielschichtige Dienstleistungen frei zusammengestellt und transparent übertragen werden.

- Die digitale terrestrische Versorgung unterstützt in hohem Maße die *ökonomische Nutzung der Ressource Frequenz*.

Die hierarchische Codierung für die Videoqualität LDTV bis HDTV gestattet
es, in einem Fernsehkanal statt – wie bisher – einem einzigen PAL-(SECAM-)
Programm eine nutzungsabhängige Anzahl von Digitalprogrammen zu übertragen. Bei SDTV-Qualität und stationärem Empfang können z.B. vier bis
sechs Programme gesendet werden.
Die OFDM-Modulation und die Definition von Schutzintervallen unterstützt
die strukturierte Versorgung mit lokalen DVB-Sendern und regionalen oder
landesweiten Gleichwellennetzen. Damit können die TV-Kanäle deutlich effi-
zienter als bisher genutzt werden.

- Die Programmzuführung zu den Stationen terrestrischer Sendenetze kann im
  Falle von Lokal- und Stadtsendern über die herkömmliche Zuführungstech-
  nik mit Kupfer- und Glasfaserleitungen oder über Richtfunkstrecken erfolgen.
  Bei regionalen oder landesweiten Gleichwellennetzen mit mehr als z.B. fünf
  Sendestellen hat die *Satellitenzuführung* aus ökonomischen und technischen
  Gründen die höchste Priorität.
- Die *DVB-T-Sender* enthalten in bezug auf die Kanalcodierung und OFDM-Mo-
  dulation völlig neue Elemente. Bei der OFDM-Umsetzung in die Sendefrequenz-
  lage, der Leistungsverstärkung und der Abstrahlung über die Sendeantenne
  kann jedoch über eine Adaption und Neuoptimierung auf den Stand der ana-
  logen Technik zurückgegriffen werden.
- Die digitale terrestrische Sendertechnik erfordert eine neue *Sendermeßtechnik*.
  Dabei stehen Parameter wie BER, Pattern-Analyse, Spektralanalyse, OFDM-
  Leistung und die Messung der Betriebskennlinie von Multiträger-Leistungsverstärkern im Vordergrund.
- Der *Gleichwellenbetrieb* von DVB-Sendern setzt voraus, daß die Senderfre-
  quenz- und bitsynchron arbeiten. Dies erfordert neue Wege der Frequenz- und
  Zeitsynchronisation mit regionaler und landesweiter Betriebssicherheit.
- Die terrestrische Übertragung über Funkfelder mit Einzel- und Gleichwellensendern erfordert eine neuartige *Versorgungsmeßtechnik,* in der neben der klassischen Feldstärkemessung auch Parameter wie Kanalimpulsantwort, Rohbitfehlerrate, Intersymbolinterferenz und selektiver C/I-Wert eine wichtige Rolle spielen.

Der Beitrag dieser Arbeit zur systemtechnischen Realisierung der beschriebe-
nen Veränderungen liegt in folgenden Bereichen:
- Analyse des gegenwärtigen Standes der terrestrischen Fernsehtechnik,
- Entwurf von Alternativen und pragmatischen Realisierungsansätzen bei der
  Programmzuführung,
- Vordefinitionen und Entwicklungskonzepte der Betriebs- und der Meßtech-
  nik für DVB-Sender,
- Angebot von Problemlösungen für die Synchronisation der Gleichwellen-
  sender,
- Definitionen und Entwürfe zur digitalen Versorgungsmeßtechnik.

Die erzielten Ergebnisse in diesen Teilgebieten des digitalen terrestrischen Versorgungssystems werden in den folgenden Abschnitten zusammengefaßt.

Anwendungsmöglichkeiten aus der analogen Übertragungs- und Meßtechnik

Der Satellit wird als technisches Medium auch zur Programmzuführung zu analogen TV-Sendernetzen eingesetzt. Dabei wird das analoge Basisband im Zeit- und Frequenzmultiplex zusammengestellt und frequenzmoduliert übertragen. Wegen des transparenten Übertragungsmediums kann die eingeführte Satellitentechnik aber auch für das digitale terrestrische Fernsehen zur Programmzuführung in QPSK-Modulation zu Gleichwellennetzen herangezogen werden.

Die Linearverstärker der analogen TV-Sendertechnik können als OFDM-Verstärker in der digitalen Sendertechnik übernommen werden. Dabei sind allerings Adaptionen und Optimierungen insbesondere in der Entzerrtechnik (ZF, RF-, analoge/digitale Basisband-Entzerrung) vorzunehmen.

Die Technik der Fernsehsendeantennen kann weitestgehend für DVB-T übernommen werden. Es stehen Antennenelemente für horizontale und vertikale Polarisation für Band IV/V und Band III zur Verfügung.

Die Grundlagen der Versorgungsplanung gelten auch für die digitale Fernsehtechnik, wenngleich insbesondere für die Versorgung in Gleichwellennetzen adaptierte und neue Planungskriterien erarbeitet werden müssen.

Im analogen Übertragungskanal werden schon heute analoge und digitale Zusatzsignale geführt: die Prüfzeilensignale, die Fernsehdatenzeilen mit dem Video Programm System und der Videotext. Diese Elemente mit dem betrieblichen Nutzen der Überwachung und Steuerung der Infrastruktur sowie dem Consumer-bezogenen Nutzen einer bequemen VCR-Programmierung können ohne Schwierigkeiten auch beim digitalen Fernsehen aufgebaut werden.

Alternativen der Programmzuführung

Die Bedingung der bitsynchronen Abstrahlung der DVB-Sender spielt auch bei der Programmzuführung zu Gleichwellennetzen eine wichtige Rolle. Im ersten Ansatz wird von der autarken Satellitenstrecke ausgegangen und an der terrestrischen Sendestation der Transportmultiplex neu aufgebaut. Dieser Ansatz stellt, abgesehen vom gerätetechnischen Aufwand, höchste Anforderungen an den Gleichlauf der Decodier- und Codierprozesse (Soft Decision Decoder) beim Satellitenempfang und in den terrestrischen Sendern.

Die zweite Lösung sieht die Codierung für den terrestrischen Kanal bereits vor dem Satelliten-Uplink vor und bewirkt damit einen minimalen Aufwand und ein hohes Maß an bitsynchroner Betriebssicherheit an der Sendestation.

In den Alternativen 3 und 4 wird das aufbereitete analoge OFDM-Signal als Pseudo-Videosignal betrachtet und über Satellit in FM-Technik bzw. über die herkömmliche TV-Umsetzertechnik den Gleichwellensendern zugeführt. Diese Ansätze zeichnen sich durch hohe Praktikabilität und geringen Investitionsaufwand aus.

Ein pragmatischer Ansatz zur kurzfristigen Realisierung einer 20-Mbit/s-Zuführungsstrecke (ggf. $2 \cdot 20$ Mbit/s) zu den Gleichwellensendern wird über das DSR-Verfahren dargestellt. Bei ausschließlicher Transpondernutzung für die betriebliche Programmzuführung (kein paralleler Satelliten-Direktempfang) kann statt QPSK auf eine Modulation mit 4 bit pro Symbol (16QAM oder das neuartige Verfahren 8PSK/2AM) übergegangen werden. Die S/N-Einbuße wird über den technischen Aufwand der Satelliten-Empfangseinrichtung kompensiert.

DVB-Sender-Betriebstechnik

Die Realisierung des OFDM-Modulators erfolgt mit 8K- bzw. 2K-IFFT und I/Q-Modulator. Beim Einsatz der DSP-Technologie ist es unkritisch, welche Modulationsart zu realisieren ist: die Modulationspunkte im Patterndiagramm werden in einem Preprozessor (Logic Cell Array) als Datenarray definiert. Der Anspruch liegt in dem 8K- bzw. 2K-IFFT-Prozeß. Der Lösungsansatz besteht aus einem 8K-DSP-Baustein und einem Oversampling-FIR-Filter mit dem Vorteil, den zugehörigen I/Q-Modulator in Digitaltechnik aufbauen zu können.

Die DVB-T-Spezifikation sieht die hierarchische Kanalcodierung und Modulation vor. Dabei sind die Kenndaten der Multi-Resolution-QAM wählbar. Im Vergleich zur Uniform-64QAM ($4:2:1$, mit Alpha Value $\alpha = 1$) wurden drei Non-Uniform-QAM's ($5:2:1$ mit $\alpha = 2$, $6:2:1$ mit $\alpha = 3$ und $6:3:1$) hinsichtlich der Bitfehlerrate abhängig vom S/N simuliert und ausgewertet. Die MR-QAM des Typs 2 ($6:2:1$) wurde in diesem Zusammenhang als die Modulationsart mit den besten Ergebnissen befunden. Allgemein wurde die Entscheidungsgrundlage auch für weitere Applikationen wie 3-Layer-Übertragung oder modulationsbezogene Graceful Degradation erarbeitet.

Abseits der bestehenden DVB-T-Spezifikation wird der Gedanke der „Optimized Digital Modulation" (ODM) eingebracht. Dabei können die Modulationspunkte im Patterndiagramm nach Optimierungskriterien wie Größe der Entscheidungskreise bei konstanter Spitzenaussteuerung (Circle Optimized Modulation, COM) oder minimaler mittlerer Aussteuerung bei gegebenem Entscheidungskreis (Power Optimized Modulation, POM) definiert werden.

Zur Realisierung von Prototyp-DVB-Sendern für Feld- und Pilotversuche sowie zur Vorbereitung von industriellen Entwicklungen für die Serienreife wurden Grundlagen- und Vordefinitionsuntersuchungen durchgeführt.

Es wurden Konzepte für DVB-Senderverstärker mit der Technologie Tetrode und Bipolar-Solid-State erstellt und hinsichtlich der Entzerrung optimiert. Der Einfluß der Nichtlinearität von Leistungsverstärkern auf Außerband- und Inband-Intermodulationsprodukte sowie auf die Streuung der Modulationspunkte im Konstellationsdiagramm (und damit indirekt auf die Bitfehlerrate) wurde per Simulation dargestellt.

Wegen der begrenzten Möglichkeiten der Linearisierung bei der Dimensionierung des Signalpfades von Hochleistungsverstärkern, insbesondere bei Solid-State, kommt den Entzerrtechniken hohe Bedeutung zu. Nach dem gegenwärtigen technischen Stand wird die Vorentzerrung des Verstärkereingangssignals über zu den Verstärkerkennlinien invers gekrümmten Amplituden- und Phasenkennlinien in der ZF-Ebene durchgeführt. Dabei wurden für DVB-Leistungen bis 3 kW bei Klasse-A-Verstärkern in Tetrodentechnologie Schulterabstände von ≥ 40 dB und bei Klasse-AB-Verstärkern mit Solid-State solche von 35 dB – 37 dB erzielt.

Bei der Reduktion der Ausgangsleistung, bezogen auf die Nennleistung, ergab sich bei Einsatz der Tetrode eine lineare Erhöhung des Intermodulationsabstandes, wohingegen bei Solid-State – infolge der S-förmigen Leistungsübertragungskennlinie mit Verzerrungen auch bei geringer Aussteuerung – keine Verbesserung erzielt wurde. Zur weiteren Untersuchung und Optimierung von Entzerrtechniken wurde eine Simulation mit der Approximation von Übertragungskennlinien und der Erstellung der Entzerrkurven über Polygonzüge durchgeführt.

Neben der Vorentzerrung in der ZF wurde die Linearisierung von Verstärkern mit der bekannten Feed-Forward-Technik diskutiert, sowie das Prinzip eines neuartigen Verfahrens mit der vollautomatischen digitalen On-Line-Entzerrung im Basisband (vor dem I/Q-Modulator) vorgestellt. Dieses Verfahren basiert auf dem ebenfalls neuen Ansatz der Echtzeitdarstellung der Verstärker-Betriebskennlinie.

Ein weiterer wesentlicher Aspekt bei Leistungsverstärkern ist deren Wirkungsgrad in Zusammenhang mit den Energiekosten. Es wurde dazu eine Simulation durchgeführt, bei der die Versorgungsspannung abhängig vom Amplitudenverlauf des Multiträgersignals geschaltet wird. Die Ergebnisse ermutigen dazu, eine hardware-bezogene Entwicklung in Angriff zu nehmen.

Zur Unterstützung von Forschungsprojekten und Feldversuchen sowie für erhöhte betriebswirtschaftliche Planungssicherheit wurde ein 400-W-DVB-Sender entwickelt, der am Eingang des Treiberverstärkers auf den PAL-Steuersender umgeschaltet werden kann. Das Prinzip des DVB/PAL-Kombinationssenders ist unabhängig von der Verstärkertechnologie und der Senderleistung.

Meßverfahren und Meßkonzepte für DVB-Sender

Die digitale Senderbetriebstechnik bedingt eine völlig neuartige DVB-Sendermeßtechnik. Sie orientiert sich an den Verfahren eingeführter digitaler Funkübertragung wie GSM, PCN und DAB. Die zu erzeugenden Testsignale und die zu messenden Betriebssignale haben den Charakter von Digitalsignalen in der Basisbandebene, bzw. von Multiträgersignalen nach der OFDM-Modulation.

Diese Arbeit sieht die Generierung von Datensignalen und Multiträger-Meßsignalen mit einem Dual Arbitrary Waveform Generator und einem I/Q-modulierbaren Meßsignalgenerator vor. Eine für DVB-adaptierte PC-Software unterstützt dabei die digitale Signalsynthese für OFDM-Rahmen mit bis zu 8K-Trägern pro Symbol. Modulationsverstimmungen wie I/Q-Fehler, Quadraturfehler oder Trägerreste können simuliert werden. Ebenso sind Kanalverzerrungen wie Fading, Clipping oder reduzierte D/A-Konverterauflösung program- mierbar. Das Generatorsystem erlaubt es, DVB-Frames mit Nullsymbolen, Referenzsymbolen, variablen Schutzintervallen sowie mit zufälligen oder gezielt eingestellten Phasen- und Amplitudenmodulationen der einzelnen Träger zu erzeugen.

Zur Messung der Qualität digitaler Übertragungssysteme gewinnt der Parameter Bitfehlerrate zunehmend an Bedeutung. Auch beim DVB-Sender ist die BER das oberste Gütekriterium. Das Meßverfahren sowie die Lokalisation der Einspeise- und Meßpunkte am DVB-Sender wurden dargelegt. Ein Nachteil der BER-Messung bei den DVB-typischen Datenraten besteht in der langen Meßzeit von Stunden bis Tagen, um bei Werten $< 10^{-8}$ zu statistisch verläßlichen Ergebnissen zu kommen. Eine drastische Reduktion der Meßzeit kann über einen simulierten Interferenzton erfolgen, der den Modulationspunkt in einen Modulationskreis im Patterndiagramm wandelt und derart zu einer höheren, aber rückrechenbaren BER führt.

Ein zweiter Aspekt ist, daß die BER keine Aussagekraft bezüglich der einzelnen Leistungsparameter des DVB-Senders besitzt. Zur Fehleranalyse müssen weitere Meßverfahren entwickelt werden.

Die Analyse des Vektorsignaldiagramms ist insbesondere bei den hohen Modulationsgraden wie 64QAM und Multi-Resolution-QAM von Bedeutung. Der Vektoranalysator enthält die Elemente eines DVB-T-Empfängers mit dem Anschluß eines Process-Controllers am Ausgang der IFFT. Dort stehen die komplexen Werte der Vektoren aller OFDM-Träger zur statistischen und integralen Verarbeitung und Auswertung zur Verfügung. Über das Vektordiagramm können diskrete Signalstörungen wie Rauschen, Nichtlinearität beim Leistungsverstärker, AM- und FM-Störmodulation sowie I/Q-Offsetfehler detektiert werden.

Ein klassifizierendes Merkmal des DVB-Senders ist die OFDM-Sendeleistung. Ihr Nachweis erfolgt mit einem Absorptionsleistungsmesser in Verbindung mit einem thermischen Sensor. Zur Spitzenleistungs- und Hüllkurvenanalyse werden schnelle Dioden-Sensoren eingesetzt. Damit sind z. B. die Messungen des betriebsmäßigen Crest-Faktors möglich.

Mit dem Einsatz von analogen Leistungsverstärkern nach dem technischen Stand für OFDM-Signale hat die zugehörige Entzerrtechnik wesentlich an Bedeutung gewonnen. Ein leistungsfähiges Werkzeug zur Optimierung von Entzerrungen wurde mit der Entwicklung eines Echtzeitverfahrens zur Display-Darstellung der Verstärkerbetriebskennlinie gewonnen.

Zur DVB-Senderabnahme sind neben den genannten Parametern noch Messungen mit bekannten Verfahren unter folgenden Stichworten vorzunehmen:
- Spektralanalysen (Intermodulationsabstände)
- Frequenzgenauigkeiten
- Netzspannungsverhalten
- Schallpegel
- Senderschutzeinrichtungen und
- Fernbedienung

Frequenz- und Zeitsynchronisation der Gleichwellensender

Die DVB-Sender im Gleichwellennetz müssen frequenz- und zeitsynchron arbeiten. Der Versatz zweier Trägerfrequenzen wirkt als Dopplerfrequenz und führt zu einer Degradation der Modulationssicherheit.

Ein Versatz der Bitsynchronität im DVB-Sender reduziert das Schutzintervall. Der Ausfall bitsynchroner Abstrahlung verwandelt den DVB-Sender in einen Störsender im Gleichwellennetz.

Zur Frequenzsynchronisation wurden die Alternativen GPS, Datentakt aus dem Transportmultiplex, Rubidium-Oszillator und DCF77 dargestellt und bewertet. Die Gewichtung der Argumente führt zu dem Vorschlag, anstehende Gleichwellen-Pilotversuche mit GPS-synchronisierter Sendefrequenz durchzuführen. Dabei werden die Technik mit zurückgewonnenem Takt aus dem Transport-Multiplexsignal und die Realisierung eins „floating net" geprüft.

Die bitsynchrone Abstrahlung im Gleichwellennetz bedingt eine hochgenaue Zeitsynchronisation im Bereich $1...5$ µs. Bei der Satellitenprogrammzuführung müssen daher die unterschiedlichen Laufzeiten der Downlinks, abhängig von der geographischen Position des DVB-Senders, präzise ausgeglichen werden. Dies geschieht in den Anfängen der DVB-Implementierung mit einer festeingestellten digitalen Laufzeitverzögerung „nach Tabelle". Parallel kann der absolute Sendezeitpunkt des TPS-Synchronisationswortes anhand der Referenzzeit (GPS-Empfänger) exakt eingestellt und gemessen werden.

Im Rahmen der Übertragung von Zusatzdaten besteht die Möglichkeit, dem Sender den Sollwert der Laufzeitverzögerung über Satellit mitzuteilen. An der terrestrischen Station wird dann unter Berücksichtigung der Standort-Koordinaten die spezifische Zeitverzögerung automatisch justiert.

Die höchste Betriebssicherheit ergibt sich aus der Messung der Bitsynchronität der Abstrahlung in Relation zu benachbarten Sendern im Gleichwellennetz an der Station bzw. im DVB-Funkfeld. Sie erfolgt – bei vorliegendem Testsymbol – während des laufenden Betriebes mit dem Channel-Sounder-System zur Echtzeitmessung und Identifikation der Kanalimpulsantworten der verschiedenen Signalquellen.

Versorgungsmeßtechnik

Digitale terrestrische Fernsehnetze erfordern eine neuartige Versorgungsplanung und -meßtechnik mit der Berücksichtigung der Gleichwellenfähigkeit und Mehrwegeausbreitung. Bislang wird als Kriterium für die Versorgung in der Rundfunkplanung fast ausschließlich die prognostizierte Feldstärke bzw. das Signal-zu-Störverhältnis herangezogen. Bei digitalen Funksystemen, insbesondere mit Gleichwellennetzen, sind jedoch neben der Feldstärke noch andere Parameter wie Kanalimpulsantwort, Carrier over Interferer und Rohbitfehlerrate, maßgebend. Demzufolge wurde zuerst zur Erfassung und Analyse der Nutz- und Störfeldstärke der Feldstärkemeßempfänger für GSM und DAB auf die DVB-Belange (8-MHz-Bandbreite, I/Q-Demodulator) adaptiert. Damit können im komplexen Funkkanal die akkumulierten Feldstärken von elektromagnetischen Wellen gleicher Frequenz von mehreren Quellen sowie die jeweiligen zugehörigen Mehrwegesignale gemessen werden. Das Meßergebnis erlaubt jedoch keine Aussage über die einzelnen Gleichwellen- und Echosignale.

Diese Problemstellung führt zu dem weltweit neuartigen Verfahren zur Messung der Kanalimpulsantwort mit der Erfassung während des Betriebes anhand des definierten Bezugssymbols (DVB-Meß- und Monitoringsymbol), das zumindest in der Meßphase im Superframe geschaltet wird. Es werden Kanalimpulsantworten bis zur doppelten Schutzintervall-Länge ausgewertet. Über eine Umrechnung der komplexen Kanalimpulsantwort in das Leistungsdichtespektrum wird auf den C/I-Wert geschlossen. Die Wahrscheinlichkeitsdichtefunktion der Einzelträgerleistung dient zur Ermittlung der Rohbitfehlerrate. Sie entspricht der gewichteten Summe der Bitfehlerrate für jede Trägerleistung. Es wurden der prozeßtechnische Aufbau und die Meß- und Monitoringmöglichkeiten des Impuls Response Analyzers für DVB definiert.

Das mobile DVB-Meßempfangssystem, ggf. kombiniert mit der Testsenderanlage, unterstützt somit zusammen mit dem stationären Auswertesystem die umfassende DVB-Versorgungsmessung und -planung. Die Ergebnisse von Meßfahrten werden z.B. in kartesischen oder kartographischen Protokollen dokumentiert.

Mit den Feldstärke- und Channel-Sounder-Meßsystemen sind die Werkzeuge zur Versorgungsplanung und -analyse von DVB-Einzelsender- und Gleichwellennetzen definiert und weitestgehend realisiert.

Die dargelegten hohen Potentiale der digitalen terrestrischen Fernsehversorgung sind zugleich Basis und Motivation für den kurzfristigen Beginn der Implementierung. Dies gilt gleichermaßen für die Programmanbieter und Netzbetreiber wie für die Consumer-Industrie.

Die schwierigste Hürde bei der Einführung der digitalen Terrestrik ist die Bereitstellung von Kanalfrequenzen. Problemlösungsansätze sind:
- die Koordination von Kanälen oberhalb Kanal 60
- die Nutzung der Tabu-Kanäle und
- die Planung einer gemischt analogen und digitalen Versorgungsstruktur.

Langfristig führt das digitale terrestrische Fernsehen zu einer Neuordnung der TV-Rundfunkbänder Band I und III bis V. Dabei spielen die Interdependenzen für die Erzielung einer hohen Frequenzeffizienz eine wichtige Rolle:
- hierarchische Qualitätsstruktur bei der Basisbandcodierung (LDTV bis HDTV)
- Empfangssituation (stationär, portabel, robust portabel)
- hybride Netzstruktur (landesweite/regionale Gleichwellennetze, landesweite bis lokale Versorgungsgebiete mit Einzelsendern).

Terrestrische DVB-Sendernetze müssen im operationellen Betrieb überwacht werden. Um hierzu optimale Bedingungen zu schaffen wurde ein Verfahren mit einem DVB-Testsymbol im Superframe zur Diskussion gestellt. Das Verfahren ermöglicht die Messung, das Monitoring und die Kennung von DVB-T-Sendern und Versorgungsnetzen parallel zur laufenden Programmübertragung.

Für den eingeschwungenen Zustand des digitalen terrestrischen Fernsehrundfunks ist, nach einer Simulcastphase von 15 bis 20 Jahren, eine Situation planbar, in der sowohl eine starke Verbesserung gegenüber der heutigen Situation hinsichtlich der Zahl der Programme, der Bildqualität und des störungsfreien Empfangs gegeben ist. Ferner besteht dann auch ein Freiraum an TV-Kanälen für weitere volkswirtschaftlich bedeutende Dienste, wie Datenservice, Mobilfunk oder mobil empfangbare Multimedia-Übertragung.

12 Literatur- und Quellenverzeichnis

[1.1] Dambacher, P.: Die digitale Hörfunk- und Fernsehrevolution, Manuskript zum Buch, mit Stand 3.94

[1.2] NN: Grand Alliance HDTV System Specification Draft Document Submitted to the ACATS Technical Subgroup Feb. 22, 1994

[1.3] Weiss, P.; Christensson, B.; Arvidsson, J.; Andersson, H.: Design of an HDTV Codec for Terrestrial Transmission at 25 MBit/s S. 14 – 17 of HD-Divine Project, Vistek Electronics, UK

[1.4] Stare, E.: Development of a Prototype System for Digital Terrestrial HDTV Reprint from Tele, English Editions No. 1/92, Tele 2/92, S. 1 – 6, Telia Research AB

[1.5] Bernard, P.: Sterne: The CCETT Proposal for Digital Television Broadcasting CCETT, France, S. 372 – 374

[1.6]   Monnier, R.; Rault, J.B.; de Couasnon, T.: Digital Television Broadcasting with high Spectral Efficiency Thomson-CSF/LER, France, S. 380 – 384

[1.7] Long, T.: Digital Television Broadcasting Developments in Europe Independent Television Commission, Winchester, Hampshire, United Kingdom, NAB 1992 Broadcast Engineering Conference Proceeding, S. 126 – 135

[1.8] NN: HDTV-T Digitale terrestrische HDTV-Übertragung Beschreibung des Verbundprojekts

[1.9] Müller-Römer, F.: HDTV: Der Sprung ins nächste Jahrhundert Funkschau 8/1993, S. 49 – 53

[1.10] Mason, A.G.; Lodge, N.K.: Digital Terrestrial Television Development in the Spectre Project National Transcommunications Ltd. & Independent Television Commission, UK Proceedings IBC 92, Juli 1992 Amsterdam, IEE Conf. 358, S. 86 – 91

[1.11] Ziemer, A.: (Hrsg.): Digitales Fernsehen Eine neue Dimension der Medienvielfalt R.v.Decker's Verlag, G. Schenk Heidelberg

[2.1] Werner, W.: Hochwertige Bild- und Tonübertragung in Glasfasernetzen; technische und wirtschaftliche Vorteile neuer Systeme ONLINE 86, 9. Europäische Kongressmesse für Technische Kommunikation, 5.– 8.2.1986, Hamburg, TEKADE Fernmeldeanlagen (PKI)

[2.2] Müller-Römer, F.: Randnutzung der Ressourcen durch Dritte; Optische Breitbandnetze und Rundfunkanstalten net Heft 44 (1990), S. 378 – 382

[2.3] SES-ASTRA-ADR MPM/93-F142B, CD MPM/93-F115B

[2.4]   Aigner, M.; Gorol, R.: Eine neue Stereomatrizierung für den Fernsehton Rundfunktechnische Mitteilungen 23 (1979), Nr. 1, S. 10 – 13

[2.5]   NN: Digital sound transmission in terrestrial television EBU Technical Recommentation, 4.87 SPB 424 Revised Version, Ref. CT/III-A mcdb

[2.6]   NN: Specification for transmission of two-channel digital sound with terrestrial television Systems B, G and I EBU SPB 424, Technical Centre, Brussels

[2.7]   NN: Schlußbericht der Ad-hoc-Gruppe Datenzeile des „ARD/ZDF/DBP-Fernsehleitungsausschusses" FELA vom November 1980

[2.8]   NN: UHF-TV-Sendesysteme Rohde & Schwarz Info N4-015 D-1

[2.9]   NN: UHF-TV-Transistorsender NH500 Rohde & Schwarz Datenblatt PD 757.1690.11, 495

[2.10] Freeman, D.B.: The flexible use of new high Efficiency power Amplification Systems Television Technology Corporation USA, NAB 1992 Broadcast Engineering Conference Proceedings, S. 18 – 21

[2.11] Goeffrey, T.C.; Bohlen, H.P.; Heppinstall, R.: Some exciting Adventures in the IOT Business EEV Limited, Chelmsford, England NAB 1992 Broadcast Engineering Conference Proceedings, S. 200 – 208

[2.12] Deschler, W.: Fernsehsender-Meßsystem UCMF Service für Bild und Ton Neues von Rohde & Schwarz Nr. 138 (1992), S. 18 – 20

[2.13] Dambacher, P.: Stereo- und Zweiton-Technik beim Fernsehen Neues von Rohde & Schwarz Nr. 94 (1981), S. 9 – 13

[2.14] NN: Antennenfelder, Technische Information, Rohde & Schwarz UHF-TV-Richtstrahlfeld HF540 und HF540V; Entwurf mit Stand 8.94

[2.15] NN: Minimum Field-strengths for which Protection may be Sought in Planning a Television Service CCIR, Recommendation 417-3, Vol. XI/1. S.231, Dubrovnik 1986

[2.16] NN: Richtlinien für die Beurteilung der Fernsehversorgung bei ARD/ZDF und DBP FTZ 176 R 10 und ARD/ZDF 5 R 10, Februar 1981

[2.17] NN: VHF and UHF Propagation Curves for the Frequency Range from 30 MHz to 1000 MHz CCIR, Recommendation 370-5, Vol. V S.247, Dubrovnik 1986

[2.18] Kaltbeitzer, K.H.: Site selection for VHF and UHF Transmitting Stations EBU Technical Monograph No. 3104, Brüssel, 1965

[2.19] NN: Sendeantennen/Technische Planung/Technische Information Rohde & Schwarz, Entwurf Stand 8.94

[3.1]   Wood, D.: How much Bit-Rate Reduction is possible? European Perspectives. Montreux International Television Symposium 1991, S. 601 – 611

[3.2]   Reimers, U.: Digitales Fernsehen (Digital Television Broadcasting-DTVB) Unterlagen für Seminar an der TU-Braunschweig, IFN, Juli 1994

[3.3]   Musmann, H.G.: Entwicklung der digitalen Ton- und Bildcodierung Forum „Innovatives Europa", Bonn–Bad Godesberg, 8. März 1990

[3.4]   Schamel, G.: Codierung für die digitale terrestrische HDTV-Übertragung Heinrich-Hertz-Institut für Nachrichtentechnik Berlin GmbH, Manuskript zum Vortrag gehalten auf der 15. Jahrestagung der FKTG in Berlin vom 1.-5. Juni 1992

[3.5]   Plansky, H.; Schiefer, P.; Ruge, J.: Bilddatenreduktion und ihre Anwendung bei HDTV Frequenz Nr. 46 (1992), S. 102 – 109

[3.6]   Hepper, D.: Digitale terrestrische HDTV-Übertragung–Probleme und Lösungen Manuskript zum Vortrag gehalten auf der 15. Jahrestagung der FKTG in Berlin vom 1.-5. Juni 1992

[3.7]   Ostrom, C.: Digital Video Compression – The Basic Concepts NAB 1992, Broadcast Engineering Conference Proceedings, S. 345 – 353

[3.8]   Hartwig, S.; Endemann, W.: Tutorial Digitale Bildcodierung Fernseh- und Kino-Technik 46. Jahrgang (1992), Teil 1 – 10, Nr. 1 – 11

[3.9]   Parke/Morris: International Standards for Digital TV Coding IEE Colloquium on Prospects for Digital Television Broadcasting No. 137, London BD 137 1991, S. 3/1 – 5

[3.10] NN: Bild- und Video-Kompression nach JPEG- und MPEG-Verfahren–als Single-Chip-Lösung METRONIK/C-CUBE MICROSYSTEMS, Datenblatt Mai/ Juni 1992

[3.11] Stoll, G.; Theile, G.: MASCAM: Minimale Datenrate durch Berücksichtigung der Gehöreigenschaften bei der Codierung hochwertiger Tonsignale FKTG, 42. Jahrgang, Heft 11, S. 551 – 558

[3.12] NN: MUSICAM: A universal subband coding system description CCITT, IRT, Matsushita, Philips, Annex 3

[3.13] Stoll, G.; Wiese, D.; Link, M.: MUSICAM: Ein Quellencodier-Verfahren zur Datenreduktion hochqualitativer Audiosignale für universelle Anwendung im Bereich der digitalen Tonübertragung und -speicherung. taschenbuch der telekompraxis 1991, Schiele & Schön, 28. Jahrgang, S. 96 – 127

[3.14] NN: Program Stream, Transport Stream Doc. ISO/IEC-13818 CD, August 1994

[3.15] Fischer, W.: Die Fast-Fourier-Transformation–für die Videomeßtechnik wiederentdeckt Fernseh- und Kino-Technik 42. Jahrgang Nr. 5/1988, S. 201–208

[3.16] Kays, R.: Kanalcodierung und Modulation für die digitale Fernsehübertragung Fernseh- und Kinotechnik Nr. 3 (1994), S. 109 – 114

[3.17] Reimers, U.: Digitale Fernsehtechnik Springer-Verlag, 1995, S. 165 – 170

[4.1]   NN: Draft Specification for Digital Terrestrial Television TM1354 rev.3 TCM68 rev.1 CSCM86 rev.1, 16.6.1995

[4.2]   NN: User Requirements for Terrestial Digital Broadcasting Services DVB Document A004, Dec. 1994

[4.3]   Engels, V.; Rohling, H.; Breide, S.: OFDM-Übertragungsverfahren für den digitalen Fernsehrundfunk Rundfunktechnische Mitteilungen, Jahrg. 37, Heft 6, (1993) S. 260 – 270

[4.4]   NN: Specification for an OFDM system for terrestrial broadcasting using DAPSK and a 2K FFT TCM95 TM1480 DRAFT VERSION 1.0

[4.5]   NN: ACTS Proposed Project MMM…Mobile Multi Media ACTS MM-DAB8

Report of the Kick-off Meeting, Geneva, 16 Jan. 1995

[4.6]   NN: Digital Television Broadcasting EBU/ETSI 3TC 6 (92) 30, 6th Meeting, Sophia Antipolis, 19. – 20.10.1992

[4.7]   NN: European Telecommunication Standard Draft, pr ETS 3007 Febr. 1996 Ver. 002 Digital broadcasting systems for television, sound and data services: Framing structure, channel coding and modulation for digital terrestrial television, ETSI [Jan. 1996: TM 1545, Ver. 2]

[5.1]   Reimers, U.: Das europäische Systemkonzept für die Übertragung digitalisierter Fernsehsignale per Satellit Fernseh- und Kino-Technik 48. Jahrgang Nr. 3 (1994), S. 115 – 123

[5.2]   NN: Digital broadcasting systems for television, sound and data services; Framing structure, channel coding and modulation for 11/12 GHz Satellite Services ETSI Draft pr ETS300421, August 1994 Source: EBU/ETSI/JTC; Ref.: DE/JTC-DVB-6

[5.3]   Harm, H.: Speisung eines DVB-T Single-Frequency-Networks mit einem OFDM-Signal über einen geostationären Satelliten Rohde & Schwarz-interne Studie SAT-ABST.DOC vom 21.3.1995, in Zusammenarbeit mit Dambacher, P.

[5.4]   Buchwald, Dr. Hentschel, Dr. Harm, Geier, Schlange, Fischer: Digitaler Resteitenband-Modulator für Videosignale TU-Braunschweig/Rohde & Schwarz, Patentanmeldung 1352-P, Antragsdatum: 29.7.1994

[5.5]   NN: Digitaler Satelliten-Rundfunk (DSR) Spezifikation des Hörfunk-Übertragungsverfahrens Technische Richtlinie Nr. 3R1 der öffentlich-rechtlichen Rundfunkanstalten in der BRD, Ausgabe 3, November 1989, IRT

[5.6]   Dambacher, P.; Krahmer, E.: Audio-Coder DCA für den digitalen Hörfunk Neues von Rohde & Schwarz Nr. 114 (1986), S. 13 – 16

[5.7]   Dambacher, P.: Digitales Rundfunksendernetzsystem Rohde & Schwarz-Patentschrift mit Nachtrag und Erweiterung der Diensterfindung P4231536.0 (1297-P), 1992

[5.8]   Bauer, H.: Erzeugung von 4PSK- und 8PSK/2AM-Signalen. Rohde & Schwarz-Studie, Januar 1993, in Zusammenarbeit mit Dambacher, P.

[5.9]   Dietl, A.; Kleine, G.: SFP, DSRU und DSRE–digitaler Hörgenuß in CD-Qualität Neues von Rohde & Schwarz Nr. 135 (1991), S. 22 – 24

[5.10] Mäusl, R.: Untersuchung zur Bitfehlerwahrscheinlichkeit bei einer 8PSK/2AM im Vergleich zu 16QAM Studie vom 6.1.1993 in Zusammenarbeit mit Dambacher, P.

[5.11] Mäusl, R.: Digitale Modulationsverfahren Hüthig Verlag, S. 186 und 244

[5.12] Bauer, H.: Die Modulation 16QAM und 8PSK/2AM bei nichtlinearer Übertragungskennlinie der Wanderfeld-Röhre Rohde & Schwarz-Studie, Februar 1993, in Zusammenarbeit mit Dambacher, P.

[6.1]   Fleming, M.E.: An Ultra-High Speed DSP Chip Set For Real-Time Applications SHARP Electronics, Hamburg, Datenblatt Stand 4.93

[6.2]   NN: FFT8K Single chip dedicated to the computation of Fast Fourier Transforms, France Telecom, CNET Centre Grenoble, Juni 1995, anläßlich des

Symposiums in Montreux 1995

[6.3]   Dambacher, P.: Verfahren zur digitalen Modulation mit Sinusträger Rohde & Schwarz Patentschrift P4318 547.9 (1362-P), 1993

[6.4]   Zschunke, W.; Friese, M.: OFDM mit konstanter Hüllkurve; Zwischenbericht zum Forschungsvorhaben mit dem FTZ der DBP-Telekom Fachbereich Elektrische Nachrichtentechnik TH Darmstadt, Juni 1994

[6.5]   Lauterjung, J.: Transmitters for Digital Terrestrial Distribution New developments, experiences and trends Rohde & Schwarz, Manuskript für Vortrag und Record zu Symposium in Montreux, 1995

[6.6]   Langlois, M.: UHF Power Amplifiers Digital Modulation Performances Thomson Tubes Electroniques, Programme Production, Symposium Record, Montreux 1995, S. 313 – 323 Extension E) OFDM Results for an IOT TH760 F) OFDM Results for Diacrode TH680

[6.7]   Lemaître, G.: Planning Aspects for Digital TV Transmitters Thomcast, France, Programme Production, Symposium Record, Montreux 1995, S. 289 – 296

[6.8]   Lauterjung, J.: Digitales terrestrisches Fernsehen–Die Zukunft hat schon begonnen Neues von Rohde & Schwarz Nr. 146 (1994), S. 57 – 59

[6.9]   Schwarz, T.: Verfahren zur Erhöhung des Wirkungsgrades bei Leistungsverstärkern für Multiträgersignale Diplomarbeit, Fachhochschule München, Fachbereich Elektrotechnik, SS 95, 20.9.95 Betreuer: Prof. R. Mäusl Betreuung bei Fa. Rohde & Schwarz: Bauer, H. Fachgebietsleiter: Dambacher, P.

[6.10] Striegl, W.: Simulation von Leistungsverstärkern für Multiträgersignale Diplomarbeit, Fachhochschule München, Fachbereich Elektrotechnik, WS 95/ 96, 23.10.95 Betreuer: Prof. R. Mäusl Betreuung bei Fa. Rohde & Schwarz: Bauer, H. Fachgebietsleiter: Dambacher, P.

[6.11] Lerm, T.: Konzeption und Simulation eines 64-QAM-COFDM-Modulators zur Übertragung datenreduzierter Videosignale unter Berücksichtigung der Mehrwegesituation bei mobilem Empfang Diplomarbeit 9.94, Fachhochschule für Technik und Wirtschaft Berlin; Fachbereich Informationstechnik/Elektrotechnik; Studiengang Nachrichtentechnik Durchführung bei Fa. Rohde & Schwarz im Fachgebiet Rundfunk- und Fernsehtechnik, Fachgebietsleiter: Dambacher, P., Betrieblicher Betreuer: Dipl.-Ing. C. Heinemann, Verantwortliche Hochschullehrer: Dipl.-Ing. R. Knopp, Prof. Dr.-Ing. R.Schliepe

[6.12] Bauer, H.: Ermittlung der resultierenden Übertragungskennlinien, des Schulterabstandes, des Konstellationsdiagrammes und der Inbandstörungen bei der Übertragung von PSK- oder QAM-modulierten RF-Signalen über vorentzerrte Verstärker mit nichtlinearer Amplituden- und Phasenkennlinie Firmeninterne Studie, Simulation PSKQAM. MCD 27.10.95, in Zusammenarbeit mit Dambacher, P.

[6.13] NN: L64245 Versatile FIR-Filter LSI Logic Corporation Jan. 1992 Order Number H15013

[7.1] Titze, H.-G.: ARB-Generatoren; Grundlagen, Technik und Möglichkeiten
Neues von Rohde & Schwarz Nr.137 (1992), S. 49 – 51

[7.2] Winter, A.: Leichte Generierung von COFDM-Signalen mit Software DAB-
K1 Neues von Rohde & Schwarz Nr. 145 (1994), S. 28 – 30

[7.3] NN: Signalgenerator SMHU58 Technische Information, PD 756.3518.11

[7.4] Winter, A.: Bandbelegungssimulation mit Signalgenerator SMHU 58 und
ADS Neues von Rohde & Schwarz Nr. 147 (1995), S. 37

[7.5] NN: BER Testing HP-Application Note 343-1, S. 19 – 21

[7.6] NN: Spannungs- und Leistungsmeßtechnik Rohde & Schwarz-Applikati-
onsschrift PD 757.0835.11, 8 93 (B ba)

[7.7] Vahldiek, D.; Winter, A.: Meßtechnik für Digitalen Rundfunk (DAB) und
Digitales Fernsehen (DVB) bei Rohde & Schwarz Lehrgangsunterlage für
R&S-Weiterbildungskurs Nr. 1950 vom 26.4.1995

[7.8] Bauer, H.: Vordefinition von qualitäts- und kostenoptimierten Leistungsverstärkern für digitale und analoge Systeme R&S-Studie 27.9.95, in Zusammenarbeit mit Dambacher, P.

[7.9] Steen, R.: Abnahmeprotokoll für DAB-Sender, Bayerisches Pilotprojekt,
Besprechungsprotokoll vom 2.3.95

[8.1] Meinberg, W.; Meinberg, G.: Datenblatt für Satellitenfunkuhr GPS166CP
mit Stand vom 4.1.1995

[8.2] Krüger, G.; Dr. Springer, R.: Hochpräzise Ortung zu Lande, zu Wasser und
in der Luft mit GPS und DGPS Neues von Rohde & Schwarz Nr. 140 (1993),
S. 26 und 27

[8.3] Stark, A.: Untersuchung der unterschiedlichen Laufzeitverzögerung bei
Programmzuführung zu DAB-Sendern via Satellit Rohde & Schwarz-Studie vom 6.8.1992, in Zusammenarbeit mit Dambacher, P.

[8.4] Steffens, J.: Synchronisation der DAB-Sender im Gleichwellennetz Rohde
& Schwarz Arbeitspapier vom 23.1.1995, in Zusammenarbeit mit Dambacher, P.

[9.1] Wanierke, O.: Verfahren zur Ermittlung der Kanalimpulsantwort von
Mobilfunkkanälen Diplomarbeit Nov. 1992, Friedrich-Schiller-Univer-
sität Jena, Physikalisch-Astronomische-Fakultät Austragungsort: Rohde
& Schwarz Betreuer: Prof. Dr. sc. nat. habil. M. Schubert Dr. Sc. nat. G. Sche-
ler bei Rohde & Schwarz: Dipl.-Ing. P. Riedel, Dipl.-Ing. D. Bues

[9.2] Pereira N., J.F.: I/Q-Demodulator für künftige DVB-Signale als Zusatz für
einen Meßempfänger Diplomarbeit, Fachhochschule München, Fachbereich Elektrotechnik, Betreuer: Prof. Mäusl Durchführung bei Fa. Rohde &
Schwarz; Betrieblicher Betreuer: Dipl.-Ing. J. Wolf, Abgabe: 14.8.1993

[9.3] Bello, P.A.: Characterization of Randomly Time–Variant Linear Channels
IEE Trans. Commun. Syst., Vol. CS-11, S. 360 – 393, December 1963

[9.4] Hermann, S.; Martin, U.; Reng, R.; Schüßler, H.W.; Schwarz, K.: Ein System
für Ausbreitungsmessungen in Mobilfunkkanälen Grundlagen und Realisierung, Kleinheubacher Berichte Nr. 34 (1991), S. 615 – 624

[9.5] Plagge, W.; Poppen, D.: Neues Verfahren zur Messung der Kanalstoßantwort und Trägersynchronisation in digitalen Mobilfunkkanälen Frequenz Nr. 44 (1990), S. 217 – 221

[9.6] Riedel, P.; Vahldiek, D.: Fundamentals of signal propagation in mobile radio and measurement of CIR (channel impulse response) Rohde & Schwarz Application Note 1CMAN17E, 10.94

[9.7] Riedel, P.: Messung der Kanal-Impuls-Antwort im GSM-Funknetz mit TS9955 Neues von Rohde & Schwarz Nr. 137 (1992), S. 12 – 14

[9.8] Kadel G.; Lorenz, R.W.: Breitbandige Ausbreitungsmessung zur Charakterisierung des Funkkanals beim GSM-System Frequenz Nr. 45 (1991), S. 158 – 163

[9.9] Riedel, P.; Wanierke, O.: Messungen im DAB-Netz Impulse Response Analyzer PCS Applikationsschrift Rohde & Schwarz

[9.10] Maier, J.: Digital Audio Broadcasting–Ausbreitungsmessungen mit Versorgungsmeßsystem TS9954/55-DAB Neues von Rohde & Schwarz Nr. 147 (1995), S. 25

[9.11] Bues, D.; Stegmaier, J.; Vahldiek, D.: Industrial Controller PSM; Automatisch Messen und Steuern in Fabrik und Labor Neues von Rohde & Schwarz Nr. 146 (1994), S. 19 – 21

[9.12] Riedel, P.; Stumpf, M.; Wanierke, O.: Verfahren zum Bestimmen der komplexen Impulsantwort eines Funkkanals, Patentschrift P 41 35 953.4 (1279-P), Rohde & Schwarz, 1991

[9.13] Wanierke, O.: Berechnung des selektiven C/I-Wertes und der Rohbitfehlerrate Beitrag zum PCS-Manual 1040.9170.00, Abschnitt 10

[9.14] Riedel, P.: Bestimmung der Impuls-Antwort mit dem Impuls Response Analyzer PCS Neues von Rohde & Schwarz Nr. 139 (1992), S. 10 – 12

[10.1] Lauterjung, J.: Stichpunkte zum Thema: Argumente für Digitales Terrestrisches Fernsehen ADTTV01.DOC vom 2.5.1994 Rohde & Schwarz-Ausarbeitung, in Zusammenarbeit mit Dambacher, P.

[10.2] Hepper, D.: Digitale terrestrische HDTV-Übertragung–Probleme und Lösungen Manuskript zum Vortrag auf der 15. Jahrestagung der FKTG in Berlin vom 1.-5. Juni 1992

[10.3] NN: LCD–Farbfernsehgeräte Funkschau 18/1992, S. 13 – 22

[10.4] Kleine Erfkamp, S.: Szenarioanalyse der Verbreitung von Fernsehprogrammen über Terrestrik, Satellit und BK-Netz in der Bundesrepublik Deutschland bis ins Jahr 2000 Präsentation der Studie bei Rohde & Schwarz vom 2.9.94 als Ergebnis der Diplomarbeit im Fach Allgemeine Betriebswirtschaftslehre an der Wirtschafts- und Sozialwissenschaftlichen Fakultät der Universität Köln im Auftrag von Rohde & Schwarz, Fachgebiet Rundfunk- und Fernsehtechnik, Fachgebietsleiter Dambacher, P. Betreuer: Nies, J. Themasteller: Univ. Prof. Dr. Günter Sieben

[10.5] Birkill, S.: Transponder Watch, Datafile Cable and Satellite, May 1993, S. 76

[10.6] Nies, J.: Trend bei Terrestrik, Kabel, Satellit Firmeninterner Beitrag 15.11.94

[10.7] Kays, R.: Kanalcodierung und Modulation für die digitale Fernsehübertragung Fernseh- und Kino-Technik 48. Jahrgang Nr. 3/1994, S. 109 – 113

[10.8] Biedermann, M.: Einfügung eines digitalen TV-Signals in den UHF-Kanal
Gespräch mit Dambacher, P. am Rande der ITG-Mannheim 17.5.95

[10.9] NN: DSI 2nd Phase 29,7 – 960 MHz Terms of Reference DVB TM (Geneva, 01.95) temp2 European Radiocommunications

[10.10] NN: Terrestrial DVB Frequency Planning DVB-TM 1207/1208, 3.3.94/
14.3.94 (DVB TCM 36) Special Rapporteurs Group report Part 1 and 2

13 Abkürzungsverzeichnis und Formelzeichen

ABC	Annular Beam Control (im Zusammenhang mit Klystron)
ACI	Adjacent Channel Interference
ACTS	Advanced Communication Technology and Services
ADR	ASTRA Digital Radio
ADSL	Asymmetrical Digital Subscriber Line
AFC	Automatic Frequency Control
AGC	Amplifier with Voltage Controlled Gain
APL	Average Picture Level
ARB	Arbitrary Waveform Generator
ASCII	American Standard Code for Information Interchange
ASPEC	Adaptive Spectral Perceptual Entropy Coding
ATM	Asynchronous Transfer Mode
ATTC	Advanced Television Test Center
AWGN	Additive White Gaussian Noise
B-ISDN	Breitband-ISDN
BB	Basisband-Signal
BCCH	Broadcast Control Channel (GSM)
BCN	Broadcast Communication Network
BER	Bit Error Rate
BSS	Broadcast Satellite Service
C/I	Carrier over Interferer
CATV	Cable Authority Television
CAZAC	Constant Amplitude Zero Auto Correlation
CCETT	Centre Commune d'Etudes de Télédiffusion et Télécommunications
CCI	Co-Channel Interference
CCIR	Comité Consultatif International de Radiodiffusion
CCITT	International Telephone and Telegraph Consultative Committee (in ITU)
CIR	Channel Impulse Response
CMI	Coded Mark Inversion
COM	Circle Optimized Modulation

CSR	Command Status Register
D2MAC	D2 Multiplex Analog Components
DAB	Digital Audio Broadcast
DAPSK	Differential Amplitude Phase Shift Keying
DAVOS	Digital Audio Video Optisches System
DBS	Direct Broadcasting Satellite
DBPSK	Differential Binary Phase Shift Keying
DCF77	Digital Code Frequency 77,5 kHz
DGPS	Differential Global Positioning System
DIB	Digital Integrated Broadcasting
DPCM	Differenz-Puls-Code-Modulation
DQPSK	Differential Quadrature Phase Shift Keying
DS1	Digital Sound 1 Mbit/s
DSP	Digital Signal Processing
DSR	Digital Satellite Radio
DTTV	Digital Terrestrial TV
DVB	Digital Video Broadcasting
EBU	European Broadcasting Union
EDTV	Enhanced Definition TV
EIRP	Equivalent Isotropic Radiated Power
EPROM	Electrical Programmable Read Only Memory
ERP	Equivalent Radiated Power
ESC	Energy Saving Collector
ETSI	European Telecom Standardisation Institute
EUTELSAT	European Telecommunications Satellite Organization
FBAS	Farb-Bild-Austast-Synchron-Signal
FCC	Federal Communications Commission (US-Amerikanische Fernmeldebehörde)
FDMA	Frequency Division Multiple Access
FEC	Forward Error Correction
FIR	Finite Impulse Response
FSS	Fixed Satellite Service
GSM	Group Special Mobile
HDBn	High Density Bipolar – vom Grad n
HDMAC	High Definition Multiplex Analog Components
HDTV	High Definiton TV
IBC	International Broadcasting Convention
IBCN	Integrated Broadband Communication Network
IEC	International Electrotechnical Commission

IMP   Intermodulationsprodukte
IOT   Inductive Output Tube
IRD   Integrated Receiver Decoder
IRT   Institut für Rundfunktechnik
ISDN   Integrated Services Digital Network
ISI   Intersymbolinterference
ISO   International Standardization Organisation
ITU   International Telecommunication Union

LCA   Logic Cell Array
LDTV   Limited Definition TV
LO   Local Oszillator
LPT   Line Printer
LWL   Lichtwellenleiter

MAC   Multiplex Analogue Components
MFK   Multifunktionskarte
MMDS   Multipoint Microwave Distribution System
MMM   Mobile Multi-Media
MOSFET   Metalloxydschicht-Feldeffekttransistor
MPEG   Motion Pictures Expert Group
MSDC   Multi Staged Depressed Collector
MUSICAM   Masking pattern-adapted Universal Subband
               Integrated Coding and Multiplexing

NAVSTAR-GPS   Navigation Satellite Timing and Ranging-GPS
NICAM   Near Instantaneous Companding and Multiplexing
NTSC   National Television System Committee
NVOD   Near Video on Demand

OCXO   Oven Controlled Xtal Oscillator
OFDM   Orthogonal Frequency Division and Multiplexing
OSB   Oberes Seitenband

PAL   Phase Alternation Line
PAL   Programmable Array Logic
PCN   Personal Communication Network
PDC   Philips Depressed Collector
PES   Packetized Elementary Stream
PLD   Programmable Logic Device
PLL   Phase Lock Loop
POM   Power Optimized Modulation
PRBS   Pseudo Random Binary Sequence

QEF	Quasi Error Free
RISC	Reduced Instruction Set Computer
RMS	Route Mean Square
RS	Read Solomon (Code)
SAW	Surface Acoustic Waveform
SCM	Synchronous Transfer Mode
SCPC	Single Channel per Carrier
SDE	Satellitendirektempfang
SDTV	Standard Definition TV
SECAM	Séquentiel Coleurs á Mémoire
SES	Société Europeénne des Satellites
SFN	Single Frequency Network
SIS	Sound In Sync
SMATV	Satellite Master Antenna Television
SMR	Signal-to-Mask-Ratio
SNR	Signal to Noise Ratio
TCH	Traffic Channnel (GSM)
TDC	Transparent Data Channel
TDM	Time Division Multiplex
TFP	Time Frequency Phase (-Symbol)
TPS	Transmission Parameter Signalling
TWTA	Travelling Wave Tube Amplifier
UHF	Ultra-High Frequency
UTC	Universal Time Code
VBN	Vermittelndes Breitbandnetz
VCO	Voltage Controlled Oscillator
VGA	Video Graphics Adapter
VHF	Very-High Frequency
VOD	Video on Demand
VPS	Video-Programm-System
VSB	Vestigal Sideband
VSWR	Voltage Standing Wave Ratio
WARC	World Administrative Communication Conference
ZSB-AM	Zweiseitenband-Amplitudenmodulation (international: I2E)

A   Amplitude
B   Bandbreite
d   Senderabstand
f_i Trägerfrequenz i
f_k Trägerfrequenz k
f_N Nyquist-Frequenz
F_S Sampling-Frequenz
H(f)   Übertragungsfunktion
Im   Imaginärteil
K   (TV-)Kanal
N   Zahl der OFDM-Träger
P   Leistung
p   Prozentsatz
R   Coderate
r   Roll-off-Faktor
Re   Realteil
T   Periode des Zeitelements
T_F Dauer eines Frames
T_o Periodendauer
T_S ges. Symboldauer
T_U aktive Symboldauer
W   Wichtungsfaktor

Δ Dauer des Schutzintervalls
Δf Frequenzabstand
φ Phase
τ Laufzeitverzögerung
ω Kreisfrequenz

14 Sachwortverzeichnis

A

16PSK 97
21-MHz-Träger 14
2k-FFT 11
4:2:2-Komponentennorm 3
64 MR-QAM 69, 113
8-VSB-Modulation 5
8K-FFT 11
8PSK 97
8PSK/2AM-Modulation 98
A-Verstärker 126
A/D-Umsetzer 30, 94, 40
AB-Verstärker 126, 132
ABC-Steuerung 25, 233
Absorptionsleistungsmesser 220
Abtastfrequenz 94
ACATS 3
ACI 70, 233
ACTS 233
ADR 195, 233
–, -Verfahren 18
ADSL 47, 202, 212, 233
Advanced Digital HDTV (AD-HDTV) 4
AFC 233
AGC 233
–, -Verstärker 171
Aliasing 139f.
–, -Tiefpaßfilter 106
Amplitudenmodulation 144
Anschlußquote 194
Antennentechnik 41
APL 26, 233
Arbitrary Waveform Generator 138, 219, 233
ASCII 233
–, -Code 22
–, -Zeichen 22
ASPEC 56, 233
ASTRA 195
–, -Serie 16
AT-Rechner 144
ATM 15, 233

–, -Koppelanordnung 14
–, -Netz 57, 203
ATTC 233
ATV-Qualität 3
Audiocodierung 52
Auslesefrequenz 139
Automatic Frequency Control 70
Availability 146
AWGN 233
–, -Kanal 70

B

B-ISDN 233
Background-BER 148
Backoff 121
Basisbandcodierung 85
Basisbandebene 155
Basisbandsignal 71, 233
BCCH 233
BCN 233
BER 119, 146, 233
BERKOM 15
Bessel-Tiefpaß 174
Best Case-Szenario 213
Betriebsidentifikation 39
bewegungskompensierende Codierung 48
Bildcodierung 226
Bitbus 27
Bitfehlerhäufigkeit 113
Bitsynchronität 68
Blockmatching-Verfahren 49
Boolesche Entscheidung 109
Boosted Pilot 69
boosted power level 77
Breitbandkabel 3, 196
Breitbandnetz 225
Bruttobitrate 59
BSS 87, 233

C

C/A-Code 158
C/I 233
–, -Wert 222, 231
C/N 18, 98
Carrier over Interferer 182
CATV 14, 233
CAZAC/M 69, 144, 233
CCETT 6, 233
CCI 70, 233
CCIR 35, 233
CCITT 233
CD-ROM 189
Channel-Compatible DigiCipher HDTV 4
Channel-Sounder-System 164
Chrominanzwert 47
CIR 211, 233
–, -Analyzer 184
CMI 233
–, -Code (Coded Mark Inversion) 13
Code-Raten 73, 89
Codecprozeß 92
COM 233
Containerprinzip 82, 200
Continual Pilot Carrier 77
Convolutional Deinterleaver 89
Convolutional FEC 18
Crestfaktor 94, 120, 152, 220
CW-Nennleistung 123
CW-Pilotfrequenz 5

D

D2MAC 2, 234
D2MAC/Packet 6
DAB 6, 167, 230, 234
DAPSK 6, 69, 234
Datenreduktion 215
Datenzeilentechnik 21
DAVOS 14, 234
DBPSK 234
DBS 15, 234
DCF77 160, 221, 234
DGPS 234
Diacrode 29, 126
DIAMOND 9
DIB (Digital Integrated Broadcasting) 3, 234
Differential Binary PSK 70
Differential-GPS 157
DigiCipher 4
DIGIT 2000 3
Digital Spectrum Compatible HDTV 4
digitaler Filter 95

Dipol 41
Dirac-Impuls 167
Diskrete Cosinus-Transformation (DCT) 49
Displacementvektor 49
Dolby AC-3-Audio-Codierung 5
Dopplerfrequenz 220
DPCM 48, 234
DQPSK 234
Drei-Layer-Codierung 120
DS1-Coder 96, 234
DS2-Datenkanal 96
DSP 1, 234
–, -Technik 155
DSR 103, 228, 234
–, -Verfahren 96
DSRplus 96
dTTb 7
DVB-Prüfsignal 144
DVB-T-Empfänger 79
DVB-T-Sender 79
DVB-Testsymbol 211, 222
DVB-Vorstufe 135

E

Eaton Noise Gain Analyzer 172
Echoempfindlichkeit 100
EDTV 81, 234
Effektivwert 115
Eingangsimpedanz 42
Eintakt-Klasse-A-Verstärker 123
EIRP 234
Energiekosten 132
Energieverwischung 59, 70
Entscheidungskreise 98
Entzerrung 132, 155
EPROM 108, 234
ERP 44, 123, 234
Error Count 146
Error Vektor Magnitude 150
Error-Free Seconds 146
ESC 234
ETSI 9, 10
Eurocrypt-Norm 7
European DVB Project 1, 5, 10
Eutelsat 16
EXCEL 191

F

Fading 144, 168
Fast Fourier Transformation (IFFT) 62
–, inverse 62

FBAS 234
–, -Signal 14, 17
FCC 3
FDMA (Frequency Division Multiple
  Access) 87, 234
FEC 234
–, -Coder 8
–, -Technik 85
Feed-Forward-Technik 132
Feldstärkemessung 169
Fernsehdatenzeile 2
Fernsehprüfzeile 1
Fernsehsender 24
FFT-Prozessor 108
FIFO-Schieberegister 72
FIFO-Speicher 185
FIFO-Speicherketten 94
FIR 234
–, -Prozessor 108
Firmware 91
Fletcher/Munson-Kurve 53
floating net 160
Floppy-Disk 189
FM-Technik 93
Forney-Methode 59
Fourierkoeffizient 62
Fouriertransformation 180
Frames 145, 210
Frame Error 147
FSS 234
FuBK 20
Funkkanal 61, 179

G

Gap-Filler 66, 205
Gaussian-Kanal 78
Gaußglocke 183
Gegentakt-Klasse-A-Verstärker 124
Generic-Code 8
Gleichwellenbetrieb 60, 216
Gleichwellennetz 65, 75, 230
Gleichwellentechnik 47
Global Positioning System 79
Graceful Degradation 202
Gray-codierte QPSK-Modulation 86
GSM 231, 234
–, -Mobilfunknetz 165
„hard decision" BER 85

H
HD-Divine 5

HD-MAC 2
HDBn 234
HDBn-Code (High Density Bipolar – vom
Grad n) 13
HDCT 9
HDMAC 234
HDTV 1, 47, 81, 198, 225, 234
HDTV-T 8
Hot-Bird-Serie 16
Hüllkurve 151
hybride DCT 6, 50
Hyperband 203

I

I/Q-Balance 140
I/Q-Demodulator 170, 172, 230
I/Q-Modulator 62, 64, 105, 106, 137, 219
IBC 234
IBCN 202, 234
IEC 30, 234
IEC-Bus 27, 134, 144
IFFT 62
IMP 235
Impuls Response Analyzer 231
Impulsantwort 177
Inband-IM-Produkt 152
Informationsreduktion 81
Inner Code 73
Inner Interleaver 74
Integrated Receiver Decoder-IRD 202
Intercarrier 40
Intercarriergeräusch 38
Interferer-Leistung 183
Intermodulation 38
Intersymbolinterferenz (ISI) 187, 211
Intraframe-Codierung 50
inverse Fast Fourier Transformation
  (IFFT) 62
IOT 28, 126, 131, 226, 235
IRD 235
Irrelevanz 52
Irrelevanzreduktion 48
ISDN 235
ISI 235
ISO 50
ISO/MPEG 11

J
Joint Stereo Codierung 57
Junction-Temperatur 26

K
Kabelkopfstation 96
Kanalcodierung 59, 76, 216, 227, 231
Kanalimpulsantwort 169
Kanalmodell 168
Kanalübersprechen 38
Klasse-A-Verstärker 219
Klasse-AB-Verstärker 219
Klirrfaktor 38
Klystrode 28
Klystron 25, 120
kohärente Quadraturdemodulation 88
Konstellation 76
KOPERNIKUS 96
Kopositionierung 195
Korrelationsprinzip 175

L
Label 24
Laufzeitkorrektur 132
LCA (Logik Cell Array) 62, 235
LDTV 81, 235
Leistungsdichtespektrum 182
Leistungsgewinn 42
Leistungsmesser 151
Leistungswert.115
Level 51
Lissajous-Figur 155
Look-Up-Tabelle 109
Low Noise Converter 195
Low Priority-Data Stream 76
LQ 235
Luminanzwert 47
LWL-Übertragungsmedium 14

M
MAC 235
Man Made Noise 206
Marge der BER 155
Margin 121
MASCAM 53, 227
Matched Filter 175
Matrixmultiplikation 175
MAZ 50
Metrikberechnung 89
MFK 235
Mikrocomputer 35
Mithörschwelle 53
mittlere Sendeleistung 108

MMDS 47, 212, 235
MMM 235
Mobile Multimedia 78
mobiler Empfang 79
Mobilfunk GSM 178
Modulationspunkte 98
Monitoringsymbol 222
Monitoringsystem 35
Monoträgerfahren 59
Morphologie 43, 204
MOS-Technologie 120
MOS-Transistor 29
MoU (Memorandum of Understanding) 10
MPEG2 5, 51
–, -Transportmultiplex 137
MSDC 235
Multi-Resolution-QAM 110
Multimedia 198
Multiträger 150, 152
Multiträgersignal 9, 229
MUSE-Verfahren 2
MUSICAM 6, 53, 227, 235

N
Narrow MUSE 4
NAVSTAR-GPS 158, 235
NICAM 2, 19, 20, 40, 82, 235
Nichtlinearität 150
Nomogramm 45
Nonuniform-MR-QAM 75
NRZ-Codierung 22
NTSC 3, 235
Nullsymbol 144
NVOD 235

O
OCXO 158, 235
OFDM .6, 47, 59, 227f., 235
–, -Leistung 121
–, -Leistungsmesser 151
–, -Signale 138
–, -Spektrum 167
–, -Symbol 178
–, -Verfahren 59
–, -Verstärker 123
orthogonale Anordnung 61
Outer Interleaver 72
Oversampling-Filter 108

P

PAL 1, 17, 19, 235
PAL-I-Standard 10
PALplus 3
Parabolantennen 15
Patterndiagramm 108, 149, 220
Pay per View 199
Payload 59
PCN 235
–, -Mobilfunknetz 165
PDC 235
Peiseler-Rad 187
PES 58, 235
Pilot 160
Pilotversuch 83
Pixel 49
Polarisation 41f.
Polygonzug 131
Präzisionsoffset 27
PRBS 59, 235
Precorrection 79
Process Controller 30
Profile 51
Prozessor 106
Prüfzeilentechnik 35
Pseudo-Videosignal 94
Psychooptik 1
Push-Pull-Betrieb 26

Q

QAM 69
QEF 236
–, -Qualität 85, 89
QPSK 97
Quadratur-Amplitudenmodulation 75
Quadrature-Mirror-Filter 53
Quarz 160
Quellcodierung 200

R

Raleigh-Channel-Fading 7
Ramsey Typ III 59
Rauschmaß NF 172
Rayleigh-Kanal 78, 90, 200
Redundanz 52
Redundanzreduktion 48
Reed-Solomon-Codierung 59, 71
Reflektometer 152
RGB-Komponentensignal 17
Ricean-Kanal 78

Richtstrahlfeld 41
RISC 178, 236
–, -Prozessor 185
RMS 236
–, -Pegelmessung 170
Roh-BER 212
Rohbitfehlerrate 147, 179, 182f., 222
RS 236
RS-485 27
RSB-AM 18
Rubidium-Oszillator 221
Rundfunk 44
Rundfunk-ATM-Netz 9

S

S/N-Degradation 97
Samples 49
Satelliten-EIRP 87
SAW 236
–, -Filter 106, 134
Scalability 51
Scattered Pilot Cell 77
Schnittstelle RS-232-C 23
Schutzabstand 44
Schutzintervall 60f., 64, 221
SCM 15, 236
SCM-Prinzip (Synchronous Transfer) 14
SCPC 102, 236
–, -Technik 90
Scrambling-Technik 201
SDE 18, 90, 236
SDTV-Standard Definition TV 66, 81, 236
SECAM 1, 17, 236
Secondary Distribution 57
selektiver C/I-Wert 168
Sendermeßtechnik 216
SES 16
Set-Top-Box 45, 202
SFN 236
Sharp 106
Signalprozessor 105
Simulationspgrogramm 114
Simulcast-Betrieb 10
Simulcast-Kanal 5
Simulcast-Phase 201
Single-Frequency-Networks 228
(sinx)/x-Funktion 61
SIS 236
Skalenfaktor 53
SMATV 236
SNR 236
– Scalable Profile 51
Soft Decision Decoder 217

Solid State 26, 120, 218
Spatially Scalable Profile 51
Spectre 9
Spektralmaske 155
Spektrum 182
Spitzenwert 151
Split-Carrier-TV-Sender 19
Sporadic-E-Ausbreitung 206
Stereoübersprechen 38
Sterne 6
Störmodulation 149
Superpositionsmethode 110f.
Surround-Ton 57
Sync Error 147
Synchron-Spitzenleistung 120
Synthesizer 160

T
Tabu-Kanäle 3, 207
TCH 236
TDC 236
TDM 86, 236
Technologie-S-Kurve 45
Tetrode 25, 218
TFP 236
Topographie 43, 204
TPS 69, 236
–, -Carrier 77
Trainingssequenz 178
Transformationscodierung 49
Transformationslänge 94
Transponder 82
Transponderkanal 18
Transport Stream Packet 58
Transportmultiplex 67, 71, 92
Travel Pilot 189
TTL 30
TV-Sendesysteme 226
TV-Vorstufe 24
TWTA (Travelling Wave Tube
  Amplifier) 15, 101, 236

U
UHF 236
Umsetzoszillator 24
Umsetztechnik 95
Unequal Error Protection 98
Uplink 86, 89
UTC 236
–, -Zeit 158

V
Vakuum-Technologie 28
VBN 236
VCO 236
VCR 23
Vektoranalyse 149
Verdeckungseffekt 52
Verfügbarkeit 204
Vermittelndes Breitbandnetz (VBN) 14
Versorgungsmeßtechnik 216
Versorgungsplanung 41, 167
VGA 236
–, -Grafik 199
VHF 236
Video on Demand 199
Video Programm System 2
Videocoder 48
Vidinet 8
Viterbi-Algorithmus 88
Viterbi-Decoder 89, 92
Viterbi-Soft-Decision 91
VOD 236
Vollbildmeßtechnik 30
Vorentzerrungsschaltung 123
Vorverzerrung 131
VPS 17, 236
VSB 236
VSB-4PSK 7
VSWR 236
–, -Brücke 152
Vtxt 1, 17

W
Wahrscheinlichkeitsdichtefunktion 183
WARC77 15
Watchman 204
Weitabselektion 126
Wilkinson-Koppler 26
Wirkungsgrad 132

Z
Zeitmultiplex 215
Zweiseitenband-AM-Modulator 64
Zweitonträgerverfahren 2, 37